▫ ▪ *COLLECTION JULIEN BOITEL* ▪ ▫

ALBERT MÉTIN ▫ ▫ ▫

▦ COURS DE GÉOGRAPHIE

DES ÉCOLES PRIMAIRES SUPÉRIEURES ▫ ▫ ▫ ▫

TROISIÈME ANNÉE

▫ ▪ LIBRAIRIE ARMAND COLIN ▪ ▫

Prix : 3 fr.

COURS DE

GÉOGRAPHIE

TROISIÈME ANNÉE

COURS DE GÉOGRAPHIE

par

ALBERT MÉTIN

Professeur à l'École Normale Supérieure d'Enseignement primaire
de Saint-Cloud.

※ ※ ※

TROISIÈME ANNÉE

LE MONDE

(moins l'Europe)

La situation de la France dans le Monde

(159 Gravures et Cartes)

LIBRAIRIE ARMAND COLIN

Rue de Mézières, 5, PARIS

1912

AVERTISSEMENT

Comme le Cours de géographie de chacune des deux années précédentes, celui de Troisième année a été rédigé et divisé en chapitres suivant le plan et les indications du nouveau programme.

L'existence dans le monde d'États ou groupes régionaux d'États très inégaux en étendue, en population, en importance, a pour conséquence l'inégalité des chapitres ; quand ils sont longs, les sous-titres et les indications de l'en-tête fournissent aisément le moyen de partager les chapitres en leçons.

Comme dans les deux Cours précédents, on a réservé le plus de place possible à des définitions, descriptions, explications concrètes, mises à la portée des élèves.

Les comparaisons et rapprochements, qui éclairent si utilement l'enseignement géographique, sont facilités par des renvois avec indication de page.

Les gravures ou cartes et leurs *notes explicatives* complètent les explications du texte.

On s'est préoccupé surtout de faire comprendre les descriptions et renseignements donnés en se *référant à la France*. C'est ainsi que tous les chapitres préparent à comprendre la *situation de la France dans le monde*, sur laquelle nous donnons une vue d'ensemble, à la fin de l'ouvrage dans une conclusion rédigée conformément au programme

On a donné à la *géographie économique* tout le développement compatible avec le programme et l'étendue du volume.

En ce qui concerne l'usage du livre, la rédaction des sommaires à faire par les élèves suivant le cadre fourni par le livre (sous-titres, italiques, renvois), complété par les indications du maître, nous renvoyons à l'Avertissement placé en tête du Cours de Première année.

TABLE DES CHAPITRES

QUATRIÈME PARTIE : AMÉRIQUE

COURS DE GÉOGRAPHIE

PREMIÈRE PARTIE

ASIE

CHAPITRE PREMIER

DESCRIPTION PHYSIQUE

Traits généraux du relief. — Côtes.
Climats. — Suite des zones d'Europe : 1º Méditerranéenne. — Suite
des zones d'Europe : 2º Russe. — Zone des déserts et steppes :
1º Saharienne. — Zone des déserts et steppes : 2º A hiver froid. —
Zone tropicale des moussons Sud-Ouest. — Zone des moussons
Sud-Est. — Typhons.
Fleuves de l'océan Glacial. — Fleuves de la zone des moussons. —
Cours d'eau des autres régions.

L'Asie représente à elle seule *le tiers* des terres du globe ;
elle est plus grande que l'Afrique et l'Europe réunies, plus
vaste que l'ensemble des deux Amériques. Elle mesure
43 millions 1/2 de kilomètres carrés, *80 fois la France.*

Sa longueur du Nord au Sud est de 8.600 kilomètres,
8 fois 1/2 la distance de Dunkerque à Perpignan. Sa largeur,
de la mer Rouge au détroit de Behring, s'évalue à *plus
d'un quart* de la circonférence du globe.

Traits généraux du relief. — Dans le monde, l'Asie
présente la masse la plus imposante en *hauteur* comme en
étendue. Son *altitude moyenne* atteint 1.000 mètres, au
lieu de 660 pour l'Afrique et 330 pour l'Europe.

L'Asie possède les deux seuls systèmes de montagnes
dont les points culminants *dépassent* 8.000 mètres. Ce sont

l'Himalaya, atteignant 8.840 mètres au Gaurisankar, le *plus
haut sommet du globe*, et au nord-est de ce massif, le
Karakoroum, culminant à 8.620 mètres, qui lui fait pendant
sur la rive nord du Haut-Indus. Au nord du Karakoroum
et toujours orienté dans le même sens, se dresse encore
le Kouen-Loun, à plus de 7.500 mètres. Ces trois chaînes à

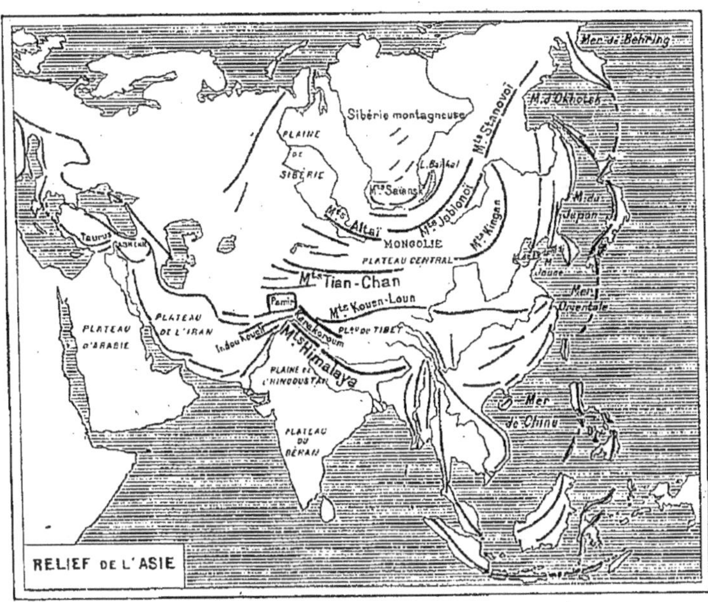

*Dans l'intérieur, disposition des grands plateaux en guirlandes, attachées à des
nœuds de plateaux plus étroits et plus élevés. — Asie Mineure, Arménie, Iran,
Pamir, Tibet et Turkestan, Mongolie.
Sur les bords orientaux, les gradins de plateaux et les montagnes forment de grands
arcs : Sibérie ; Chine Nord ; Japon, des Kouriles à Formose ; Chine Sud ; Indo-
Chine ; Archipel malais.*

peu près parallèles et leurs contreforts forment, entre Inde
et Turkestan, un océan de montagnes, de neiges et de
glaciers.

L'Asie présente aussi la *plus profonde dépression* continentale du monde, celle de la mer Morte (p. 44).

Enfin, une des grands *fosses océaniques* de l'univers borde,
à l'extérieur, l'archipel japonais et les Kouriles (p. 130).

Côtes. — Depuis le détroit de Behring, entre Asie et Amérique, jusqu'au détroit de Malacca, entre Asie et Archipel Malais, une série de presqu'îles et d'archipels, reposant sur des socles sous-marins, forment des golfes et une suite de *mers intérieures*, moins profondes que l'Océan.

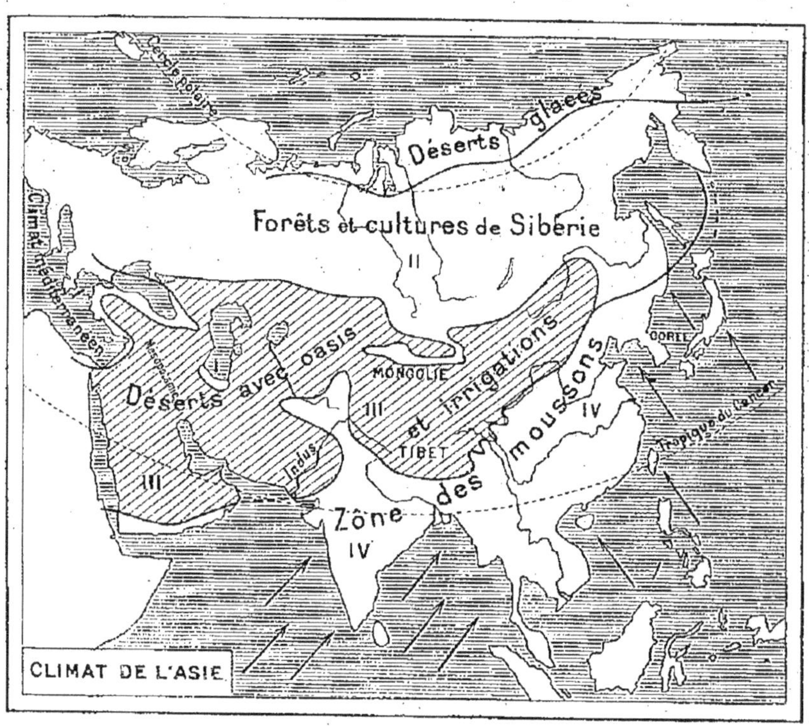

Quatre grandes régions de climat :

I. — *Climat méditerranéen, chaud et tempéré, avec quelques pluies d'hiver, régnant sur les pays riverains de la Méditerranée et en bordure sud de la Caspienne.*

II. — *Climat continental de l'Europe centrale, s'étendant sur toute l'Asie nord-orientale ; été très chaud, hiver très froid.*

III. — *Climat désertique et steppique, avec oasis le long des fleuves et dans les parties irriguées.*

IV. — *Climat maritime des régions chaudes, avec pluies de moussons.*

Dans cette région, le *Japon* ressemble, par sa situation insulaire et par l'articulation de ses côtes, aux Iles Britanniques, la partie la plus *pénétrée par la mer* qui soit en Europe : il a les mêmes avantages, climat humide (avec la différence de latitude qui vaut au Japon plus de chaleur), aptitude à la vie maritime.

Les deux plus grands ports de l'Extrême-Orient, Hong-Kong et Singapour, occupent chacun une île qui abrite une bonne rade entre elle et la terre.

Les côtes du reste de l'Asie sont infiniment moins découpées. La plupart des *ports* ont dû s'y établir sur le cours inférieur des *fleuves*, les côtes n'offrant pas d'abris suffisants.

L'intérieur du continent reste très éloigné de l'Océan;

Les isothermes sont les lignes d'égale température. La ligne de 20° correspond à peu près au tropique. Les lignes de 1° et de 25° se relèvent aux deux extrémités sous l'influence températrice des océans, mais beaucoup plus dans l'Europe découpée que dans l'Asie massive. Le pôle du froid est au nord-est de la Sibérie, par delà le cercle polaire.

tandis que dans l'Afrique et les deux Amériques, cependant massives, le centre est à 2.000 kilomètres de la mer, en Asie la distance atteint 2.800 kilomètres.

Climats. — L'Asie se trouve tout entière dans l'hémisphère Nord, comme l'Europe.

Deux zones *européennes* de *climat*, celle de la Méditerranée et celle de Russie se prolongent sur cet immense continent, mais elles n'en occupent qu'une partie.

La pointe septentrionale, en Sibérie, arrive à 1.400 kilomètres du pôle. Par suite, l'Asie présente une ceinture de terres glacées plus large que la Suède et la Russie : seule l'Amérique du Nord en compte davantage.

La pointe sud de l'Asie, près de Singapour, s'avance à moins de 150 kilomètres de l'équateur ; l'Asie possède une *région tropicale* à pluies abondantes qui manque à l'Europe ;

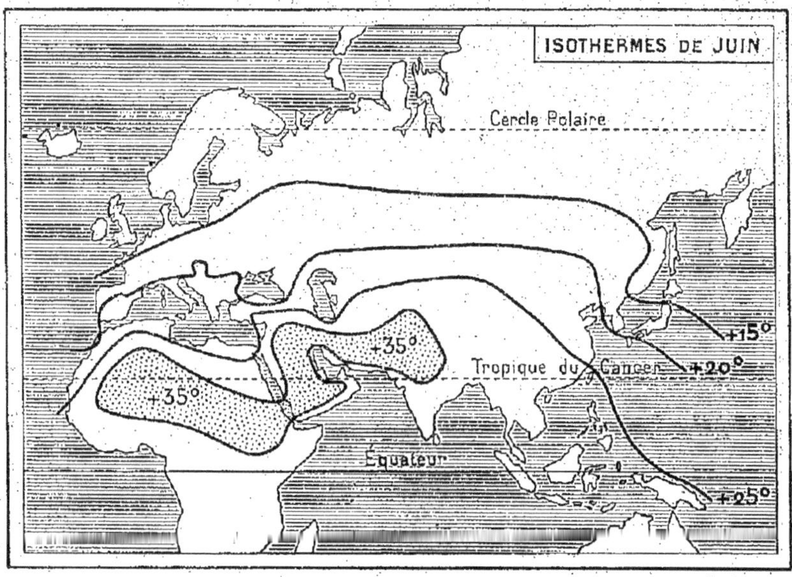

Comparez sur les deux cartes le tracé de l'isotherme de 20°. La chaleur s'élève très haut en latitude dans l'Asie centrale : elle s'abaisse vers l'Atlantique et vers le Pacifique. Chaleurs excessives dans la zone de déserts africains et asiatiques.

ici, elle est séparée des autres par une grande *zone* de *déserts et de steppes*.

En somme, les climats asiatiques se distinguent par trois caractères :

1° L'Asie n'a presque *pas de climat tempéré*, contraste profond avec l'Europe occidentale ;

2° Les zones de climat se heurtent brusquement, *sans transition* : pourtant, elles se montrent bien *tranchées*, à cause des barrières montagneuses qui les séparent ;

3° Chacune d'elles se divise en une partie *sans hiver*, et une partie où le froid se fait sentir.

Suite des zones d'Europe : 1° Méditerranéenne. — Le climat méditerranéen ne règne que sur le versant sud du Caucase, la bordure du plateau d'Asie Mineure et celle des montagnes syriennes ; on peut y ajouter le littoral sud de

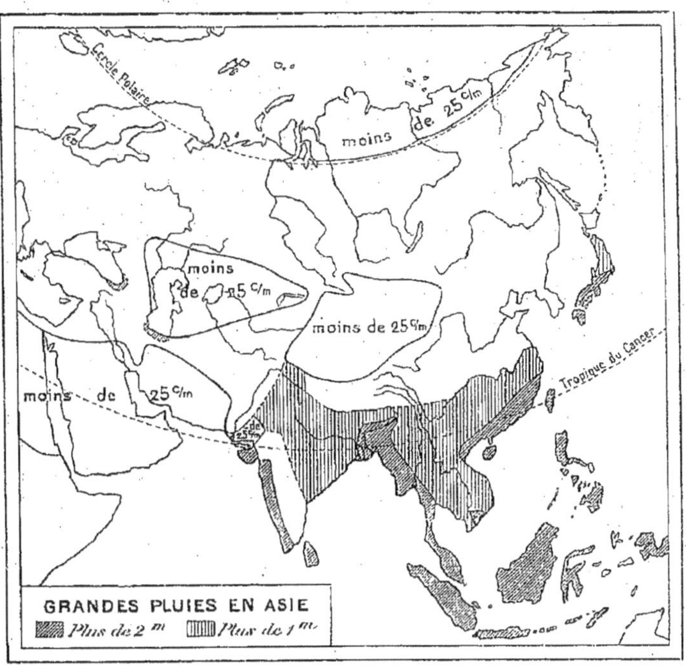

Contraste entre les pluies abondantes (été seulement) de la zone des moussons et les déserts et steppes de l'intérieur. Pluies locales (surtout automne et hiver) contre les écrans de montagnes de la côte orientale de la mer Noire et le littoral perse de la Caspienne.

la Caspienne, séparé du reste de la Perse par une chaine culminant à plus de 5.600 mètres.

Les *pluies* tombent de l'automne au printemps : elles sont peu abondantes, sauf sur la côte est de la mer Noire et au sud de la Caspienne qui forment deux zones à part, *pluvieuses* et *forestières*.

L'olivier, arbre type des pays méditerranéens, croît pres-

que partout dans cette zone. Le platane y borde sources
et ruisseaux ; il en est originaire. Nous devons plusieurs de
nos arbres fruitiers à la région arrosée du Nord : ainsi le
prunier, l'abricotier, le *pêcher*, dont le nom latin signifie

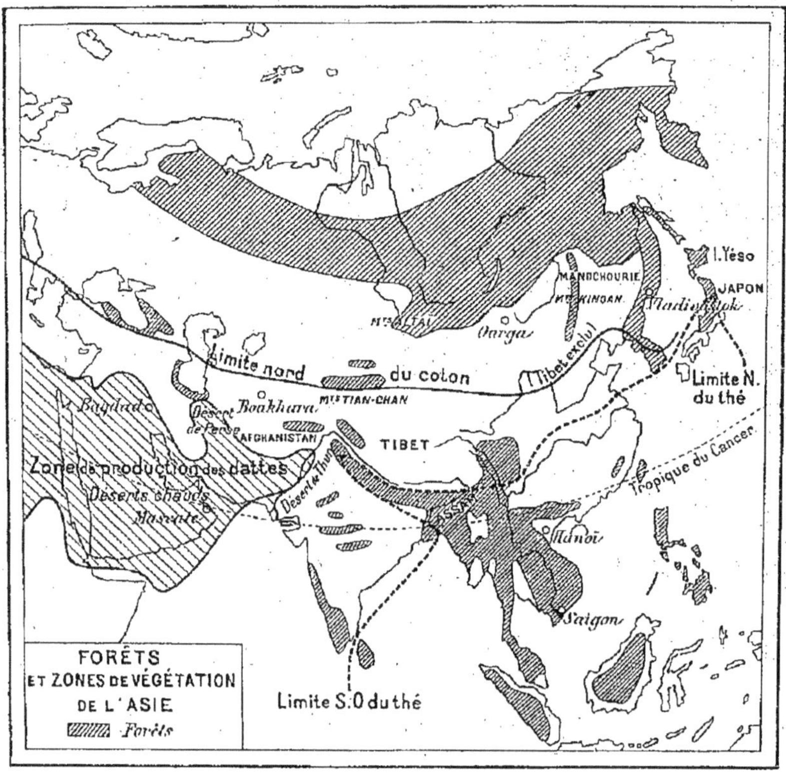

*La limite de la soie se rapproche de celle du coton. Élévation des limites vers le
Nord. Dans la région des moussons, la forêt tropicale commence dans l'Inde :
elle est très épaisse en Indo-Chine et dans les îles voisines ; détruite presque
entièrement en Chine, la forêt du Nord (russe et sibérienne) rejoint les forêts
des montagnes (Altaï) au nord de l'empire chinois déboisé, puis les dernières
forêts de la zone des moussons (Corée) ; à part, forêts de Caucasie, du littoral
sud de la Caspienne, du Japon.*

« arbre de Perse », le *cerisier*, baptisé en l'honneur de
Cérasonte, port sur la mer Noire, furent introduits de ces
contrées en Occident par les Romains.

L'oranger, le citronnier, le palmier se montrent à partir
de la côte sud de l'Asie Mineure.

Suite des zones d'Europe : 2° Russe. — En Sibérie, le climat continental de Russie se poursuit et s'*exagère*. (Carte p. 4). La *sécheresse*, habituelle sur tout le globe à l'atmosphère de l'extrême Nord, accentue ce caractère.

La partie située au nord du cercle polaire connaît un hiver sombre au cours duquel le *soleil cesse de paraître* pendant plusieurs jours, 115 à Nijni Kolymsk, affreux lieu d'exil ; par contre, le soleil demeure *au-dessus* de l'horizon plusieurs jours de suite durant l'été (*1re année*, p. 59).

Au sud du cercle polaire, dans la région des *cultures*, les jours d'été durent plus longtemps que sous nos latitudes ; en outre, ils sont aussi brûlants que les jours d'hiver sont glacés ; aussi les moissons croissent-elles avec une rapidité inconnue chez nous et mûrissent-elles malgré la brièveté de la belle saison (Comparez, p. 4 et 5).

Zone des déserts et steppes : 1° Saharienne. — Les plateaux de l'Arabie, de l'Iran, le désert du nord-ouest de l'Inde font suite au Sahara ; ils en ont l'extrême *sécheresse* et le climat brusque, avec prédominance des chaleurs ; le *palmier-dattier* mûrit dans leurs oasis (carte p. 7).

Le vent brûlant du Sud soulève des tempêtes de sable dans leurs déserts.

Les animaux morts laissés par les caravanes se momifient au lieu de se corrompre ; les armes et les ustensiles égarés ne se rouillent pas.

Zone des déserts et steppes : 2° A hiver froid. — Les plateaux d'Asie Mineure, d'Arménie, de Mongolie, les plaines et plateaux des deux Turkestans russe et chinois, le Tibet, subissent comme les pays précédents un climat sec et extrême. Mais l'hiver s'y fait sentir tous les ans avec de fortes gelées, et relativement peu de neige.

Neiges et pluies n'y apportent *pas 25 centimètres d'eau par an*, sauf sur les hautes montagnes. On cite, dans le Turkestan russe, des déserts qui, en raison de la sécheresse, reçoivent moins de 10 centimètres par an.

La variation du thermomètre est énorme non seulement entre l'hiver et l'été, mais dans la même journée entre le jour et la nuit. Elle augmente avec l'altitude.

L'écart, entre températures d'hiver et d'été, est de 33° à

Khiva (plaine du Turkestan russe), 44° à Ourga, capitale de la Mongolie, 75° à Erivan en Arménie, 83° au Tibet.

Sur ce dernier plateau, une *même journée* de juin subit +43° après midi et —31° à la fin de la nuit.

Le vent soulève en tourbillons, pendant l'été, la terre ou le sable, pendant l'hiver, la neige. L'horizon est fermé pendant des journées entières par de véritables brouillards de poussière qui empêchent de voir les montagnes; ces bourrasques aveuglantes sont une des plaies de l'Asie Centrale; elles s'étendent jusqu'à la Chine du Nord.

Les particules ainsi enlevées au sol forment le limon appelé *loess* (p. 97), très fertile partout où l'on peut l'irriguer.

Pas d'habitants, pas de végétation en dehors des *oasis* où le *peuplier* remplace le dattier des déserts sahariens.

Dans ces régions, les voyages sont difficiles et dangereux en toute saison. A la fin de 1839, une expédition envoyée par les Russes contre Khiva perdit 9.000 chameaux sur 10.500, un tiers de son effectif, et dut rebrousser chemin. En janvier 1904, une expédition anglaise perdit 2.500 yaks (p. 125) sur les sentiers qui montent de l'Inde au Tibet.

Zone tropicale des moussons Sud-Ouest. — Le jeu des moussons est expliqué dans les cartes des pages 10 et 11.

La région de la mousson Sud-Ouest comprend l'Inde et l'Indo-Chine occidentale. C'est elle qui reçoit *le plus de pluies*; les chutes de 3 à 5 mètres par an n'y sont pas rares sur la pente des montagnes bien exposées, gradin occidental du Dékan, côtes de Birmanie et de Malacca.

L'*Assam*, vallée du Brahmapoutre, ouverte dans le sens des vents humides et bordée de hautes montagnes, reçoit la *plus grande quantité d'eau du monde*, jusqu'à 12 mètres par an, *16 fois la moyenne de la France*.

Toute cette eau tombe exclusivement pendant *les mois d'été*. Aussi les nuages crèvent-ils en averses d'orage dont nous n'avons aucune idée. Les Hindous voient, dans les éclairs qui les accompagnent, les flèches monstrueuses dont un dieu bienfaisant criblerait le ciel pour faire tomber sur la terre desséchée l'humidité dont elle a besoin.

Dans cette zone, la végétation est luxuriante. Les cocotiers bordent les rivages. L'absence d'hiver permet de faire *plusieurs récoltes par an*.

Zone des moussons Sud-Est. — La Chine, le Japon, la Corée et la côte sibérienne reçoivent des pluies *d'été* moins abondantes que celles de l'Inde, mais en général supérieures aux nôtres.

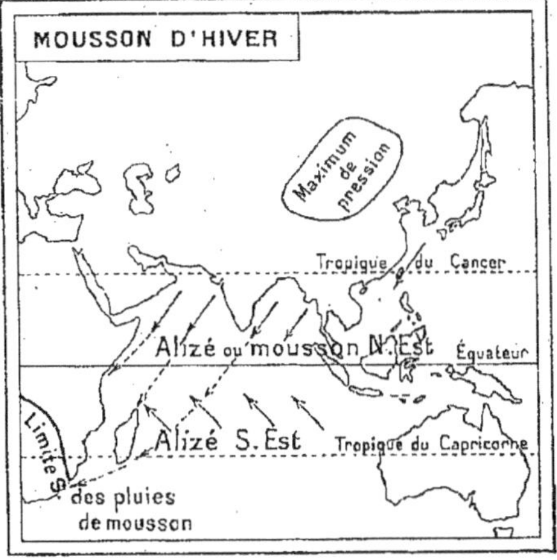

Le continent d'Asie, froid, subit une haute pression atmosphérique. L'air se déplace vers l'équateur et renforce l'alizé Nord-Est, vent régulier normal au nord de l'équateur, qui se prolonge alors dans la direction des flèches pointillées, vers Madagascar et l'Afrique australe auxquelles il apporte les pluies. Il « renverse » alors dans ces parages l'alizé Sud-Est dont on a indiqué la direction normale (été).

D'autre part, le voisinage de terres très étendues leur vaut un *hiver* désagréable, avec neiges et gelées. Dans les baies de la Chine, à l'entrée des ports, la *mer est prise, l'hiver*, jusqu'à la latitude de la Tunisie.

Le mélange de climat tropical et de climat continental s'accuse dans la flore et la faune.

Le bambou s'élève, dans les petites îles au nord du Japon, jusqu'à la latitude de Lyon ; sur le continent, en Mandchourie, jusqu'à celle de Marseille.

Le chameau, bête de somme du désert, s'emploie en Mongolie et au sud de la Sibérie, à la latitude de Paris ; le renne sibérien, animal du Nord, se rencontre presque à la même hauteur. C'est un exemple, entre mille, des *contrastes* et des heurts de climat en Asie ainsi que de *l'absence de région* proprement *tempérée*.

Typhons. — Au moment du changement des vents réguliers, se produisent des tourbillons d'air qui se déplacent rapidement, ravagent les côtes et brisent les navires en les jetant contre le rivage. Ils sont fréquents dans l'*océan Indien*, surtout sur le littoral est de l'Inde, entre Madras et Calcutta et dans les *mers de la Chine méridionale*. On les appelle, d'un nom chinois, les typhons.

Fleuves de l'océan Glacial. — La Sibérie possède trois fleuves, l'*Obi*, l'*Iénisséi*, la *Léna*, dont le moins long, l'Obi, dépasse 4.200 kilomètres, plus que le Danube et le Rhin mis l'un au bout de l'autre.

Ils descendent de montagnes plus hautes que celles de Russie; ils s'alimentent parfois à des neiges perpétuelles.

Plusieurs cours d'eau de leurs bassins ont pour réservoirs des lacs. Un affluent de l'Iénisséi sert de déversoir au *lac Baïkal*, la plus magnifique nappe d'eau douce de l'Asie,

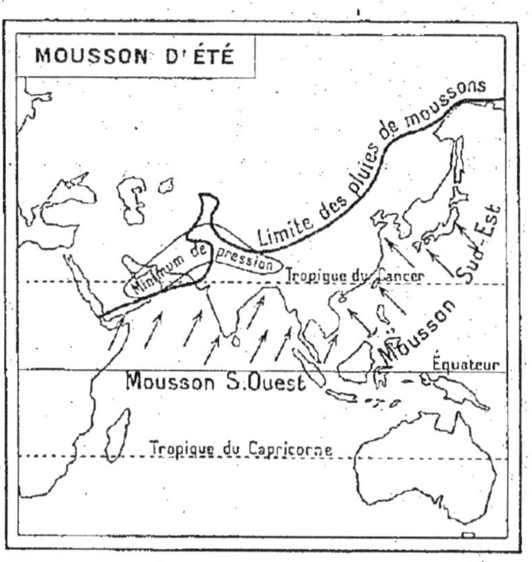

Le continent d'Asie, surchauffé, appelle les vents en sens contraire. Dans l'océan Indien, l'alizé se « renverse » et devient la mousson Sud-Ouest qui arrive chargée d'eau qu'elle laisse tomber en pluies sur les montagnes. La mousson Sud-Est, due à des causes analogues, joue le même rôle sur les côtes du Pacifique.

grande 58 fois comme le lac de Genève, profond de plus de 1.400 mètres, encadré de hautes montagnes boisées.

L'*Iénisséi* a le plus fort *débit*.

Ces énormes fleuves, comme ceux de Russie, ont la plus grande partie de leur cours *en plaine* et roulent une masse d'eau considérable. Ils sont *pris* pendant une période plus longue qu'en Russie, généralement de la *Toussaint* jusqu'en mai et même en *juin*. Au dégel, la débâcle les rend inutilisables quelque temps encore. Ensuite vient, à la fonte des neiges, une crue dont nous n'avons aucune idée en France. La largeur dans la partie moyenne atteint alors 40 à 50 kilomètres, plus du double du *Pas de Calais*.

Fleuves de la zone des moussons. — Les fleuves de l'Est et du Sud-Est viennent des hautes terres centrales et sont généralement *coupés de rapides* dans leur cours supérieur.

Ils doivent à la mousson pluvieuse d'été des *crues* de hauteur inconnue dans nos pays.

Le plus long et le *plus abondant* de ces fleuves est le *Yang-tsé-kiang* ou Fleuve Bleu, le premier de l'Asie et le quatrième du monde par le débit (p. 99).

Viennent ensuite, par rang d'utilité pour l'irrigation et la navigation, les deux fleuves des *plaines* de l'Inde : le *Gange* (3.000 kil.) roulant de 3.000 mètres cubes en saison sèche à 30.000 en saison pluvieuse; l'*Indus* (3.200 kil.), dont le débit varie de 1.200 à 12.000 mètres cubes.

Le *Mékong* (4.200 kil.), le grand fleuve indo chinois, est coupé de *rapides* sur plusieurs sections de son cours. Au nord du Yang-tsé, le *Hoang-ho* ou *Fleuve Jaune* (4.700 kil.), dans une région de climat extrême, est très irrégulier.

L'*Amour*, mi-russe, mi-chinois, coulant aux *confins* de la zone des moussons et de la zone sibérienne, se montre plus irrégulier encore. Il *gèle* presque aussi longtemps que les fleuves du versant de l'océan Glacial.

Cours d'eau des autres régions. — En dehors des fleuves qu'on vient de voir, seuls l'Amou-Daria et le Tigre sont navigables une partie de l'année sur leur cours inférieur. La région des plateaux intérieurs est très pauvre en eaux courantes, même au voisinage de la mer.

De la Mésopotamie à l'Inde, sur une longueur de 2.500 kilomètres, la côte de l'Iran ne présente *pas un seul* cours d'eau *permanent*. On peut là comparer sous ce rapport au littoral saharien du Maroc au Sénégal.

L'*irrigation* est nécessaire à la vie sur un tiers au moins de la superficie de l'Asie; ce continent est celui où elle a été *inventée* et où elle se pratique encore aujourd'hui dans le plus grand nombre de régions.

CHAPITRE II

POPULATIONS DE L'ASIE

Contact avec les continents voisins. — Races. — Les Arabes et l'Islam. — Les Mongols et les Turcs. — Le Bouddhisme. — Les civilisations de l'Extrême-Orient. — La civilisation chinoise. — Densité et répartition de la population. — Pauvreté relative.

Contact avec les continents voisins. — L'Asie *n'est pas* un continent *isolé*.

A l'Ouest, elle touche à l'*Europe* sur 4.000 kilomètres; les climats, les productions, les populations, les dominations de la *Turquie* et de la *Russie* s'étendent sur l'un et l'autre continent.

Au Sud-Ouest, la plus grande largeur de la mer Rouge ne dépasse pas 394 kilomètres; à sa sortie, le détroit de Bab el Mandeb se réduit à 20 kilomètres, coupés encore par l'îlot de Périm. Cette mer étroite n'est qu'un *accident* entre le Sahara et sa continuation naturelle, l'Arabie. Les *Arabes* se sont répandus sur les deux rives. La frontière égyptienne empiète sur l'Asie et englobe le mont Sinaï.

Au Sud-Est, le *détroit de Malacca*, long de 770 kilomètres, se réduit par endroits à 55 kilomètres de large : des deux côtés, même nature, même climat, mêmes plantes, mêmes animaux ; la même population, les *Malais*, habite la presqu'île et les îles voisines (que l'on compte dans l'Océanie.)

Au Nord-Est, le *détroit de Behring*, entre Asie et Amérique, n'a que 92 kilomètres de large. Il est parsemé d'îles, il se trouve souvent gelé. Les *Esquimaux* ont pu se répandre sur les deux continents. Jusqu'en 1867, l'*Empire russe* posséda la partie nord-ouest de l'Amérique, l'Alaska, que lui achetèrent, à cette date, les États-Unis.

Races. — La carte ci-dessous indique la répartition des races :

1° La *race mongolique* ou *jaune*, propre à l'Asie, y reste concentrée, mais la Chine et le Japon envoient au dehors de nombreux émigrants.

2° Les *Finnois et les Turcs*, originaires d'Asie, y gardent

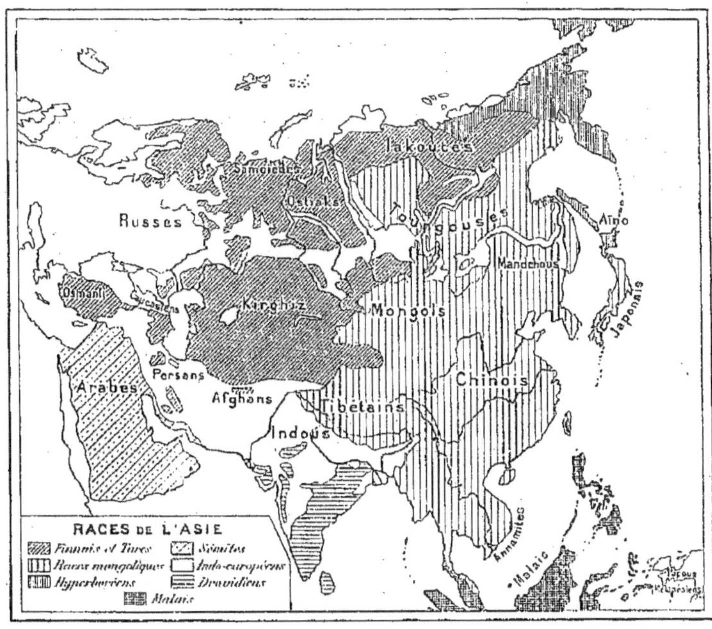

Races dominantes : race jaune ou mongolique et race blanche.
La race jaune occupe l'Asie septentrionale, centrale et orientale (Kirghiz, Toun-
gouses, Mandchous, Mongols, Tibétains, Chinois, Japonais, Annamites).
La race blanche est représentée par les Indo-Européens (Indous, Afghans, Persans)
et les Sémites (Arabes, Syriens, Israélites).

le gros de leurs troupes, mais ont poussé des pointes en Europe, où une partie des leurs demeurent établis.

3° Les *Arabes* se sont répandus sur l'Afrique soit par terre vers le Nord, soit par mer vers Zanzibar.

4° Les *Indo-Européens* ont peuplé dans des temps reculés la Caucasie, l'Iran, une partie de l'Inde.

Des *Européens modernes*, les Russes, colonisent la partie

agricole de la Sibérie, le long de la voie transsibérienne et des fleuves.

5° Les *Dravidiens* (p. 63), les *Cinghalais*, les *Malais* (p. 145), gens à teint foncé de la région tropicale, ont été soumis et en certains points refoulés par les conquérants anciens, puis par les nouveaux maîtres européens.

L'histoire de l'Asie est remplie de conquêtes. « L'Europe, disait Napoléon Ier, est une taupinière. C'est en Asie qu'on fonde les grands États ». Les conquérants ont été le plus souvent les habitants *des déserts* et des *steppes*.

Les Arabes et l'Islam. — Les Arabes, après la mort de Mahomet (632 de notre ère), ont conquis toute l'Asie occidentale et la Perse. Ces pays ne leur appartiennent plus, mais la religion de Mahomet, ou *Islam*, n'a jamais cessé de se répandre en Asie.

Sont musulmans aujourd'hui : les anciens pays de l'Empire arabe, les pays turcs d'Asie Mineure et d'Asie centrale, une partie de l'Inde, de la Chine, la Malaisie et le sud des Philippines. Le tout compte 150 millions de fidèles, *plus des trois quarts* de ceux de l'univers.

Les musulmans se servent de livres sacrés analogues à la Bible et qui sont rédigés en *arabe*. Partout l'arabe est leur langue religieuse, comme le latin chez les catholiques.

Dans l'Arabie, la Syrie, la Mésopotamie, l'arabe est, en outre, devenu la *langue courante* qui a remplacé les autres comme dans l'Afrique septentrionale (p. 192).

Les Mongols et les Turcs. — Les Mongols, sous Gengis Khan (1155-1227) et ses successeurs, occupèrent toute l'Asie centrale et la Chine et étendirent leur empire jusqu'à la Russie du Sud. Aujourd'hui, il ne leur reste plus que leur pays, soumis aux Chinois.

Les Turcs, sous Tamerlan (1336-1404), descendant de Gengis Khan, s'emparèrent de l'Asie centrale, de l'Asie Mineure, de la Syrie. Ils étaient alors devenus *musulmans*. La capitale de Tamerlan fut *Samarcande*, aujourd'hui russe, où l'on remarque de magnifiques mosquées et de beaux monuments.

Une partie des États de l'Asie centrale se sont formés du démembrement de l'empire de Tamerlan.

Un de ses descendants, Baber (1483-1530), s'empara de l'Inde et y fonda la dynastie *musulmane* des *Grands-Mogols* qui posséda l'empire des Indes jusqu'à la conquête anglaise.

Enfin une autre branche des Turcs, convertis, eux aussi, à l'Islam, les *Ottomans* ou Osmanlis, conquit l'Asie Mineure, la Syrie, l'Arabie, la Turquie d'Europe. Leur sultan règne à Constantinople, possède les deux villes saintes de Mahomet, La Mecque et Médine, est considéré comme le *Commandeur des Croyants*, successeur du Prophète.

Seuls, en Asie, les musulmans chiites ou schismatiques, dont le principal groupe est formé par les Persans, refusent de reconnaître sa suprématie religieuse.

Le Bouddhisme. — Le Bouddhisme est une religion fondée cinq siècles avant J.-C. par un prince de l'Inde septentrionale, qui renonça au monde pour se faire prédicateur : on l'appela alors le *Bouddha*, c'est-à-dire le Sage.

Il a prêché la bonté envers les hommes et les animaux qui, d'après lui, sont parents ; un vrai bouddhiste ne tue pas un être vivant et ne mange pas de viande.

Le bouddhiste croit aussi que le bonheur suprême est de disparaître dans le néant après la mort et que, durant la vie, la vraie sagesse consiste à mener la vie monastique : aussi les *couvents* sont-ils très nombreux dans les pays bouddhistes.

Aujourd'hui, le bouddhisme n'existe *plus* guère *dans l'Inde*. Mais il s'est répandu dans les pays voisins, à Ceylan, en Indo-Chine, dans le Tibet, et, de là, en Mongolie, en Chine et au Japon.

On compte 500 millions de bouddhistes, *tous* en Asie. Leur religion est celle du monde qui *a le plus de fidèles*.

Les civilisations de l'Extrême-Orient. — Deux civilisations, l'hindoue et la chinoise, se sont développées avant l'arrivée des Européens, et, par suite, en dehors de leur influence ; elles égalaient les nôtres, lorsque les Portugais atteignirent l'Inde puis la Chine par mer, au début du XVIe siècle.

La différence, actuelle vient de ce que nous avons perfectionné *les sciences* et imaginé d'appliquer leurs résultats à

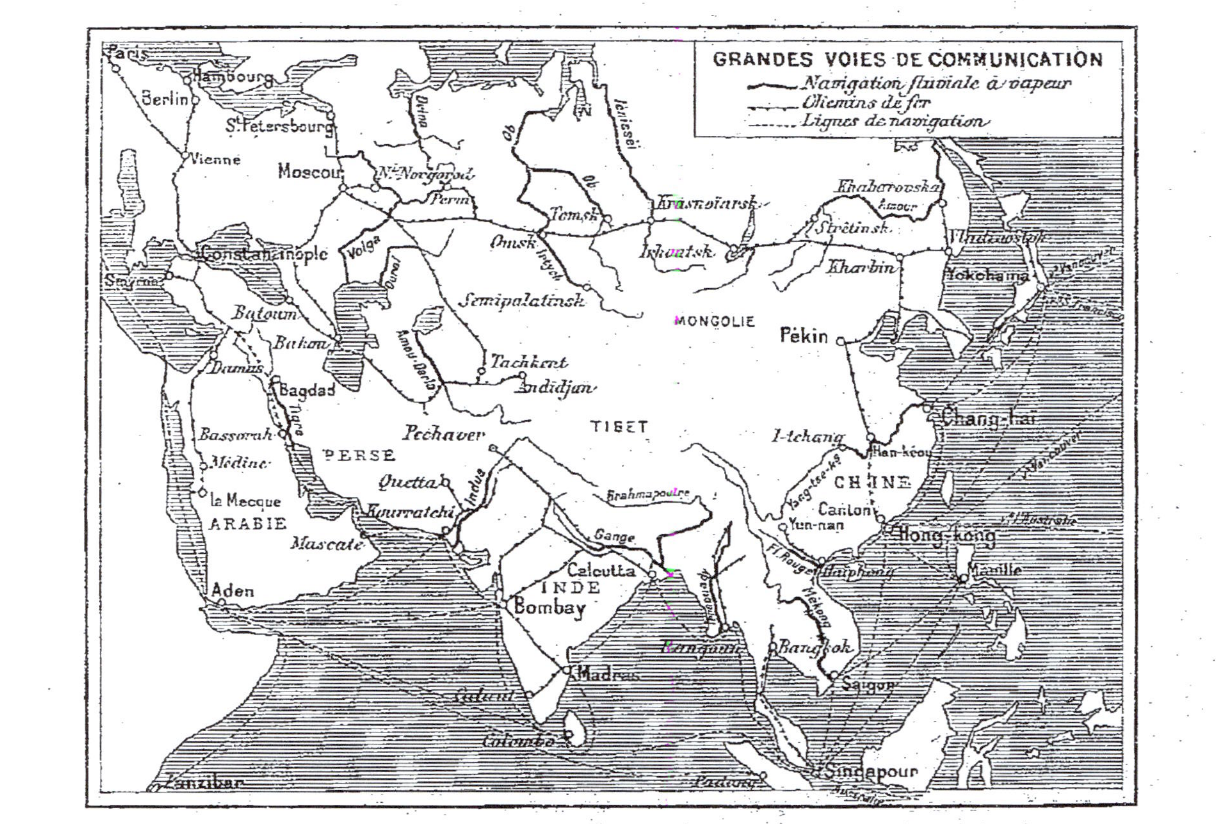

L'Asie ne s'est vraiment ouverte aux Européens que dans la seconde moitié du XIXᵉ siècle. Aujourd'hui des voies ferrées la pénètrent de toutes parts (au Nord et à l'Ouest les chemins de fer russes, au Sud les lignes anglaises de l'Inde et françaises de l'Indo-Chine); — le lit de plusieurs fleuves a été amélioré par des travaux; — des lignes internationales de navigation sillonnent l'océan Indien et le Pacifique. Seule, la masse centrale du continent reste difficilement accessible.

la vie pratique. Ce sont l'industrie et les transports à vapeur, l'électricité, et aussi l'armement qui nous ont rendus plus forts que les Orientaux et qui nous permettent de *progresser* tandis qu'ils nous paraissent immobiles.

La *civilisation hindoue* s'est répandue autrefois sur une partie de l'Indo-Chine et de la Malaisie : elle est aujourd'hui cantonnée dans l'Inde.

La civilisation chinoise. — Les Chinois possèdent une civilisation très ancienne ; ils ont inventé des caractères composant une *écriture* qui a été adoptée par les *Coréens*, les *Japonais*, les *Annamites* ; tous ces peuples parlent des langues différentes, mais ils écrivent avec les mêmes signes, de sorte que s'ils ne se comprennent point par la parole, ils peuvent lire les mêmes livres.

Les Chinois ont également inventé les arts, poterie, peinture, ébénisterie, laque, fabrication du bronze, travail de la soie, qui se sont répandus dans les pays voisins.

Les Chinois ont eu depuis longtemps des philosophes et des littérateurs dont le plus célèbre est Confucius, qui vivait 500 ans avant J.-C. Leurs livres ont été conservés comme le sont

FEMME ANNAMITE

Type de la race dite jaune, de taille plutôt petite, les pommettes très saillantes, la chevelure foncée. La femme porte le riz au moyen du balancier en bambou.

chez nous les écritures saintes et les ouvrages *classiques* ; ils sont lus, non seulement en Chine, mais dans tous les pays qui ont adopté les caractères chinois.

L'instruction est très recherchée en Chine par les hommes, car, pour les femmes, on pense qu'elles n'ont pas besoin de savoir lire.

Les Chinois passent des *examens* qui ne sont pas sans ressemblance avec les nôtres, mais qui portent exclusivement sur la calligraphie, la grammaire, la littérature, la morale; ceux qui réussissent obtiennent des titres analogues à ceux de bachelier, licencié et docteur chez nous; on les appelle les *lettrés*. Les fonctionnaires ou mandarins sont choisis parmi les lettrés.

Densité et répartition de la population. — L'Asie renferme 813 millions d'habitants, plus de la moitié de la *population terrestre*. Ils sont fort inégalement répartis.

En Asie russe la moyenne ne dépasse guère 1 habitant par kilomètre carré. La zone des déserts et des steppes n'en comprend pas 1 par 2 kilomètres carrés, en comptant les oasis.

Au contraire, *les pays à pluies de moussons* — Inde, Indo-Chine, Chine et Japon — renferment à eux seuls près des sept huitièmes de la population de l'Asie. Dans l'intérieur de chacun de ces États, la population se distribue d'une manière très diverse. Les régions les plus peuplées sont les parties bien arrosées ou irriguées et cultivées en *riz*. Ainsi, la côte sud-ouest de l'Inde compterait par endroits 600 habitants au kilomètre carré, densité que ne possède aucun autre pays *agricole*. Dans les deltas indo-chinois, la population va jusqu'à 400 au kilomètre carré.

Partout la population reste *surtout agricole*. Néanmoins l'Asie, anciennement civilisée, comprend de grosses *villes* avec de magnifiques monuments.

Dans quatre d'entre elles, savoir Calcutta, Pékin et deux autres villes chinoises, le total des habitants dépasse le million.

Néanmoins, la proportion des citadins reste *plus faible* que dans l'Europe occidentale, pays où l'industrie favorise l'accroissement des villes. L'Inde n'a qu'un dixième de citadins, la Chine un peu plus, le Japon, évoluant comme l'Europe, mais tout nouvellement, un quart environ.

La plupart de ces villes, en pays musulman, aux Indes, en

Chine, conservent leurs anciennes murailles et leurs portes fortifiées.

Pauvreté relative. — Les habitants, soit dans les campagnes, soit dans les villes, se contentent de peu et gagnent moins qu'en France. Bien que l'on rencontre des commerçants millionnaires en Chine, des princes somptueux aux Indes et dans les pays musulmans, la *richesse* générale reste *très inférieure* à la nôtre. Le trafic est moins important, l'industrie moins développée, l'agriculture même plus rudimentaire.

Les impôts ne peuvent s'élever très haut, et les budgets, même dans les États modernes, comme le Japon, offrent moins de ressources que les nôtres.

Avec ses gouvernements absolus, ses populations avant tout agricoles, sa pauvreté relative, ses villes fortifiées, ses moyens de communication insuffisants, l'Asie rappelle l'Europe de l'ancien régime.

Elle commence à se transformer sur le modèle du Japon ; au point de vue économique par les chemins de fer et l'industrie ; au point de vue politique par le mouvement des Jeunes-Turcs, des Jeunes-Persans, des nationalistes hindous, des réformistes chinois qui réclament la liberté de la presse et des constitutions comme en Europe.

CHAPITRE III

LA RUSSIE D'ASIE

La Russie d'Asie représente plus de 30 fois la superficie
de la France, un peu plus des deux tiers de la superficie de
l'Empire russe ; elle ne compte guère que 30 millions d'habitants, soit un cinquième à peine de la population totale de
l'Empire. Elle comprend trois groupes de possessions : la
Caucasie, le Turkestan russe et la Sibérie.

I. — CAUCASIE

Régions. — La Caucasie mesure 472.000 kilomètres carrés, un peu plus des quatre cinquièmes de la France.

Du Nord au Sud, on y distingue quatre parties différentes.

1° Au *nord* du Caucase, s'étend une région de *steppes
sèches*, sans arbres, couvertes d'une herbe rare ; elle fait
suite aux steppes de la Russie sud-est et ne s'en distingue
par aucune frontière naturelle. Comme dans les steppes de
la Russie méridionale, on y pratique l'élevage des moutons,
des chevaux, et, par endroits, des chameaux.

2° Les *montagnes du Caucase* s'allongent de la mer Noire
à la mer Caspienne sur une longueur égale aux deux tiers
de celle des Alpes, soit plus de 1.200 kilomètres. Leur lar-

geur varie de 100 à 200 kilomètres, c'est-à-dire à peu près les deux tiers de celle des Alpes.

Le point culminant, appelé Elbrouz, mesure 5.646 mètres, soit près de 1.000 mètres de plus que le Mont-Blanc; les hauts sommets du Caucase sont couverts de neige; de nombreux glaciers descendent sur les pentes.

Le Caucase se compose de massifs divers qui rayonnent en éventail d'un côté sur la mer Noire et de l'autre sur la mer Caspienne. Entre eux s'ouvrent des vallées que suivent des fleuves issus des glaciers; dans ces plis habitent des populations vivant en partie de la culture, en partie de l'élevage comme celles des Alpes.

Le Caucase est franchi en son milieu par deux routes carrossables qui empruntent deux cols à plus de 2.300 mètres. Jusqu'à présent, le chemin de fer se borne à tourner le massif par la côte de la Caspienne.

3° Au sud du Caucase vient la partie la plus heureuse et la plus peuplée. Elle est formée de *vallées* importantes, à peu près parallèles au Caucase et qui courent les unes vers la mer Noire, les autres vers la mer Caspienne. Là se trouve la capitale, *Tiflis*, avec 160.000 habitants, sur le versant de mer Caspienne.

4° Vers la frontière méridionale commencent *le plateau et les massifs d'Arménie* dont le point culminant dépasse 5.000 mètres (p. 39). C'est un pays à climat rude dont les vallées seules possèdent des habitants permanents : le reste du pays n'est fréquenté que pendant l'été par des bergers et leurs troupeaux. L'Arménie est partagée entre la Russie, la Turquie d'Asie et la Perse. Le morceau russe contient plus de deux millions d'habitants. C'est le plus peuplé et celui qui renferme le plus de *cultivateurs sédentaires*. Le patriarche arménien y réside.

Climat. — La Caucasie se trouve sous la latitude de l'Italie méridionale; sa 3ᵉ partie jouit d'un climat analogue.

En effet, le Caucase, comme les Alpes, constitue une barrière de séparation entre les climats. Il forme écran contre les vents froids du Nord : à sa bordure méridionale apparaissent, comme en Italie, la culture de la *vigne*, celle de l'olivier et du mûrier, ainsi que l'élevage du *ver à soie*.

Populations. — On compte en Caucasie plus de 40 langues différentes ; c'est un des pays où l'on voit les populations les plus bigarrées.

Elles sont en outre séparées par la religion ; parmi les indigènes, les uns sont *chrétiens*, comme les Arméniens et les Géorgiens, les autres *musulmans*. Tout un groupe de montagnards musulmans qui vivaient sur le versant de la mer Noire, les Circassiens, célèbres par leur beauté et par leur costume pittoresque, ont émigré en Turquie depuis que les Russes occupent ce pays.

La conquête russe a duré plus d'un demi-siècle, de 1801 à 1864. En 1878, les Russes ont encore agrandi leurs possessions aux dépens de la Turquie.

Aujourd'hui, la population de la Caucasie compte environ 10 millions d'habitants, soit un peu plus de 20 au kilomètre carré. Un tiers environ se compose de Russes qui sont surtout des militaires et des fonctionnaires.

Agriculture. — On a vu que le Nord fait partie de la zone d'élevage de l'Empire russe.

La partie au sud du Caucase est au contraire un grand pays de fruits ; l'oranger et le citronnier y croissent dans des vallées bien abritées ; les *vignes* les plus importantes de l'Empire russe se cultivent dans cette région.

La Caucasie a été pendant un temps la principale région productrice de *soie* de l'Empire.

Le *coton* est cultivé par irrigation dans les vallées et les plaines du versant de la Caspienne.

Mines. — La principale richesse du pays consiste dans le *pétrole* qui est exploité sur les bords de la Caspienne autour de Bakou, la seconde ville de la Caucasie avec près de 120.000 habitants dont la moitié musulmans.

Les puits appartiennent à de puissantes compagnies étrangères qui emploient des ouvriers indigènes.

Pour l'extraction du pétrole, cette région fait concurrence aux États-Unis ; elle occupe dans le monde *le second rang*, avec une production qu'on évalue à 150 millions de francs par an. Dans ce pays et les régions russes environnantes, chemins de fer et bateaux sont chauffés au pétrole.

Le Caucase renferme également des sources minérales et il contient les *bains* les plus fréquentés de la Russie, tant à cause de la beauté du paysage que de la vertu des eaux.

La région sud renferme dans ses montagnes des mines de toute espèce. Elle fournit la moitié de la production de *manganèse* du monde entier. Elle possède des gisements de *cuivre* qui se prolongent jusqu'en Perse et qui alimentent

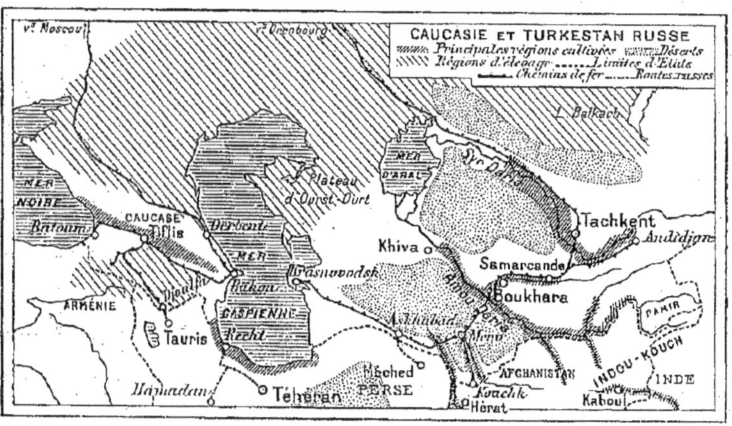

Une grande partie de la Caucasie et du Turkestan russe se compose de déserts de sable. Le long des rivières se sont établies les cultures et les villes. La bordure méridionale du Caucase et la rive sud de la Caspienne sont également cultivées.

des fonderies; enfin elle exploite de la houille et du sel gemme. Toutes ces entreprises prospèrent grâce aux voies de communication créées par les Russes.

Chemins de fer. — Une voie ferrée, longue de 900 kilomètres, va de Batoum sur la mer Noire, par Tiflis, à Bakou sur la mer Caspienne. De Tiflis se détachent vers le Sud des embranchements dont les uns desservent les mines des montagnes et dont les autres sont destinés à porter rapidement en cas de guerre des troupes sur la frontière de Turquie et sur celle de Perse.

La Caucasie, où la Russie entretient une forte armée destinée à agir, le cas échéant, dans l'un ou l'autre de ces deux pays, est encore une colonie essentiellement *militaire*.

II. — TURKESTAN RUSSE

Le Turkestan russe ou Asie centrale russe couvre une superficie de près de 4 millions de kilomètres carrés, égale à peu près à sept fois la superficie de la France; mais une grande partie de cette région n'est pas peuplée.

Relief. — 1° La plus grande partie du Turkestan russe comprend des plaines et des plateaux de faible relief *faisant suite* à ceux de la Russie sud-est dont aucune frontière naturelle ne les distingue, en dehors de la mer Caspienne. L'altitude moyenne n'y dépasse pas 300 mètres. La partie la plus basse est occupée par le rivage asiatique de la mer Caspienne, laquelle est à 26 mètres *au-dessous du niveau de la mer* et par une dépression située entre la Caspienne et la mer d'Aral qui descend à 67 mètres *au-dessous du niveau de la mer*.

2° Au Sud-Est, ces grandes plaines sont bordées par les *gradins du plateau de l'Iran*, hauts de 1.000 à 3.000 mètres et dirigées d'Ouest en Est.

A l'Est, vers l'Asie centrale, la bordure comporte des massifs plus hauts encore et toujours orientés dans le même sens. Le principal comprend les *monts Tian-Chan* ou monts Célestes, partagés entre la Chine et la Russie, dont le point culminant dépasse 7.000 mètres et dont l'ensemble forme un des *plus énormes* massifs du *monde* (p. 2).

Climat et cours d'eau. — Le Turkestan se trouve entre la latitude de Lyon et celle de Constantine. Occupant l'intérieur du continent, il a un climat des plus extrêmes, les hivers de Sibérie avec des bourrasques de neige et de poussière mélangées, les étés d'Afrique avec des chaleurs de 70°.

Les *plaines* ne reçoivent d'eau que pendant quelques jours, parfois *quelques heures* par an. La *pluie* ne tombe guère en quantité appréciable que sur les hautes *montagnes* de l'intérieur; encore y est-elle relativement rare. Aussi, dans les monts Tian-Chan, la limite des neiges perpétuelles ne descend-elle guère au-dessous de 4.000 mètres et les glaciers cessent-ils à 3.000 mètres, tandis que, dans les Alpes, ils se prolongent jusque vers l'altitude de 1.000 mètres.

Néanmoins, les neiges et les glaciers de ces montagnes donnent naissance à des *cours d'eau* qui suivent les vallées et se prolongent quelque temps dans les plaines brûlantes. Aucun d'eux n'est assez puissant pour parvenir à la Caspienne.

Les deux plus longs, appelés l'*Amou-Daria* et le *Sir-Daria*, dont chacun présente à peu près deux fois la longueur de la Loire, se traînent jusqu'à la *mer d'Aral*.

Cette étendue d'eau mesure 76.000 kilomètres carrés, à peu

PLAINE DE MERV

Bord du désert où l'eau n'arrive pas. Ruines imposantes de l'enceinte fortifiée du vieux Merv, capitale délaissée pour la cité moderne installée au milieu de l'oasis (voir la carte ci-contre).

près la superficie du royaume de Grèce, mais 3 p. 100 à peine de sa superficie accusent moins de 30 mètres de profondeur. C'est donc une immense flaque comme le lac Tchad en Afrique (p. 183). Son eau, renouvelée en temps de crue par l'apport des fleuves, est *moins salée* que celle de la Caspienne et même que celle des mers ordinaires.

Les deux fleuves qui s'y jettent se transforment en véritables torrents pendant les quelques semaines des pluies ou de la fonte des neiges ; le reste du temps, ils se réduisent à peu de chose ; on peut, par endroits, passer à gué le Sir-Daria.

Ils sont d'ailleurs saignés, comme tous les autres cours

d'eau de la région, par des *canaux d'irrigation*. Grâce à ces travaux, des cultures se font tout le long de leur cours, des villes nombreuses s'y succèdent, réunissant toute la population sédentaire de la région. Leurs vallées forment de *longues lignes d'oasis*, ou, suivant le terme d'un voyageur, de « cités-jardins ».

Cette région irriguée s'étend à peine sur 3 p. 100 du pays. Tout le reste des plaines présente deux aspects. La partie la moins déshéritée comprend des *steppes* à plantes rares, sans feuilles, hérissées d'épines où les nomades mènent paître leurs animaux pendant les quelques semaines de printemps. La partie inutilisable forme des *déserts* couverts de dunes de *sable* dont les vents violents de ce pays plat changent sans cesse l'aspect. Ces régions désolées ont reçu, en un endroit, le nom mérité de *steppe de la faim*, en d'autres, ceux de « sables rouges », «sables noirs ». Le tout forme une des solitudes les plus affreuses du monde.

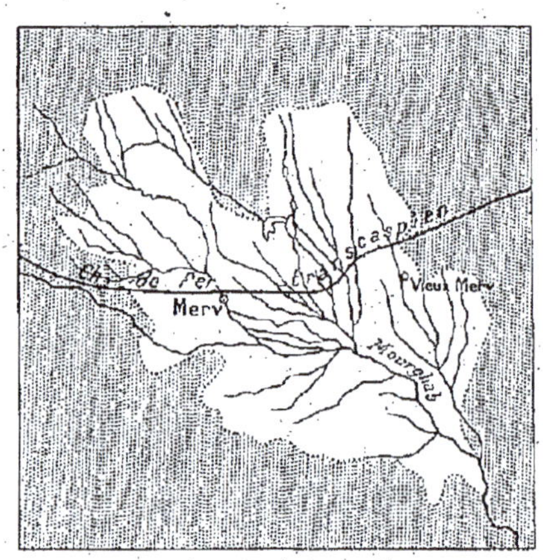

D'après Camena d'Almeida.

OASIS DE MERV

À l'endroit où la rivière Mourghab, venue des montagnes de l'Iran (au Sud) se termine par un réseau de canaux distribuant l'eau. Autour, le désert.

Populations. — Les vallées et les villes sont habitées par des *musulmans* en grande partie de race turque; les Turcs paraissent originaires des vallées du Tian-Chan.

On trouve au Turkestan d'anciennes capitales avec des mosquées et des forteresses remarquables; deux d'entre elles, *Khiva* et *Boukhara*, ont conservé leur souverain musulman qui règne sous le protectorat russe.

Les Russes ont annexé les oasis du Turkestan, une par une, entre 1865 et 1885. C'est une de leurs plus récentes conquêtes. Le Turkestan russe a pour capitale *Tachkent* (165.000 hab.).

La population du Turkestan russe atteint à peine 10 millions d'habitants, soit *moins de trois au kilomètre carré*; elle se compose pour les 9/10 d'indigènes musulmans. Les Russes sont surtout des fonctionnaires et des soldats. L'Asie centrale forme ainsi une colonie militaire administrée par des *officiers*, comme le Soudan et le Sahara français.

Productions. — Dans les vallées des montagnes et dans les oasis de la plaine, on cultive des céréales, des légumes

L'AMOU-DARIA ET LE PONT DU TRANSCASPIEN

Pont primitif en bois construit par le régiment russe des chemins de fer en 1887; remplacé aujourd'hui par un pont de fer. C'est le plus long des ponts russes, 2 kilomètres environ, en prévision des crues énormes, mais courtes.

et surtout des *fruits*, dont une partie s'expédie au dehors; le riz des oasis est exporté en Russie.

Les Russes y développent sans cesse la culture du *coton* pour alimenter leurs filatures : un tiers du coton travaillé en Russie vient de cette région qui occupe, sous ce rapport, le premier rang dans l'Empire.

Il en est de même pour la *soie*, qui y est aussi produite en abondance pour les manufactures des environs de Moscou.

Chemin de fer transcaspien. — Le chemin de fer caucasien se termine à Bakou, sur la Caspienne (p. 24). Cette mer est franchie par un service de bateaux à vapeur qui aboutit sur la rive opposée à *Krasnovodsk*; de là part la voie ferrée transcaspienne, commencée en 1881 et qui, depuis 1898, atteint *Tachkent*, capitale du Turkestan russe. Sa longueur dépasse 1.800 kilomètres. Elle suit le pied des montagnes allant de ville en ville et d'oasis en oasis.

Du côté du Nord, Tachkent est reliée *avec le réseau de Russie* et de Sibérie par une voie de 2.000 kilomètres.

Ces lignes, faites d'abord pour servir en cas de guerre,

LE TRANSCASPIEN DANS LA TRAVERSÉE DU DÉSERT DE KARA-KOUM

Le pays est plat : dans la construction, on avançait de 470 kilomètres par an. L'une des difficultés venait du manque d'eau ; on y a paré en recueillant l'eau des rares pluies dans de grands réservoirs artificiels. Une autre venait des sables, qui, poussés par le vent, menaçaient d'envahir la voie à peine établie. Pour la protéger, on a dû planter, tout le long de la ligne, des végétaux pouvant vivre dans le désert.

permettent l'exportation du coton et des autres produits; aussi prennent-elles une importance économique de plus en plus grande.

III. — SIBÉRIE

La Sibérie occupe 12 millions 1/2 de kilomètres carrés, plus de vingt fois la France, et près de la moitié de l'Empire russe.

Relief. — 1° La *Sibérie occidentale*, jusqu'au fleuve Iénisséi, est un ensemble de *plaines*, suite de la Russie; leur altitude moyenne ne dépasse guère 100 mètres. Au Sud, elles s'arrêtent devant les plateaux bas du Turkestan (p. 25);

2° La *Sibérie orientale*, entre l'Iénisséi et l'Océan Pacifique, est traversée par des montagnes qui continuent celles de la Mongolie (p. 118). Sur la frontière, d'importants massifs, comme l'*Altaï*, offrent des sommets qui dépassent

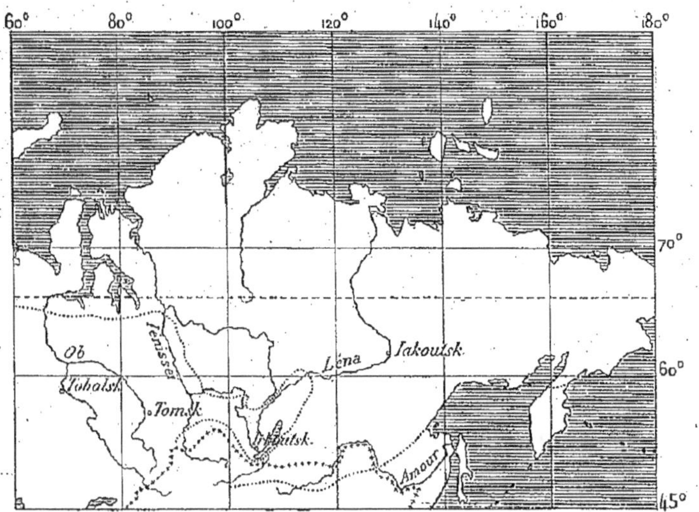

.... *Limite du sous-sol perpétuellement congelé.* (d'après Iatchevskiy)

D'après Camena d'Almeida.

SIBÉRIE

Au nord de la limite, l'été ne dure pas assez pour que la terre puisse se dégeler complètement. La limite des arbres (carte de la page 7) correspond à la partie nord de cette zone, où le dégel de l'été est si superficiel que les plantes ne peuvent développer leurs racines.

4.000 mètres, avec des *neiges perpétuelles* et de grands glaciers au milieu de forêts. On appelle ce pays « la Suisse sibérienne ». Dans l'intérieur de la Sibérie orientale, la ligne de partage entre l'océan Glacial et le Pacifique ne dépasse guère 1.000 mètres;

3° A l'extrémité nord-est, la grande presqu'île du *Kamtchatka*, étendue comme la moitié de la France, forme un pays à part, plus montagneux que le reste et dominé par des *volcans* élevés qui se rattachent à ceux du Japon et du Pacifique. Le plus haut se dresse à près de 5.000 mètres.

Climat et régions naturelles. — On trouve en Sibérie le même climat et les mêmes zones naturelles qu'en Russie. (*2ᵉ année*, p. 235-236.)

Mais la Sibérie s'avance beaucoup plus loin vers le Nord que la Russie; par suite, la zone septentrionale des *toundras* ou terres gelées, dans lesquelles les arbres ne peuvent plus pousser, y est beaucoup plus étendue qu'en Russie.

Au sud des toundras vient, comme en Russie, la *zone des forêts* composée presque uniquement de pins, de sapins, de mélèzes, de cèdres et de bouleaux. Dans la Sibérie *orientale*, cette zone s'étend jusqu'à la vallée du fleuve Amour, de sorte que la végétation ajoute aux obstacles que les montagnes opposent déjà à la colonisation.

Dans les plaines de la Sibérie *occidentale*, au Sud de la zone des forêts, s'étend la meilleure partie, une zone de *terre noire* semblable à celle de Russie et qui est, comme elle, *dépourvue d'arbres* et propre à la culture du *blé*.

Enfin, au sud de cette région agricole, des *steppes herbeuses*, toujours semblables à celles de Russie, forment la transition entre les terres de colonisation au Nord et les déserts du Turkestan au Sud. On n'y rencontre guère que des nomades éleveurs de troupeaux, mais les Russes essaient d'y établir des paysans.

Populations. — *A.* **Indigènes.** — 1° Au nord de la Sibérie, dans la région des forêts et des toundras, vivent des indigènes, qui tirent leurs ressources de la pêche, de la chasse et de l'élevage des rennes. Ce sont les plus arriérés et les moins nombreux;

2° La Sibérie *occidentale*, était occupée avant les Russes par des groupements de langue *turque* et de religion *musulmane*; ils ont été refoulés vers le Sud dans les steppes : les principaux sont les Kirghiz nomades;

3° En Sibérie *orientale* vivent des Jaunes apparentés aux Mongols et aux Chinois et de religion bouddhique.

B. **Russes.** — Les Russes ont fait la conquête de la Sibérie entre 1576 et 1860.

Ils y ont établi des *cosaques*, c'est-à-dire des soldats

paysans qui vivent de la culture et qui doivent toujours être prêts à prendre les armes en cas de guerre.

Ils y ont aussi envoyé et ils y envoient encore des *déportés* politiques et des *condamnés* aux travaux forcés.

Mais la *plus grande partie* de la population russe est formée par des *colons libres*, qui s'y rendent en très grand nombre depuis l'ouverture du chemin de fer. Chaque année, 100 ou 200.000 paysans russes viennent mettre en culture des plaines fertiles de la Sibérie occidentale. Aujourd'hui, comme la place manque, ils s'étendent au Sud dans la région des steppes, où ils créent des champs de blé, et ils commencent même vers le Nord à défricher la forêt. Le gouvernement établit aussi des colons dans la vallée du fleuve Amour et sur les côtes du Pacifique.

Les *Russes* forment *plus des deux tiers* des 8 millions d'habitants qui occupent actuellement la Sibérie. Ce grand pays n'a pas aujourd'hui un habitant par kilomètre carré; il pourrait certainement en nourrir davantage.

Pêche et Chasse. — La Sibérie est, comme la Russie, un grand pays de *pêches* de *rivières*. On y prend surtout le saumon qu'on exporte fumé.

Les côtes du Pacifique abondent en poissons et en animaux à huile et à fourrure; mais les Russes font peu d'entreprises en ces régions; la *pêche* proprement dite y est abandonnée aux Japonais, la chasse du *phoque* et de la *baleine* aux Américains.

La Sibérie est, avec la Russie et le Canada, un des grands pays producteurs de *fourrures* du monde entier. La chasse est faite pendant l'hiver par des indigènes pour le compte de marchands russes ou chinois.

Agriculture. — L'*élevage* est très important. Les steppes du Sud fournissent du bétail sur pied pour la boucherie, des peaux, du suif. On y compte 10 animaux domestiques par tête d'habitant. C'est une des *grandes réserves* de chevaux, bétail, moutons de l'Empire russe et du monde.

On doit les comparer à l'Australie (p. 168), à la prairie de l'Amérique du Nord (p. 332), à la pampa argentine (p. 371), placées sous des climats analogues.

La plaine occidentale, peuplée de paysans russes, fabrique

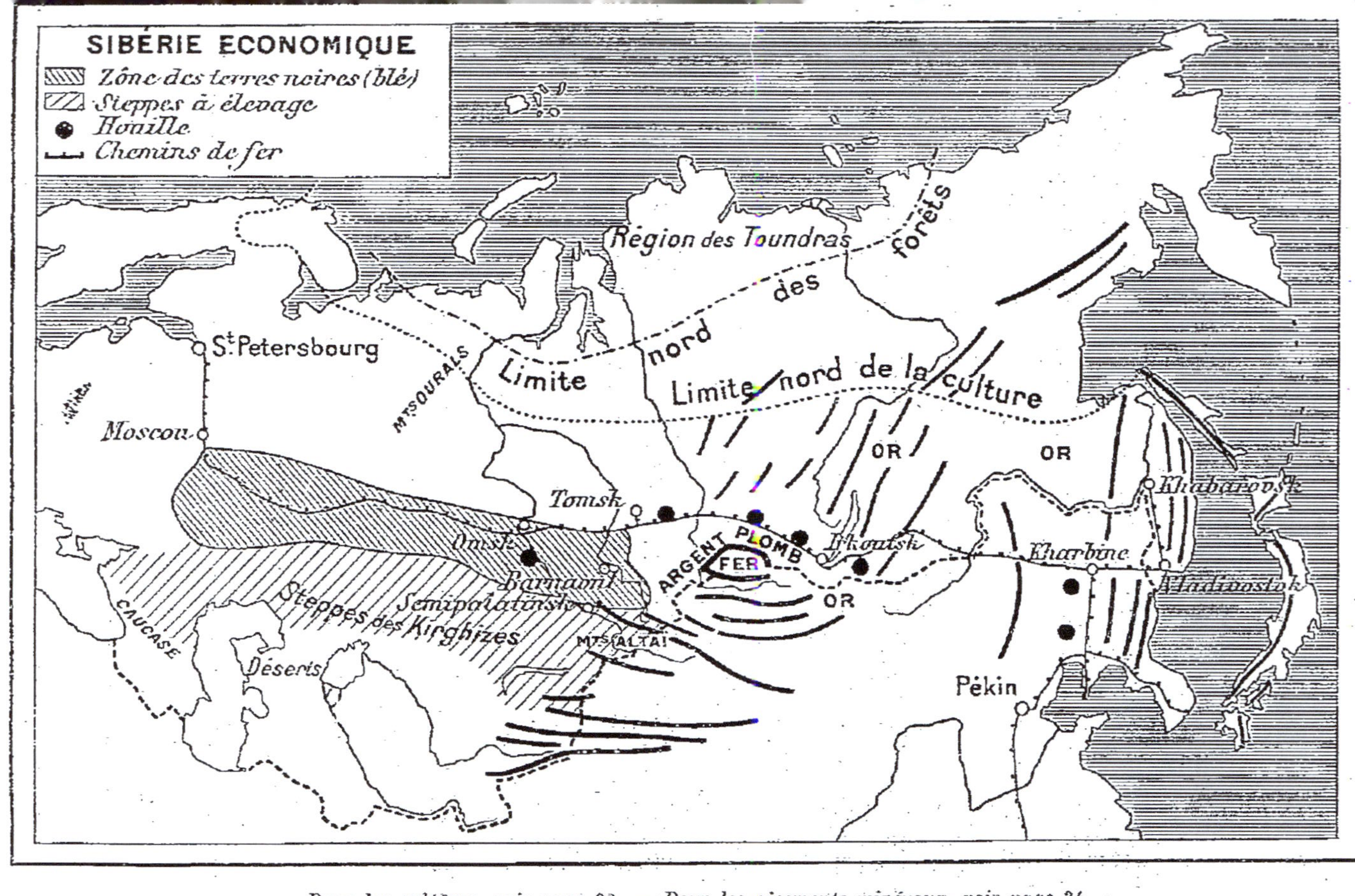

Pour les cultúres, voir page 32. — Pour les gisements minéraux, voir page 34.

en quantité du *beurre*, qui est exporté dans l'Europe occidentale par l'intermédiaire de la Russie et du Danemark.

Dans l'ensemble, la Sibérie compte près d'*un cheval par habitant*, la plus forte proportion du monde, avec celle de l'Argentine (p. 384); mais le nombre *diminue* depuis qu'une partie des transports se fait par voie ferrée.

Les plaines fertiles de la Sibérie occidentale fournissent des céréales, *surtout du blé*, dont une grande partie s'exporte par les ports de la Russie d'Europe. La superficie en blé ne représente qu'un vingtième de celle de la Russie européenne, mais la production est de près d'un douzième. Le blé rend plus en Sibérie et il y est cultivé de préférence au seigle et aux autres céréales.

Mines. — La Sibérie orientale, montagneuse et boisée, forme avec les plaines orientales un contraste complet; elle *ne produit pas de quoi nourrir ses habitants*, et sa richesse consiste principalement en mines.

Les monts Altaï, sur la frontière de Chine, renferment des mines de toute espèce qui commencent à s'épuiser.

Mais de grands *champs d'or* ont été découverts : 1° dans les montagnes de la frontière de Chine, sur le haut Iénisséi ; 2° au nord du lac Baïkal, dans le bassin du fleuve Léna; 3° enfin, sur la rive nord du fleuve Amour. Grâce à ces exploitations, la Sibérie livre plus des deux tiers de la production d'or de la Russie, ce qui assure à l'Empire le *quatrième rang* parmi les pays fournissant le métal précieux.

La Sibérie possède également des mines de *houille* et des mines de fer. On a commencé à y installer, sur le trajet du chemin de fer, des *fonderies* et des *forges*, mais elle reste très en arrière de la Russie d'Europe.

Le Transsibérien. — Le Transsibérien a été construit de 1896 à 1902 par l'État russe. Il mesure 6.500 kilomètres de la frontière de Russie à Vladivostok, sur le Pacifique. C'est *le plus long* chemin de fer transcontinental du monde.

Le Transsibérien permet de traverser la Sibérie en dix jours, alors qu'on y mettait auparavant deux mois et plus; grâce à lui, on va en trois semaines de Paris à Pékin; il est la route *la plus courte* et la moins coûteuse de l'Europe occidentale en Chine et au Japon.

Il avait été construit pour des raisons militaires : la Russie voulait en effet occuper la Mandchourie, province de l'Empire chinois, qui s'étend entre la Sibérie et la région de Pékin (p. 128). Elle prévoyait, contre ce projet, l'opposition du Japon et elle se préoccupait d'avoir les moyens de transporter rapidement des troupes en Extrême-Orient.

Le Japon fit la guerre à la Russie en 1904-5 ; victorieux, il occupa et garda le sud de la Mandchourie, *barrant la route de Pékin* à la Russie.

Mais la Russie a conservé tout le Transsibérien proprement dit, qui traverse le nord de la Mandchourie pour couper au plus court vers le port de Vladivostok, sur le Pacifique.

Le Transsibérien n'a pas perdu son utilité militaire ; en outre, il sert à transporter le thé de Chine (p. 109), ainsi que les minéraux de la Sibérie orientale vers l'Occident et il amène dans les régions montagneuses et minières les céréales et aliments que la Sibérie occidentale fournit en excédent. Son importance économique grandit chaque jour.

Ainsi comme dans les autres parties de l'Empire russe d'Asie, les voies de communication, créées d'abord uniquement en vue de la guerre, servent de plus en plus les intérêts de l'agriculture, de l'industrie et du commerce.

CHAPITRE IV

LA TURQUIE D'ASIE

La Turquie d'Asie occupe près de 1.700.000 kilomètres carrés, plus de trois fois la superficie de la France. Elle comprend : 1° l'Asie Mineure; 2° la partie turque de l'Arménie et du Kourdistan ; 3° la Mésopotamie ; 4° la Syrie et la Palestine ; 5° une partie de l'Arabie.

I. — ASIE MINEURE

L'Asie Mineure est une presqu'île massive, grande à peu près comme la France, mais beaucoup moins favorisée par la nature et moins peuplée.

Le plateau. — La plus grande partie du pays est formée par un *plateau* élevé, sec et nu, semblable à ceux de l'intérieur de l'Espagne ou de l'Algérie. Sa hauteur moyenne atteint 1.000 mètres.

Sur la bordure orientale du plateau se dresse, à près de 4.000 mètres, un volcan éteint, le *mont Argée, point culminant* de la péninsule. La neige persiste toute l'année à son sommet.

Les éruptions ont cessé, mais les *tremblements de terre* ébranlent fréquemment la région. Comme tous les pays volcaniques, l'Asie Mineure possède des sources *thermales*.

Le plateau est parsemé de lacs salins. L'un d'eux, grand trois fois comme le lac de Genève, constitue l'étendue d'eau la *plus salée du monde*, avant la mer Morte (p. 44).

En plusieurs endroits du plateau, apparaissent des déserts de sable mélangé de sel.

La ville d'Angora, à 850 mètres de haut, a donné son nom à une variété de chèvres et de chats couverts de longs poils qui les protègent contre les rigueurs du climat.

Les bordures. — Le pourtour est plus accidenté.

1° Sur la *côte de la mer Noire*, se continuent les pluies et les forêts du Caucase. Le climat y est frais et brumeux.

2° La meilleure partie est formée par la *côte de l'Archipel*. De ce côté, le littoral est découpé en *presqu'îles* élevées dans lesquelles se poursuivent les hauteurs des îles grecques et de la Grèce (*2ᵉ année*, p. 276). Entre les chaînons s'allongent des *vallées* peuplées. On y trouve, comme en Grèce, l'olivier, la vigne, les arbres fruitiers, le tabac. L'orge y est cultivée et on y élève des chevaux.

Dans les *golfes* de cette côte et dans ceux des îles qui l'avoisinent, s'étaient établis, dès l'antiquité, des ports de premier ordre. Le grand port est aujourd'hui *Smyrne*, avec plus de 200.000 habitants, ville la plus riche et *la plus considérable* de toute l'Asie Mineure ;

3° La côte sud est bordée de hautes montagnes formant le rebord *le plus élevé* du plateau ; c'est la chaîne du *Taurus* qui se prolonge dans l'intérieur, vers le Nord-Est, séparant l'Asie Mineure du reste de l'Asie.

Le Taurus est franchi par des cols élevés au voisinage desquels se sont livrées de nombreuses batailles depuis l'antiquité jusqu'à nos jours. Il forme barrière entre la langue turque parlée sur le plateau de l'Asie Mineure et l'arabe en usage dans le reste de l'Asie ottomane.

Populations. — L'Asie Mineure ne compte guère que 9 millions d'habitants, soit quatre fois moins que la France. Ils sont tous sujets de la Turquie ; ils se divisent à peu près par moitié en deux races :

1º Les *paysans turcs*, appelés de l'Asie centrale par les sultans, ont colonisé les vallées des montagnes et les parties cultivables du plateau ;

2º Les *Grecs*, de langue grecque et de religion orthodoxe, habitent depuis l'antiquité la *côte* et les *îles* de l'Archipel où ils sont marins, pêcheurs et commerçants.

On compte, en outre, dans les villes des commerçants et des banquiers *juifs* et *arméniens*.

L'île de *Samos*, peuplée de Grecs, forme, depuis 1832, une *principauté* vassale du sultan, mais administrée par un fonctionnaire chrétien.

Ressources. — L'Asie Mineure fait un commerce, qui ressemble à celui des pays turcs et grecs d'Europe.

Elle offre divers minerais analogues à ceux du Caucase et de Perse ; elle est riche en *chrome* : seule au monde, elle fournit l'*écume de mer*, argile fine dont on fabrique des pipes.

Elle vend au dehors : des fruits séchés, notamment des figues et des raisins ; de l'orge, que les Anglais viennent chercher pour leurs brasseries ; de la réglisse ; de l'opium ; des peaux d'animaux ; la soie de la région de Brousse (76.000 hab.) qu'achètent les fabricants de Lyon et de Milan ; enfin des tapis, que tissent à la main des artisans turcs et que nous appelons *tapis de Smyrne*.

PAYSAN TURC

En habits de fête. Le costume turc est celui que nous avons adopté pour les zouaves et les tirailleurs algériens.

II. — ARMÉNIE ET KOURDISTAN TURCS

1º L'Arménie, placée entre le plateau d'Asie Mineure et le plateau de Perse, une des régions les plus élevées du

monde, mérite d'être surnommée « Suisse de l'Asie occidentale ». Elle est dominée par des volcans, dont le plus haut
est le *mont Ararat*, qui dépasse 5.000 mètres. On voit de
fort loin sa pyramide dénudée, couronnée de *neige*. Les
anciens Hébreux ne connaissaient pas de sommet plus
élevé; ils disaient que l'Ararat était la première terre qui

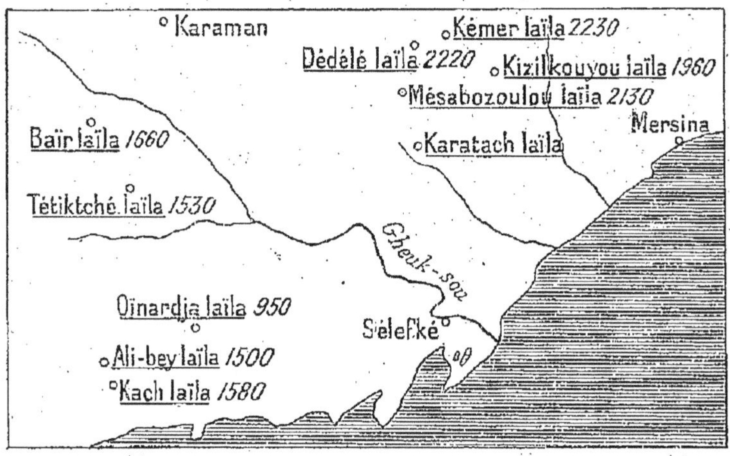

D'après Camena d'Almeida.

IAÏLAS DE CILICIE
(Les chiffres indiquent les altitudes en mètres.)

*Pendant les mois d'été, les habitants des régions basses se rendent dans les mon-
tagnes pour trouver la fraîcheur. Chaque ville ou village possède son « iaïla »
ou station d'été. Comparer avec les stations d'été de l'Inde (p. 60).*

émergea après le déluge quand les eaux commencèrent à
baisser et que l'arche de Noé aborda à son sommet.

Au mont Ararat, se rencontrent les frontières des trois
pays qui se partagent l'Arménie :

Au Nord, la *Caucasie* russe s'est annexé environ 100.000
kilomètres carrés (p. 22).

Au Sud-Est, la *Perse* occupe le plus petit morceau, allant
jusqu'au grand lac d'Ourmiah, salé et peu profond, situé
à 1.350 mètres de haut.

Au Sud-Ouest, la Turquie occupe le plus gros morceau
de l'Arménie, environ 150.000 kilomètres carrés, jusqu'au
lac de Van, salé, à près de 1.700 mètres de haut, un peu
moins étendu que le lac d'Ourmiah, et cependant sept fois
plus grand que celui de Genève.

Tous les Arméniens sont des *chrétiens* formant une église particulière dont le chef, résidant en territoire russe, s'appelle *patriarche*. Dans l'Arménie turque, on compte près de 2 millions d'Arméniens. Ils s'occupent surtout d'*élevage*; ils amènent des moutons et du bétail pour les vendre dans toute la Turquie d'Asie. Ne trouvant pas de quoi vivre dans leurs montagnes, ils *émigrent* à Constantinople et dans tout l'empire turc où ils sont aussi répandus que les Juifs ou les Grecs. Ils s'y font surtout fonctionnaires et marchands.

2° Le Kourdistan, ou pays des Kourdes, se compose de chaînes escarpées qui touchent les massifs d'Arménie au Nord et descendent au Sud vers les plaines du Tigre et de l'Euphrate. Elles appartiennent pour les trois quarts à la Turquie et pour un quart à la Perse. Les vallées qui les séparent sont habitées par les Kourdes, qui vivent en partie de l'élevage et en partie du brigandage. *Musulmans*, ils vont souvent, sous prétexte de guerres religieuses, piller les villages de leurs voisins, les chrétiens arméniens.

III. — MÉSOPOTAMIE

L'Euphrate et le Tigre. — Le nom de Mésopotamie vient d'un nom grec qui veut dire « pays entre les fleuves ». En effet, la Mésopotamie est une *plaine* qui s'allonge du N.-O. au S.-E., entre l'Euphrate et le Tigre, fleuves descendus des hautes montagnes neigeuses et des glaciers de l'Arménie.

L'*Euphrate*, le plus long des deux fleuves, mesure environ deux fois la longueur de la Loire; mais c'est le plus irrégulier et *le moins navigable*, parce que son cours borde le désert syrien, où ses eaux s'évaporent.

Le *Tigre* longe le pied des montagnes de Perse, qui lui envoient de nombreux torrents. Son débit est double de celui de l'Euphrate; il serait aisément navigable, sans la rapidité de sa pente et les bancs de sable.

A 180 kilomètres de la mer, ces deux fleuves se réunissent dans le *Chat-el-Arab* dont les alluvions forment un *delta* qui avance d'une cinquantaine de mètres par an sur le golfe Persique.

Ce fleuve unique reçoit un dernier affluent *venu de Perse*

qui est navigable sur une partie de son cours et forme ainsi une *voie de pénétration* vers le plateau de l'Iran.

En amont, la *navigation remonte* tant bien que mal le Tigre *jusqu'à Bagdad*, d'où part une route de caravanes vers la Perse.

Populations et ressources. — *Bagdad*, avec 150.000 habitants, ancienne capitale des *califes arabes*, est l'une des belles cités du monde musulman. Les célèbres contes arabes, réunis sous le nom des *Mille et une Nuits*, ont presque tous pour théâtre principal les palais et le bazar, c'est-à-dire le quartier des boutiques de Bagdad. Bagdad est encore aujourd'hui la plus grande ville de la région.

Près de Bagdad se trouvent, sur les bords de l'Euphrate, les ruines de *Babylone*, ancienne capitale de la Chaldée, c'est-à-dire de la *partie basse* et fertile de la Mésopotamie.

Plus au Nord, sur le Tigre, *Mossoul*, 60.000 habitants, a donné son nom à la mousseline ; elle est bâtie à côté des ruines de l'ancienne *Ninive*, l'une des capitales de l'Assyrie.

La Mésopotamie a été, avec l'Égypte, une des régions les plus anciennement civilisées du monde ; c'est là, semble-t-il, que le *blé* et les diverses céréales furent *pour la première fois* améliorés par le travail des hommes.

La culture s'y faisait au moyen d'*irrigations*, comme en Égypte. Ce pays, en effet, n'a qu'une saison de *pluies très courte*. Il resterait un désert sans l'eau des fleuves alimentés par les montagnes lointaines. Les canaux et la prospérité du pays ont duré jusque sous les califes arabes.

Depuis la domination turque, qui date d'environ six siècles, les barrages et les réservoirs, négligés, tombent en ruines ; les vallées des fleuves se sont couvertes de *marécages* fiévreux cachés sous des roseaux, le reste de steppes ou de déserts.

Il ne subsiste plus que quelques villes entourées de jardins au bord des fleuves, oasis isolées l'une de l'autre. Au Sud, les *palmiers* les dominent, comme en Égypte ; le port fluvial de Bassorah, sur le Chat-el-Arab, est au monde le *principal* centre d'exportation de dattes.

La plus grande partie de ces pays sert de parcours aux troupeaux de moutons, de chevaux et de chameaux que conduisent les Arabes bédouins, nomades vivant sous la tente. La langue courante est l'arabe.

Chemins de fer de l'Asie Mineure et de Bagdad. — Les pays turcs souffrent du manque de voies de communication.

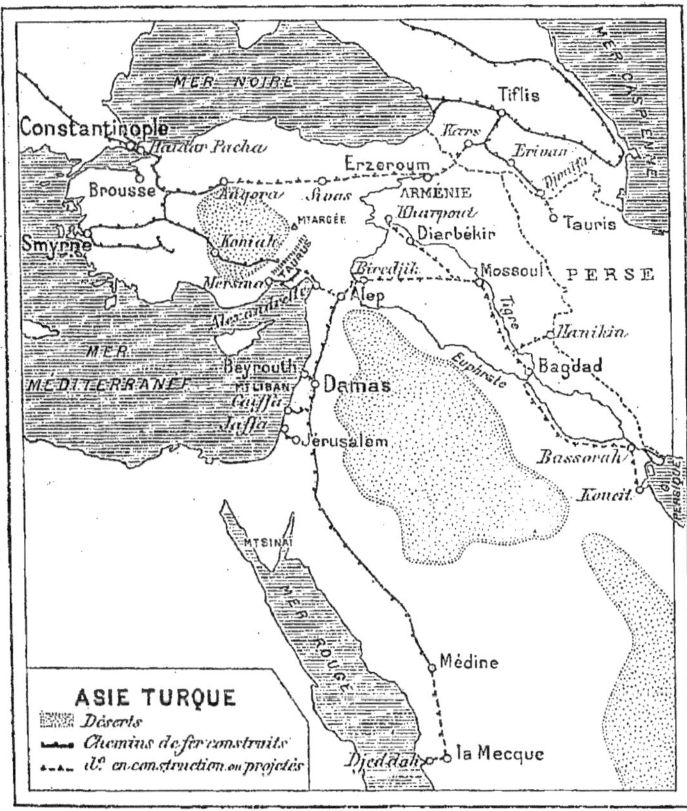

Pour y remédier, des chemins de fer de pénétration ont été construits ou sont en voie de construction.

L'Asie Mineure, à elle seule, en possède environ 2.000 kilomètres. Ses principales lignes partent soit du grand port de *Smyrne*, soit de Haïdar Pacha, en face de *Constantinople*, pour s'avancer dans l'intérieur. Toutes ces lignes ont été construites par des étrangers, mieux préparés à ces travaux que les Turcs. Les premières furent faites par des Français qui possèdent encore le réseau partant de Smyrne. La France exerce une influence considérable dans la région ; 2.500 Français habitent Smyrne.

D'autres lignes sont anglaises. Enfin, depuis que le Sultan de Constantinople est devenu l'allié de l'empereur d'Allemagne, les *Allemands* ont obtenu d'importantes concessions, notamment celles des lignes qui partent d'Haïdar Pacha.

Une entreprise allemande, à laquelle sont associés des capitalistes français, a commencé la construction d'un chemin de fer, qui *prolongerait* le réseau actuel jusqu'à *Bagdad*, puis jusqu'à un port du golfe Persique. La ligne de Bagdad est déjà posée jusqu'aux montagnes du Taurus ; une fois terminée, elle constituera la voie *la plus courte de l'Europe aux Indes*.

En même temps qu'on construit cette ligne, des ingénieurs anglais, mis au service du sultan, étudient les moyens de rétablir l'irrigation en Mésopotamie ; on espère rendre à ce pays, par ces divers travaux, la prospérité qu'il connut autrefois et le transformer comme l'Égypte le fut dans le cours du XIX° siècle.

IV. — SYRIE ET PALESTINE

La côte et le Liban. — La Syrie tombe à pic sur la Méditerranée : tout le long de cette mer et parallèlement à elle, s'allongent les cimes du Liban ou « montagnes blanches » dont les sommets s'élèvent à près de 3.000 mètres et sont recouverts de neige pendant la plus grande partie de l'année. Du Liban à la mer, descendent des collines coupées par des ravins, *semblables au Tell* de l'Algérie.

Les anciennes forêts de cèdres, qui couvraient le Liban, ont été presque complètement détruites par les hommes ; les hauteurs apparaissent nues, mais dans les parties abritées, les cultures s'élèvent jusqu'à 1.800 mètres. Sur les collines de la côte, mûrissent les fruits et la vigne ; l'oranger, le *citronnier*, le *palmier-dattier* réussissent dans les parties bien exposées ; les villages et les villes sont formés de petites maisons cubiques, à toit plat en terrasse ; la côte est bordée de ports qui remontent à une très haute antiquité.

La Syrie creuse. — En arrière du Liban, s'allonge une dépression nord-sud, parallèle à cette montagne, et qui est la plus profonde du monde entier ; les Anciens l'appelaient la *Syrie creuse* ; elle mesure 600 kilomètres du Nord au Sud et elle n'a qu'une trentaine de kilomètres de large.

La partie la plus basse se trouve vers le Sud ; elle est suivie par le fleuve Jourdain, qui disparaît dans la mer Morte, à 394 mètres au-dessous du niveau de la Méditerranée.

Cette dépression n'est qu'à 80 kilomètres à vol d'oiseau de la Méditerranée, dont la sépare le Liban, avec le plateau haut d'environ 800 mètres sur lequel est bâtie *Jérusalem* (50.000 hab.), reliée par un *chemin de fer* au port de Jaffa, sur la Méditerranée.

La mer Morte est d'un tiers plus étendue que le lac de Genève ; elle contient les eaux les plus salées du monde entier et par conséquent les plus denses, après celles d'un lac d'Asie Mineure (p. 37) ; leur densité est encore augmentée par *l'asphalte* ou bitume qui se mélange aux eaux et qui a valu à cette mer le nom de « lac Asphaltique ». Le corps humain y flotte sans que les membres aient besoin de faire les mouvements de natation ; aucun poisson ne peut vivre dans ces eaux ; les rivages sont desséchés ; c'est pourquoi l'on a donné le nom de « morte » à cette mer.

L'Anti-Liban et le désert. — 1° De l'autre côté de cette dépression se dresse une chaîne parallèle au Liban et que l'on appelle l'Anti-Liban ; son point culminant dépasse 2.600 mètres ; elle est moins favorisée par le climat et moins cultivée que le Liban ;

2° En arrière, commence le *désert syrien*, qui se continue à l'Est vers la Mésopotamie et au Sud vers l'Arabie.

3° Au pied de l'Anti-Liban, quelques *oasis* doivent leur

existence aux sources provenant de cette chaîne ; elles renferment des villes entourées de jardins. La plus belle et la plus considérable est *Damas* (225.000 hab.), capitale de la Syrie.

Populations. — La Syrie et la Palestine comptent à peine 3 millions d'habitants, d'origine très différente. Parmi eux dominent les Sémites, dont les principaux groupes furent jadis les Juifs et sont aujourd'hui les Arabes.

Les *Juifs* menaient, au temps des patriarches comme Abraham, une vie nomade comme celle des Bédouins actuels. Partis du désert sous la conduite de Moïse, ils s'emparèrent de la Palestine, au sud de la Syrie, et y bâtirent Jérusalem. Les Juifs ont été dispersés après la prise de Jérusalem par les Romains. Actuellement, ils ne forment plus la majorité en Palestine.

Au nord de la Palestine se trouvait, dans l'antiquité, la Phénicie, très petit pays dont les marins fondèrent des colonies sur toutes les côtes de la Méditerranée et apprirent aux Grecs la navigation. Aujourd'hui, *le principal* port et la seconde ville de la région est *Beyrouth* (120.000 hab.), reliée par *chemin de fer* à Damas ; c'est, comme Smyrne, un centre de commerce et d'influence français.

Actuellement, l'arabe est devenu la langue dominante en Syrie et Palestine ; au point de vue religieux, les populations se partagent entre les différentes confessions chrétiennes, particulièrement nombreuses, et les diverses sectes musulmanes.

L'Europe et les Lieux Saints. — Les puissances européennes se sont toujours préoccupées de *Jérusalem* et de la *Palestine* qui attirent de nombreux *pèlerins* chrétiens.

La France s'est fait reconnaître, depuis l'époque de Louis XIV, le droit de protéger les chrétiens de toutes religions, ainsi que les missionnaires catholiques, et ce droit lui a été confirmé par le traité de Berlin en 1878.

Mais la Prusse et l'Angleterre prirent en 1840 la protection des missionnaires et chrétiens protestants ; la Russie avait acquis, dès 1772, le droit de protéger les chrétiens de la religion orthodoxe. Enfin, depuis quelques années, les catholiques étrangers, surtout Allemands et Italiens, tentent de recourir directement à leur gouvernement.

L'Allemagne a établi sur la côte de Syrie des *cultivateurs allemands* qui travaillent principalement la vigne.

La France, néanmoins, garde une situation de première importance en Syrie et dans l'empire Ottoman ; le français est la langue étrangère la plus répandue. Aussi notre gouvernement subventionne-t-il de nombreuses écoles ; toutes appartenaient, naguère, à des missionnaires ; aujourd'hui, on fonde en Orient des écoles laïques françaises.

Lignes de Syrie et de La Mecque. — La lutte d'influence se traduit aussi dans les concessions de voies ferrées ; les Français ont construit les premières, mettant les ports de la côte en communication avec les capitales de l'intérieur : Beyrouth avec Damas, Jaffa avec Jérusalem.

Les Allemands venus ensuite ont entrepris dans l'intérieur la construction d'une grande ligne Nord-Sud, qui longe le versant intérieur de l'Anti-Liban, dessert la capitale, *Damas*, et qui se prolonge au Sud jusqu'aux *villes saintes* de l'Arabie. Il comportera avec ses branchements environ 2.000 kilomètres ; il servira aux pèlerins musulmans qui se rendent de l'Asie intérieure vers les villes saintes ; la Turquie compte aussi l'employer à transporter des troupes pour assurer sa domination en Arabie.

V. — ARABIE

L'intérieur. — L'Arabie forme une presqu'île d'environ 3 millions de kilomètres carrés, six fois la France.

Elle se compose principalement d'un plateau massif en grande partie désert et dont les aspects répondent à ceux du *Sahara* que l'Arabie *continue* au delà de la mer Rouge.

Le centre est occupé par des *hauteurs* volcaniques découpées, élevées en moyenne de 1.000 mètres, et dans les gorges desquelles se trouvent quelques sources avec des oasis. Là, des *steppes* permettent d'élever les *chevaux arabes* dont cette région est la patrie : mais l'animal domestique le plus employé est le *dromadaire*, qui s'est répandu, sous l'influence arabe, dans toute l'Afrique du Nord.

Au Sud et au Nord s'étendent d'immenses dépressions couvertes de *sables* rouges ou jaunes ; c'est le vrai désert sans aucune espèce de vie. La dépression du Nord touche au désert de Syrie.

Le long de la mer Rouge et de l'océan Indien courent des *rebords de montagnes* en partie volcaniques et beaucoup plus élevées que le plateau. Ainsi, le *mont Sinaï* (égyptien) forme une presqu'île, aux roches nues et dorées, qui s'élancent à près de 2.700 mètres d'un seul jet au-dessus de la mer Rouge. Les Hébreux croyaient que le prophète Moïse était monté au sommet du Sinaï et que là Jéhovah lui avait dicté les lois auxquelles le peuple juif devait se conformer.

Le *point culminant* de la bordure montagneuse s'élève au Sud-Est en face du rivage persan et dépasse 3.000 mètres.

Régions littorales. — Les parties de l'Arabie les moins sèches et les plus habitées se trouvent sur l'*étroite bande* de gradins descendant des plateaux vers la mer.

Sur le versant de la mer Rouge, sont les deux villes saintes où habita Mahomet, fondateur de la religion musulmane : *Médine* (50.000 hab.) à près de 1.000 mètres de haut, et *La Mecque* (60.000 hab.), bâtie sur un plateau à 100 kilomètres de la mer Rouge. Chaque année, près de 100.000 pèlerins viennent de tous les points du monde musulman visiter La Mecque. Les uns y arrivent par mer, les autres par une route ou plutôt une piste qui longe le désert syrien. Un *chemin de fer*, construit par les *Allemands* pour remplacer cette piste (p. 46), relie déjà *Damas* à Médine et atteindra bientôt La Mecque. Cette ville sera, en outre, unie à la côte de la mer Rouge par une *voie ferrée*.

Le littoral de la mer Rouge avec les villes saintes et celui du golfe Persique *appartiennent au sultan de Constantinople* qui possède ainsi un septième de l'Arabie.

Le principal État indépendant est celui d'Oman, à l'angle de la péninsule, tourné vers la Perse et l'Inde : il a pour capitale Mascate (30.000 hab.), entourée de palmiers-dattiers. C'est un pays de *pêcheurs* et de *marins* qui commercent avec Zanzibar et avec l'Inde.

Les *Anglais*, établis dans l'Inde, s'efforcent de placer

Mascate sous leur protectorat, afin de tenir *l'entrée du golfe Persique*, dans lequel débouchera la ligne de Bagdad (p. 43).

Ils occupent le port d'*Aden* (40.000 hab.), à la sortie de la mer Rouge ; ils en ont fait une escale importante et un grand dépôt de charbon défendu, par des forts.

Populations et ressources. — La population de l'Arabie ne paraît guère dépasser 3 à 4 millions d'habitants. Elle se compose en majorité d'Arabes, en partie nomades et en partie sédentaires.

L'Arabie fait peu de commerce avec le dehors. Elle vend des *parfums* provenant de résines et de gommes que sécrètent les arbustes du désert ; tels sont la myrrhe, l'encens. Elle vend aussi du *café*, récolté dans les hauteurs de sa pointe sud-ouest ou *Arabie heureuse ;* cette plante, introduite de l'Abyssinie voisine, a rendu célèbre le nom du port de *Moka*. Aujourd'hui le café sort surtout par Aden.

CHAPITRE V

L'IRAN

I. — DESCRIPTION PHYSIQUE

Le plateau de l'Iran s'étend de la Mésopotamie jusqu'à la frontière de l'Inde. Il mesure environ 2 millions et demi de kilomètres carrés, à peu près cinq fois l'étendue de la France. Son altitude moyenne est de 1.000 mètres et des rebords montagneux très élevés l'entourent de toutes parts.

Bordures montagneuses. — Pour y pénétrer, il faut toujours grimper et traverser des passages étroits et difficiles.

Si l'on y arrive par le golfe Persique, au Sud, on traverse successivement : le littoral ou *terre chaude;* puis les montagne ou *pays des défilés;* enfin le *plateau* ou *terre froide.*

Dans cette région, les montagnes, à *plis parallèles,* font suite aux montagnes du Kourdistan (p. 40); leurs sommets les plus élevés dépassent 5.000 mètres et portent des neiges perpétuelles. Les vallées qui séparent ces chaînes sont le pays d'origine des Mèdes, qui ont joué un grand rôle dans l'antiquité, et des Perses, qui leur ont succédé. Les Perses étaient et sont encore des *montagnards* éleveurs de chevaux, de chèvres et de moutons à longs poils.

Du côté du Nord, des chaînes plus hautes encore séparent le plateau de l'Iran de la plaine du Touran ou Turkestan (p. 25); à l'Est, elles entrent en contact avec « l'océan de montagnes » de l'Asie centrale (p. 2) ; là, se dresse le *point culminant* de l'Iran, qui approche de 7.300 mètres en Afghanistan et au voisinage de la frontière indienne. A l'Ouest, de hautes chaînes bordent le sud de la Caspienne, que leur point culminant domine de près de 5.700 mètres, couronné de nèiges et de glaciers ; *le littoral persan de la*

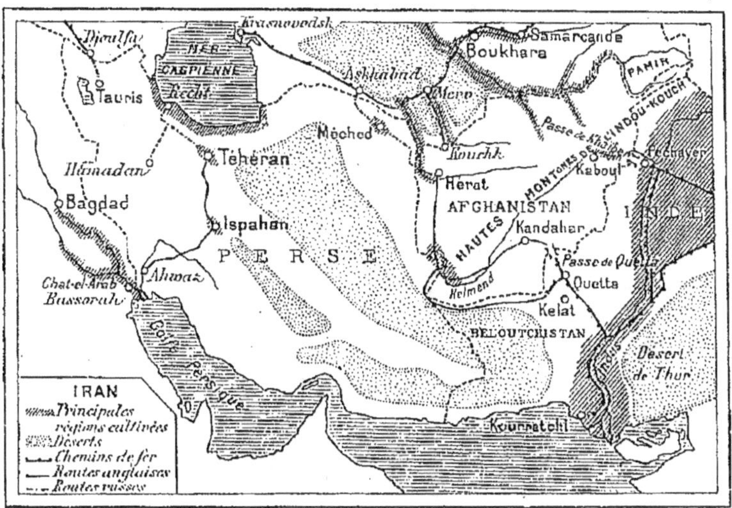

Dans l'intérieur du plateau s'étendent de vastes surfaces désolées, parsemées de dunes et de mares salines.
Les cultures et les populations se sont établies dans les points d'eau et jalonnent le cours des maigres rivières qui sillonnent le pays.

mer *Caspienne* se trouve ainsi séparé du reste de l'Empire. C'est une région pluvieuse, à climat doux, qui, par son *humidité*, sa température modérée et sa végétation riche, contraste absolument avec le reste du pays.

Le plateau. — L'intérieur du plateau, c'est-à-dire la majeure partie de l'Iran, forme un *désert* aussi mort que celui de l'Arabie, avec des roches sans végétation, des dunes de sable, des mares salines.

Les villes et les villages y sont des *oasis* isolées l'une de l'autre, généralement placées sur le versant des montagnes, où coulent quelques sources ; leurs canaux d'eaux courantes, leurs arbres *fruitiers* et leurs *jardins* de roses ont été célébrés par les poètes persans.

LA GRANDE MOSQUÉE D'ISPAHAN

Type d'architecture persane : minarets étroits semblables à des cheminées d'usine ; portail monumental, coupole en bulbe. Le tout est décoré de faïences bleues.

Un voyageur a pu dire que l'Iran comprend quelques taches vertes et fleuries et que tout le reste doit être représenté couvert d'une teinte brûlée uniforme.

II. — LA PERSE

Population et Gouvernement. — La Perse occupe la plus grande partie du plateau iranien, 1.700.000 kilomètres carrés avec 9 millions 1/2 d'habitants, moins de six par kilomètre carré. Les Persans parlent une *langue apparentée à celles de l'Europe occidentale.*

Ils professent une religion *musulmane schismatique.*

Ils obéissent à un empereur appelé Chah, qui réside à *Téhéran,* la capitale (230.000 hab.). *Tauris,* voisine de l'Arménie (p. 39), au Nord-Ouest, est aussi peuplée que Téhéran. Depuis quelques années, la Perse a une constitution, et un Parlement élu partage le pouvoir avec le Chah.

Voies de communication. — En Perse, les communications se font à l'aide de pistes ou de *sentiers* que peuvent suivre seulement des piétons et des cavaliers à dos de cheval ou de chameau. Dans le Nord pourtant, la *Russie* a commencé à établir des routes *carrossables* qui unissent la Perse septentrionale, la partie la plus peuplée, au chemin de fer du Caucase et au chemin de fer du Turkestan (p. 29).

L'Angleterre a ouvert le *Sud* du pays qui communique avec l'Inde par la mer. Une Compagnie anglaise possède un service de bateaux qui remontent le Chat-el-Arab (p. 40) puis, sur 250 kilomètres, un affluent de ce fleuve venant de la Perse. A l'endroit où cesse la navigation, commence un sentier de caravanes aboutissant à Téhéran.

Après s'être longtemps contrecarrés, les Russes et les Anglais ont fini par s'entendre pour se reconnaître deux zones d'influence *commerciale :* le Nord à la Russie, le Sud à l'Angleterre.

Ressources et commerce. — La Perse demeure un pays agricole. Les Persans paraissent avoir *inventé* la culture des *fruits* à noyaux (p. 7) que les Romains répandirent ensuite dans l'Europe occidentale. La Perse expédie encore beaucoup de fruits frais ou séchés à ses voisins : elle leur vend aussi du riz.

Dépourvue de voies de communication, la Perse n'a qu'un

petit nombre d'articles de commerce. Son principal produit industriel d'exportation consiste en cocons de *soie* et en soie brute vendus, comme ceux du Turkestan, aux manufacturiers russes (10 à 20 millions de francs par an).

L'exportation des tapis de soie et laine faits à la main

PAYSANS PERSANS

Appartenant au groupe iranien, les Persans sont en général de petite taille, le teint légèrement bistré, les traits fins.
Au fond, un paysan, assis sur une sorte de traîneau, attelé d'un cheval, écrase les épis pour en faire sortir le grain. En avant, d'autres vannent le grain.

et que nous appelons *tapis de Caramanie*, dépasse en certaines années, par ordre de valeur, celle de la soie.

Les autres exportations importantes sont celles de la *laine* et du *coton* qui se font par la Caucasie russe.

La Perse possède des *gisements miniers* qui seront exploités lorsque le pays aura des chemins de fer. On y a reconnu la présence de la *houille* et du *pétrole*.

Le commerce extérieur ne dépasse guère 3 à 400 millions de francs par an, dont 3/5 en *importations*. Le premier rang appartient à la Russie, le second à l'Angleterre, le troisième à la Turquie, le quatrième à la *France* qui a depuis longtemps des relations d'amitié avec la Perse.

III. — L'AFGHANISTAN

Le « toit » afghan. — L'Afghanistan sur une superficie de 558.000 kilomètres carrés, un peu supérieure à celle de la France, ne compte guère que 4 millions 1/2 d'habitants.

Ce pays est comparable à un toit dont l'arête centrale serait formée par la bordure nord du plateau de l'Iran s'élevant à plus de 7.000 mètres (p. 50), et appelée *Hindou-Kouch;* l'Afghanistan se sépare ainsi en deux versants; ils communiquent malaisément par des sentiers grimpant à près de 4.000 mètres; toutefois, à l'Ouest, les montagnes s'abaissent dans la région de *Hérat*, ville forte afghane, à près de 1.000 mètres de haut et étape de caravanes entre Perse, Turkestan russe et Inde anglaise.

Sur le versant nord de l'Hindou-Kouch, le territoire de l'Afghanistan déborde au delà de l'Iran et descend jusque dans la *plaine du Turkestan* où le fleuve Amou-Daria sert de frontière entre lui et les possessions russes.

Sur le versant sud, se trouve la capitale, Kaboul (60.000 hab.), à près de 1.800 mètres de haut, dans la haute vallée d'un torrent qui traverse des gorges en se précipitant vers l'Indus, avec lequel il conflue. Kaboul occupe un bassin entouré de montagnes qui se couvrent de neige l'hiver. Cette ville, tangente au bord de la zone des pluies tropicales indiennes, jouit d'un climat moins sec et moins extrême que le plateau de l'Iran.

Population. — Les Afghans appartiennent à une race distincte des Persans; ils parlent une langue spéciale; ils professent la religion *musulmane* orthodoxe; ils obéissent à un chef nommé émir, qui réside à Kaboul.

Les Afghans élèvent du bétail, des *chevaux*, et ils cultivent dans leurs hautes vallées les *fruits des pays tempérés*, notamment les raisins, qu'ils vendent dans l'Inde. Ils

achètent à ce pays des céréales. Tous ces échanges se font
par *caravanes à cheval*. L'Afghanistan ne possédant ni chemins de fer ni routes, fait un commerce insignifiant. Les
Afghans ne veulent pas d'ailleurs laisser pénétrer les étrangers chez eux et ils tiennent à rester isolés.

L'Angleterre, maîtresse de l'Inde, leur a fait deux guerres
très dures. Elle a fini par obtenir que l'émir, moyennant
le paiement d'un subside annuel, s'engage à ne traiter avec
aucune puissance étrangère sans l'assentiment de l'Angleterre et qu'il admette à Kaboul un petit état-major anglais,
chargé de lui dresser des soldats. L'Afghanistan forme
donc un *État tampon* entre l'Inde anglaise et l'Asie russe.

IV. — LE BÉLOUTCHISTAN

Le Béloutchistan est grand comme les deux tiers de la
France. C'est la partie la moins haute, *la plus sèche*, la plus
pierreuse et *la moins peuplée* du plateau. On n'y voit pas une
seule rivière permanente. Les habitants disent que « Dieu
y a mis tous les résidus inutilisés de la création » et que
« les mouches même n'y trouvent pas à manger ». Il ne
renferme guère qu'un million d'habitants *musulmans* obéis-
sant à un chef appelé *Khan*, qui réside dans une ville forte
des montagnes.

Le Béloutchistan *dépend* de l'Inde anglaise; *un chemin de
fer stratégique*, partant des plaines de l'Indus, le traverse
pour monter jusqu'à la frontière de l'Afghanistan. Un peu
avant cette frontière, se trouve la ville où habite le résident
anglais, *Quetta*, à près de 1.700 mètres de haut.

De Quetta partent des pistes de caravanes conduisant
les unes en Afghanistan, les autres en Perse et de là dans le
Turkestan russe.

Le terminus de la voie anglo-indienne se trouve ainsi à la
bordure sud-est du plateau de l'Iran, tandis que celui du
chemin de fer russe s'arrête au nord de l'Afghanistan et
avant la ville de Hérat (p. 54). Entre eux, la distance est
d'environ 800 kilomètres Pour la franchir, il faudrait
passer dans un pays sans routes, traverser *l'arête du toit*
afghan et, sans doute, lutter contre les musulmans afghans.

CHAPITRE VI

L'INDE ET CEYLAN

L'Inde du Sud. — Plaines de l'Indus et désert de Thur. — Plaines
du Gange. — Bengale et Birmanie. — Himalaya.
Populations. — Irrigation. — Agriculture. — Cultures industrielles et
industrie. — Voies de communication. — Commerce.
L'Inde française.
L'Inde portugaise.
Ceylan.

L'Empire anglais de l'Inde comprend :

1° La presqu'île de l'Inde qui en est la partie principale ;

2° Au Nord-Ouest, le Béloutchistan, décrit à la page
précédente ;

3° A l'Est, dans l'Indo-Chine, la Birmanie décrite p. 77.

Le tout occupe à peu près sept fois l'étendue de la France.

Du Nord au Sud la distance égale celle du Portugal à
l'Islande ; de l'Est à l'Ouest, le Béloutchistan est aussi éloigné
de la Birmanie que la Bretagne de la Russie.

L'Inde du Sud. — Le triangle qui forme le Sud de la presqu'île proprement dite est occupé par un plateau, le Dékan,
élevé de 500 mètres en moyenne. Tout entier au sud du
tropique, il jouit d'un climat *sans hiver :* il reçoit en *été* les
pluies de mousson.

Comme dans tous les plateaux, l'intérieur est relativement
sec; sans arbres, fait d'une terre rougeâtre, *couleur de
brique,* le sol ressemble à celui des hauts plateaux de
Madagascar (p. 279).

Il est cultivé, grâce à l'*irrigation.*

Comme dans le reste de l'Asie et comme à Madagascar, la
bordure du plateau, bien exposée aux pluies de moussons,
se couvre de *forêts tropicales ;* à son pied, la côte, ombragée

PAYSAGE DU CACHEMIRE

Le Cachemire est formé de hautes vallées de 2.700 à 3.700 mètres d'altitude, comprises dans les massifs de l'Himalaya, et dont les lacs et rivières s'écoulent vers l'Indus. En raison de l'altitude, le climat est tempéré et la végétation ressemble à celle de l'Europe occidentale.

de *palmiers-cocotiers*, est cultivée et très peuplée. Les deux bordures littorales du Dékan ont été appelées les *jardins de l'Inde*.

Plaines de l'Indus et désert de Thur. — Entre le Dékan et l'Himalaya, s'étendent les plaines parcourues par deux grands fleuves.

Au Nord-Est, parallèlement à la bordure du plateau de l'Iran, coule l'*Indus*, venu de l'Himalaya. Grâce aux neiges et aux glaciers des montagnes, il offre un débit comparable à celui du Rhône, malgré l'évaporation à laquelle il est soumis; il traverse en effet un pays sec qui, *sans lui, serait un désert* aussi peu peuplé que ceux de l'Iran. Le long de son cours et de ceux de ses affluents, toutes les cultures se font par *irrigation*; la région de l'Indus ressemble donc à l'Égypte ou encore à la Mésopotamie qui lui fait pendant à l'autre extrémité du plateau de l'Iran. On y voit les derniers *palmiers-dattiers*, dans la direction de l'Est.

A l'est de l'Indus, s'étend un désert appelé *désert de Thur*, le *dernier* de l'Asie centrale dans cette direction, grand comme trois cinquièmes de la France; il n'y tombe guère que 15 centimètres d'eau par an. On y trouve des dunes de sable, et les transports s'y font à dos de *chameau*, comme en Perse ou en Arabie.

Plaines du Gange. — Le reste des plaines, moins sec, est arrosé par un autre fleuve venant de l'Himalaya, le *Gange*, dont les Hindous adorent les eaux bienfaisantes.

Il est un peu moins long, mais plus puissant que l'Indus.

Une partie de ses eaux sert à l'irrigation, mais on peut dans son bassin faire des cultures même dans les parties que le fleuve n'arrose pas.

C'est là que se trouvent les régions les plus productives de l'Inde en *céréales*, celles où ont été bâties les grandes villes, notamment les capitales musulmanes avec leurs fortes murailles, leurs palais imposants et leurs mosquées aux portes monumentales et aux minarets élevés. La principale est *Delhi*, sur un affluent du Gange.

Bengale et Birmanie. — Le Gange unit son *delta* à celui d'un autre fleuve puissant venant encore de l'Himalaya, le

RIZIÈRE AUX ENVIRONS DE PONDICHÉRY

Charrues primitives en bois, tirées par des bœufs à bosse, ou zébus (voir p. 285).

Brahmapoutre ; la région où ils se joignent s'appelle le *Bengale* et a pour capitale Calcutta, sur un bras du delta du Gange. Tout ce pays, ainsi que la *Birmanie* ou Indo-Chine anglaise qui y fait suite, reçoivent en été d'abondantes pluies de mousson.

Ils offrent une *végétation tropicale* magnifique, semblable à celle du *sud de l'Inde*. L'*éléphant*, animal équatorial, vit en liberté dans les forêts ; on l'emploie comme animal domestique à la place du chameau que nous avons rencontré dans la région sablonneuse. Dans les deltas et les parties basses des vallées, le *riz* est cultivé « le pied dans l'eau et la tête au soleil ». C'est, avec le Sud, l'Inde véritable tandis que la région de l'Indus et une partie de celle du Gange ressemblent beaucoup à l'Asie centrale.

Himalaya. — L'Himalaya borde l'Inde au Nord à peu près comme les Alpes bordent l'Italie et les Pyrénées l'Espagne ;

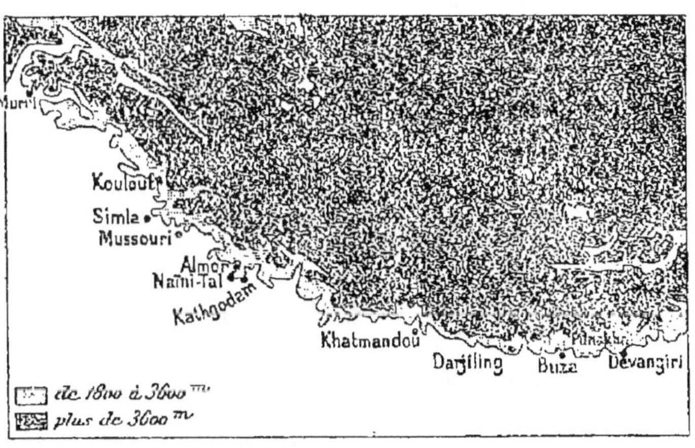

STATIONS D'ÉTÉ DE L'HIMALAYA

Simla, la résidence d'été du vice-roi et du gouvernement général. Darjiling, à 2.150 m., terminus d'une ligne de 500 km. partant de Calcutta et point d'origine de sentiers traversant l'Himalaya pour aller à Lhassa, capitale du Tibet. Khatmandou, à 1.323 m., capitale de l'État indigène du Népal.

il sépare la région tropicale à moussons humides des plateaux élevés, secs et froids du Tibet (p. 124). La superficie qu'il

ÉTAGES DE VÉGÉTATION DANS L'HIMALAYA

De gauche à droite : 1° végétation tropicale, avec palmiers, jusqu'à 900 mètres; 2° châtaigniers, cèdres, sapins, jusqu'à plus de 3.000 mètres; 3° au-dessus pâturages, puis, à partir de 4.500 mètres, neiges perpétuelles.

couvre *dépasse 5 fois* celle des Alpes. L'Himalaya se compose
d'énormes massifs qui sont les *plus hauts du monde*. Le point
culminant s'élève à près de 8.900 mètres, presque le double du
Mont-Blanc. Les *cols* par où montent les sentiers allant des
plaines de l'Inde au Tibet atteignent une altitude parfois
supérieure à celle des sommets les plus hauts des Alpes.

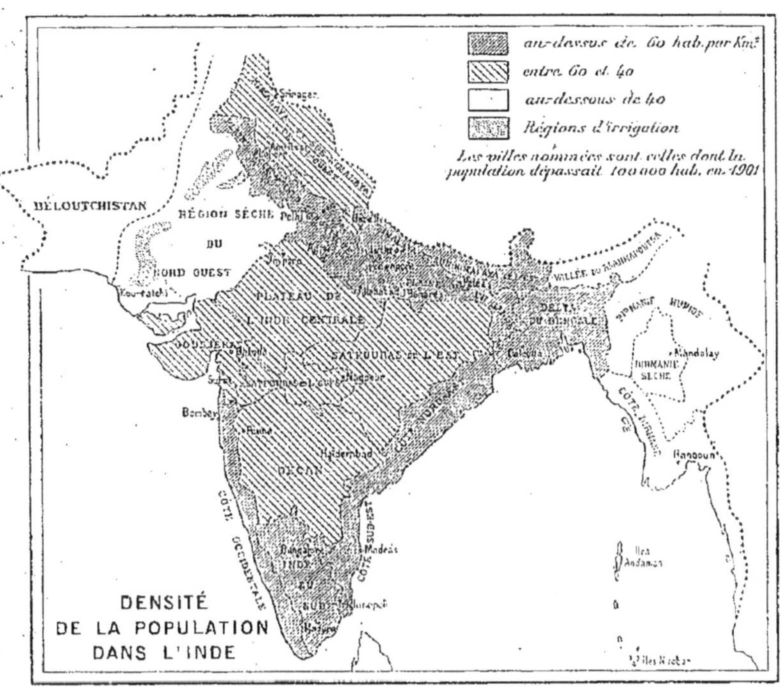

*Population dense dans les régions bien arrosées ou bien irriguées (riz et blé); faible
dans la partie la plus sèche (les déserts de Thar et du Béloutchistan s'y rejoin-
draient sans les irrigations de l'Indus, marquées en pointillé).*

L'Himalaya est couronné de *neiges* perpétuelles qui, en
raison de la chaleur, ne descendent guère au-dessous de
4.500 mètres. Il porte des *glaciers* importants donnant
naissance à de gros fleuves; ses pentes inférieures sont
couvertes jusqu'à la plaine par *des forêts* très épaisses.

Les Anglais ont établi des stations d'été sur les contreforts de l'Himalaya; ils l'ont fait aussi sur les montagnes
du Dékan méridional. Ils y vont chercher le repos et la

fraîcheur pendant la saison brûlante; ils y envoient les fiévreux convalescents.

Populations. — L'Inde compte près de 300 millions d'habitants, *1/3 de la population de l'Asie, 1/5 de celle du globe.*

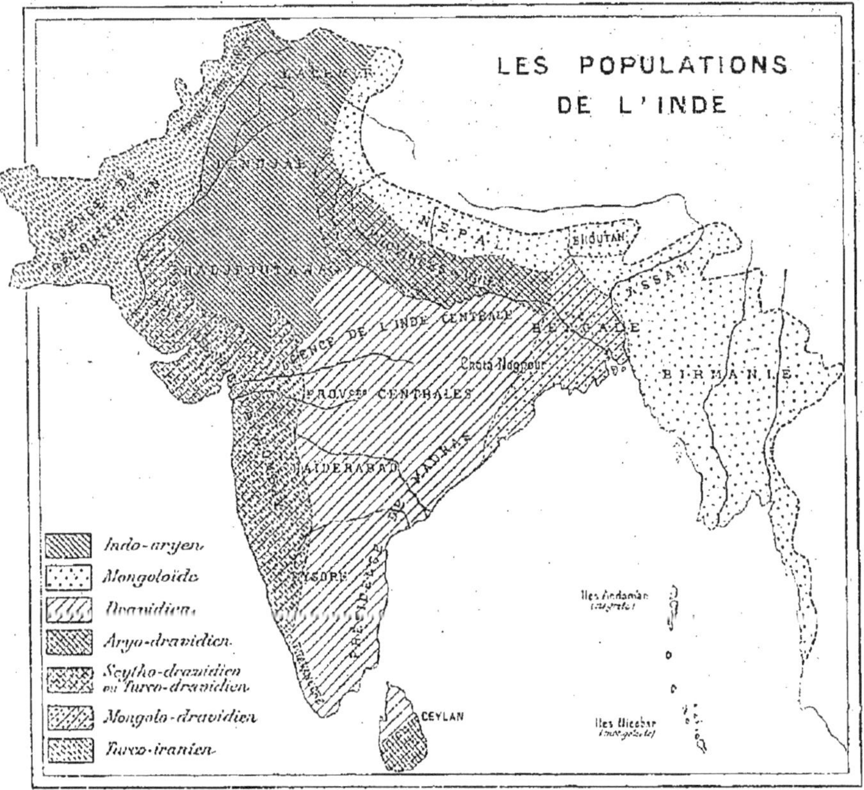

Les Dravidiens, population primitive, sont des noirs à nez plat, à cheveux frisés. Ils occupent le Sud, ils sont mélangés à des jaunes (mongolo-dravidiens) au Bengale, à des populations de l'Asie centrale (turco-dravidiens) au Sud-Ouest. Les Indo-Aryens, d'origine européenne, occupent le Penjab et les plaines du Gange, mélangés surtout dans ces dernières aux populations de couleur (Aryodravidiens); au Nord-Ouest, les Turco-iraniens musulmans sont venus du plateau de l'Iran et du Turkestan; au N.-E. et à l'Est, les Mongoloïdes bouddhistes sont de race jaune.

La densité moyenne est à peine celle de la France, mais les régions fertiles et bien arrosées, comme le Bengale (bas-Gange) et les côtes du sud arrivent à 200 habitants et plus au kilomètre carré.

La population de l'Inde est en grande partie agricole,
mais on trouve dans ce pays, comme en Chine, de *grosses
villes* peuplées de commerçants et de fonctionnaires. Calcutta, la capitale, compte plus d'un million d'habitants, trois
villes en ont plus de 400.000, six plus de 200.000.

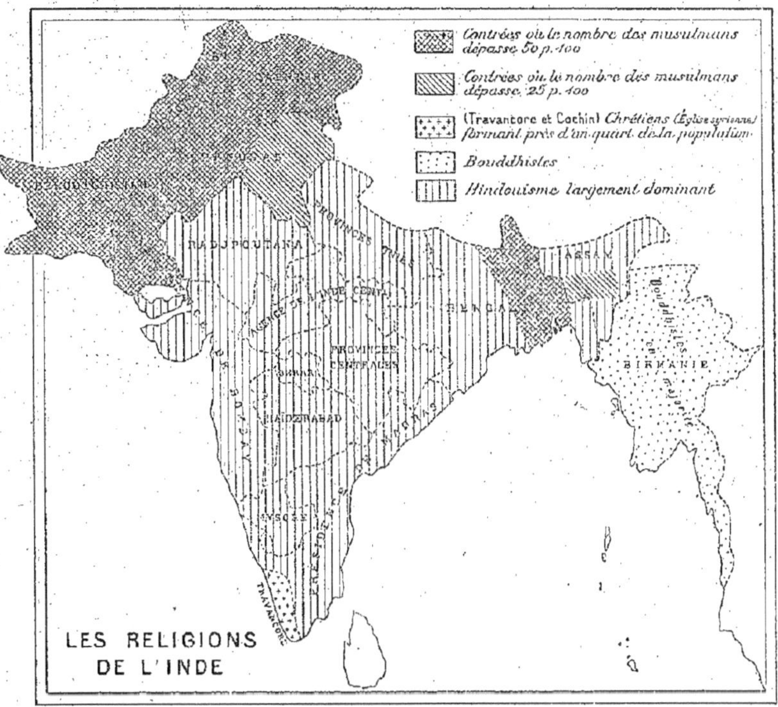

*L'hindouisme est propre à l'Inde. Le bouddhisme a été refoulé dans les pays exté-
rieurs comprenant, le Tibet, la Birmanie (et aussi Ceylan). La religion musulmane
imposée par les conquérants iraniens et turcs s'étend jusqu'aux bouches du Gange ;
elle a été imposée au Bengale par des souverains musulmans. Les chrétiens du
Sud-Ouest sont venus par mer au Moyen Age.*

Les populations de l'Inde, d'origine et de type très différents, parlent 150 *langues*. On ne peut guère les distinguer
commodément que par les grandes *divisions religieuses*.

1° Près de 210 millions d'habitants de l'Inde appartiennent
aux diverses sectes brahmanistes ou hindouistes qui se distinguent par l'existence de *castes* ou de catégories de gens

ADORATION DU GANGE

La religion commande aux Hindouistes de faire des ablutions tous les jours; ils considèrent les rivières comme divines; la plus sainte est le Gange, et au bord du Gange, la ville la plus sacrée est Bénarès, grand centre de pèlerinage, où a été prise la scène de bain religieux ici représentée.

qui ne peuvent se marier qu'entre eux. Cette religion a été introduite par des Aryens apparentés aux Européens et qui paraissent être venus, avant l'époque historique, par la Perse et les plaines de l'Indus. Ils parlaient une langue appelée le *sanscrit*, aujourd'hui morte, et qui ne s'emploie plus que dans les livres religieux comme le latin chez nous; le sanscrit est de la même famille que le latin et le grec. Les descendants des anciens envahisseurs ont encore aujourd'hui un teint plus clair que les autres Hindous et des traits qui se rapprochent des nôtres; mais la plupart se sont mélangés aux populations teintées, surtout les Dravidiens, qui forment la masse des habitants de l'Inde.

2° 70 millions d'Hindous appartiennent à la *religion musulmane* et forment une des sections les plus importantes de l'Islam. Ils descendent, soit des envahisseurs, Turcs ou ou Iraniens, venus de l'Afghanistan, du Turkestan et de la Perse, soit des indigènes convertis par eux.

3° Enfin, les habitants des vallées de l'Himalaya et ceux de la Birmanie sont des gens de race *jaune* ou mongoloïde et de religion *bouddhique*, au nombre d'une dizaine de millions.

Irrigation. — L'Inde vit surtout de l'agriculture.

Comme l'Inde n'a pas d'hiver, on peut y faire *plusieurs récoltes par an*, partout où l'on a de l'eau en quantité suffisante; mais toute la pluie tombe pendant les quatre mois de la saison des moussons et le ciel reste ensuite indéfiniment clair. Il faut donc recourir à l'*irrigation*.

L'Inde est dans le vieux monde la terre classique des barrages, des réservoirs et des canaux. Dans l'univers, elle vient immédiatement après les États-Unis pour le nombre d'hectares irrigués; ils couvrent en tout une superficie légèrement supérieure à celle de la France.

Néanmoins, les travaux d'irrigation ne sont pas encore suffisants; quand la pluie fait défaut ou tombe pendant un nombre de semaines trop faible, la récolte manque et la région qui souffre de cette insuffisance tombe en proie à la *famine* qui fait périr des milliers d'habitants. On a pu dire que la famine était une *institution périodique* de l'Inde.

Chaque famine s'accompagne de maladies contagieuses, comme la peste et le choléra, dont l'Inde n'a pas encore pu se débarrasser, malgré les efforts de l'administration anglaise.

Agriculture. — L'Hindou élève du *bétail* pour le travail

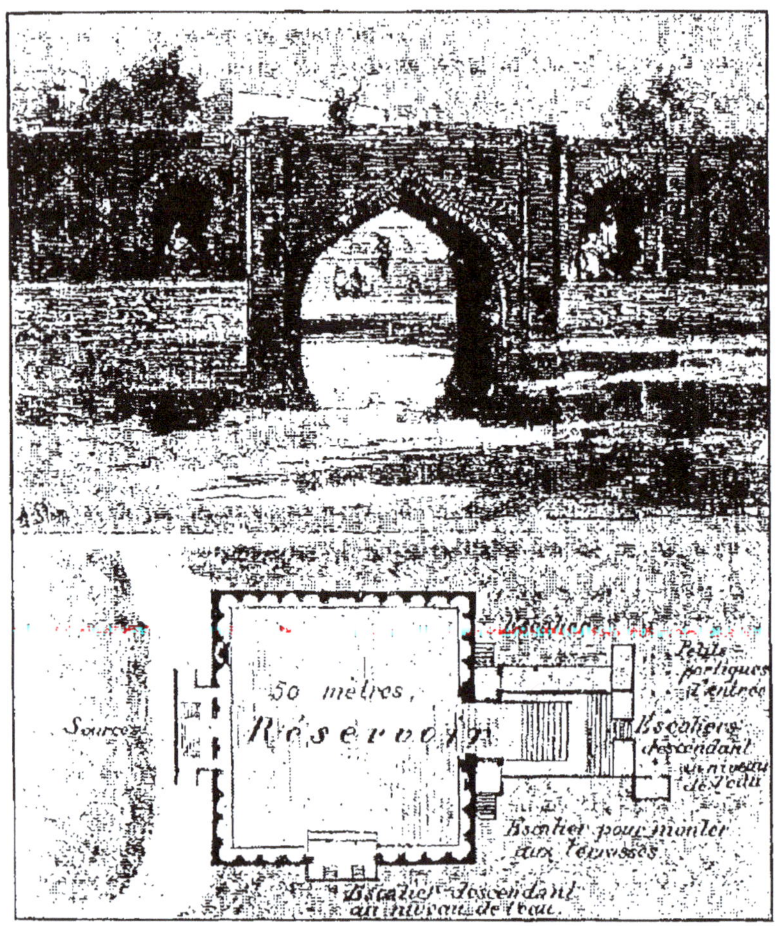

LE RÉSERVOIR DE BIJAPOUR (INDE OCCIDENTALE)

Sur le plateau du Dékan, où il est nécessaire de conserver des réserves d'eau pendant la longue saison sèche. Vue prise du petit escalier figuré au bas du plan. En avant, le réservoir; au fond le grand escalier figuré à droite du plan. Construction ancienne faite par un souverain indigène.

des champs et pour le lait et le beurre. La majorité brahmaniste ne mange pas de viande, car sa religion le lui défend.

Les races d'animaux sont médiocres et mal nourries. On distingue surtout les bœufs à bosse ou *zébus*, et les *buffles* à peau rugueuse, presque sans poils. Les Hindous ne savent pas employer le fumier ; leurs instruments sont grossiers, leurs procédés très *primitifs*.

Les Hindous récoltent pour leur consommation du riz dans les deltas et sur les côtes, du millet et des pois dans l'intérieur.

En Birmanie et au Bengale, on cultive aussi le *riz* pour l'exportation.

Dans les plaines du Gange et de l'Indus, le *blé* a été acclimaté et il est récolté en grande quantité pour être expédié en Angleterre. L'Inde produit et vend au dehors un peu moins de blé que le Canada, mais plus que l'Australie, pour environ 100 millions de francs par an.

La partie nord du plateau du Dékan donne le pavot à *opium* dont le produit est exporté en Chine et rapporte près de 200 millions de francs au gouvernement qui en a le monopole. L'Inde occupe le *premier rang dans le monde* pour la qualité de l'opium, le premier pour la production appartient à la Chine.

Le *thé* est cultivé par les Anglais dans l'*Assam*, ou vallée du Brahmapoutre, qui, devenu avec Ceylan le fournisseur de l'Angleterre, bat la Chine sur le marché de Londres. Par contre, la culture du café, tentée dans le Sud, n'a pas réussi.

Cultures industrielles et industrie. — L'Inde est le plus ancien pays producteur de *coton ;* on cultive cette plante surtout dans le nord du Dékan ; la récolte de l'Inde est la *seconde du monde* après celle des États-Unis. L'Inde exporte de moins en moins de coton brut ; elle possède en effet des *usines* qui filent et tissent le coton, principalement dans la région de *Bombay*.

Le *jute* est une plante textile spéciale à l'Inde qui se cultive dans le *Bengale* ; une partie s'exporte à l'état brut, le reste est travaillé dans de grandes usines à vapeur qui se trouvent surtout aux environs de *Calcutta*.

Les tissages et les filatures occupent près de 500.000 personnes et forment un commencement de grande industrie

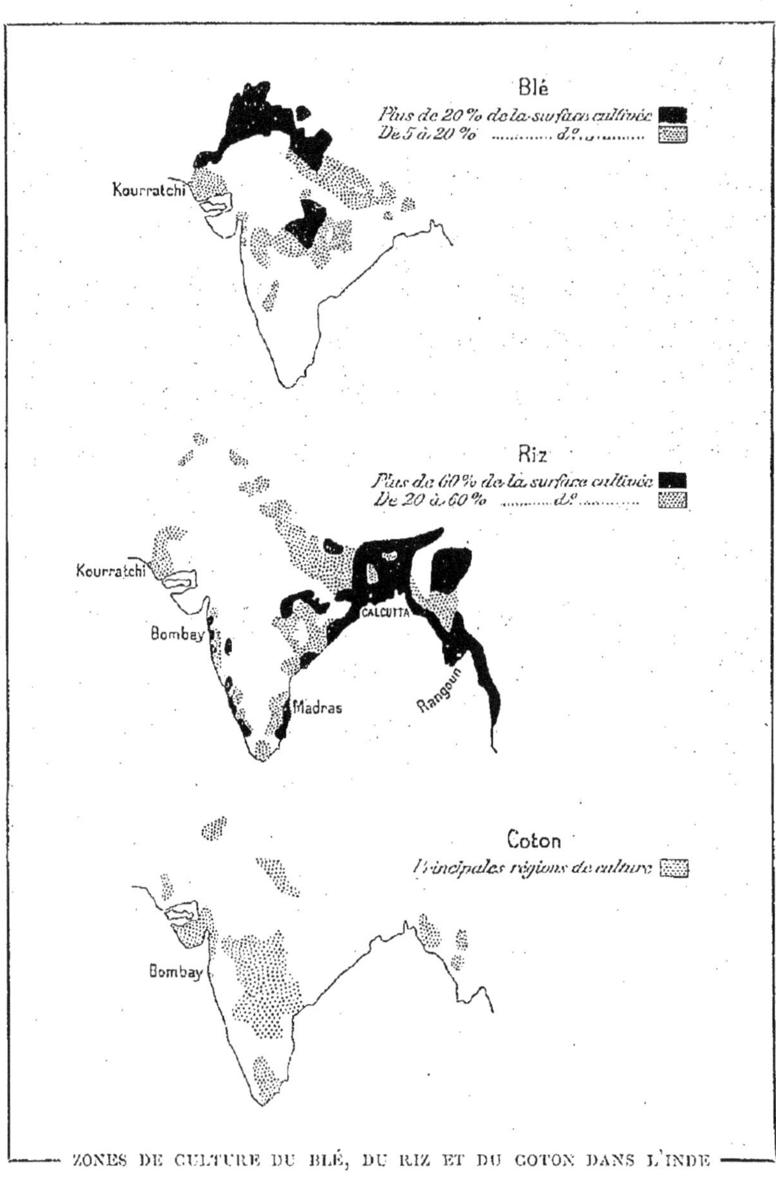

ZONES DE CULTURE DU BLÉ, DU RIZ ET DU COTON DANS L'INDE

(D'après Camena d'Almeida.)

Le blé s'est étendu du Nord-Ouest dans toutes les parties où l'humidité est relativement faible. C'est le contraire pour le riz (Birmanie, Bengale, côtes Sud). Le coton occupe surtout le Dékan et la région de Bombay, centre de filatures et de tissages.

qui donne à l'Inde le premier rang en Asie, le vingtième
dans le monde.

L'Inde possède des mines de *houille*, surtout dans le Bengale ; elle en tire près de 13 millions de tonnes par an. Pour
l'exploitation, elle dispute *en Asie le premier rang* à la
Chine, mais ses gisements ont moins d'étendue.

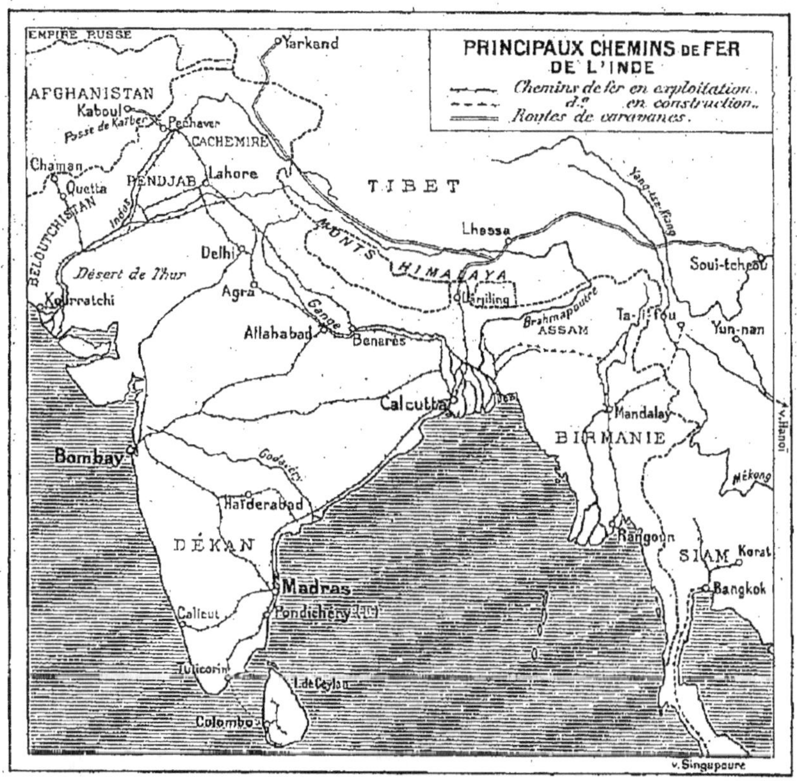

Enfin, l'Inde dispute au Canada le *sixième rang* parmi les
pays aurifères ; on y extrait pour 60 millions d'or par an,
surtout du Dékan méridional.

Voies de communication. — L'Inde fut le *premier* pays
d'Asie doté de chemins de fer ; elle possède *le plus grand
réseau* de ce continent.

L'Inde compte aujourd'hui 50.000 kilomètres de *voies ferrées*; au début, la plupart d'entre elles furent construites pour des raisons militaires ou pour faciliter l'administration; aujourd'hui, elles servent de plus en plus au commerce et au développement économique du pays.

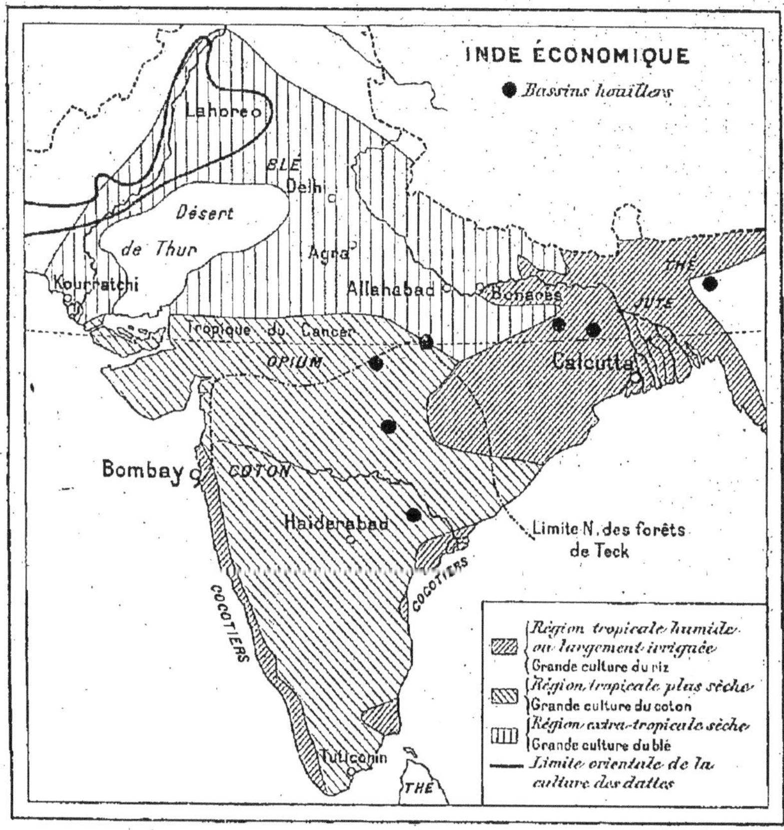

L'Inde est, avant tout, un pays agricole : blé du Cachemire, thé de l'Assam et de Ceylan, coton du Dékan. Cependant, grâce à l'exploitation de la houille, la grande industrie commence à s'y développer.

L'Inde possède des *ports* munis de tous les perfectionnements modernes et desservis par des lignes rapides de communication. Le principal est *Calcutta*, grand port du jute, de l'opium et du thé; vient ensuite *Bombay*, port du coton. Au troisième rang se classe Kourratchi, près du bas Indus, port de sortie du *blé*. Le quatrième appartient à *Rangoun*,

capitale de la Birmanie, port de sortie du riz et du bois de
teck.

Commerce. — Le commerce de l'Inde demeure loin
d'atteindre le chiffre qui, en Europe, correspondrait à une
population si considérable. C'est que le revenu moyen d'un
Hindou n'équivaut guère qu'à 15 centimes par jour et
que, par suite, la population, fort pauvre, vend plus qu'elle
n'achète. Les exportations n'atteignent pas 3 milliards,
tandis que les importations ne dépassent pas 2 milliards.
Les importations tendent à se relever, ce qui indique une
augmentation du pouvoir d'achat des indigènes.

Parmi les clients et les fournisseurs de l'Inde, le premier
rang appartient à l'Angleterre qui fait un tiers du trafic,
le second à la Chine, qui achète le riz et l'opium, le
troisième à l'Allemagne, le quatrième à la Belgique, le
cinquième à la *France*. Viennent ensuite les États-Unis et
le Japon.

Malgré l'infériorité relative que nous avons signalée, l'Inde
se classe pour le commerce au *premier rang* de tous les
pays asiatiques, avant la Chine et le Japon.

L'Inde française. — Les Français disputèrent aux Anglais
la suprématie dans l'Inde depuis les guerres de Louis XV
jusqu'à celles de Napoléon. Ils n'ont pas réussi dans leurs
entreprises. Depuis le traité de 1815, l'Inde française se
réduit à cinq ports très éloignés les uns des autres et dont
deux seulement, *Pondichéry*, la capitale (45.000 hab.) et
Karikal, possèdent un petit territoire en dehors de la ville.

Les autres, *Mahé* à l'Ouest, *Yanaon* à l'Est, *Chandernagor*
sur le Gange, en amont de Calcutta, n'ont aucune dépen-
dance.

La France possède, en outre, quelques loges ou petites
concessions dans les villes anglo-indiennes.

Le tout représente environ 500 kilomètres carrés, *moins
que* le territoire de Belfort. On y trouve près de 280.000 habitants, en majorité hindous *musulmans* et *brahmanistes*, soit
540 habitants par kilomètre carré; cette forte densité tient
au fait que la plupart des territoires se composent de villes.

L'Inde exporte des *arachides* destinées à la fabrication de l'huile qui viennent de Pondichéry, des tissus de *jute*, venant de Chandernagor. Elle achète des cotonnades.

L'Angleterre verse à la France une rente dépassant 700.000 francs par an, à condition que l'Inde française

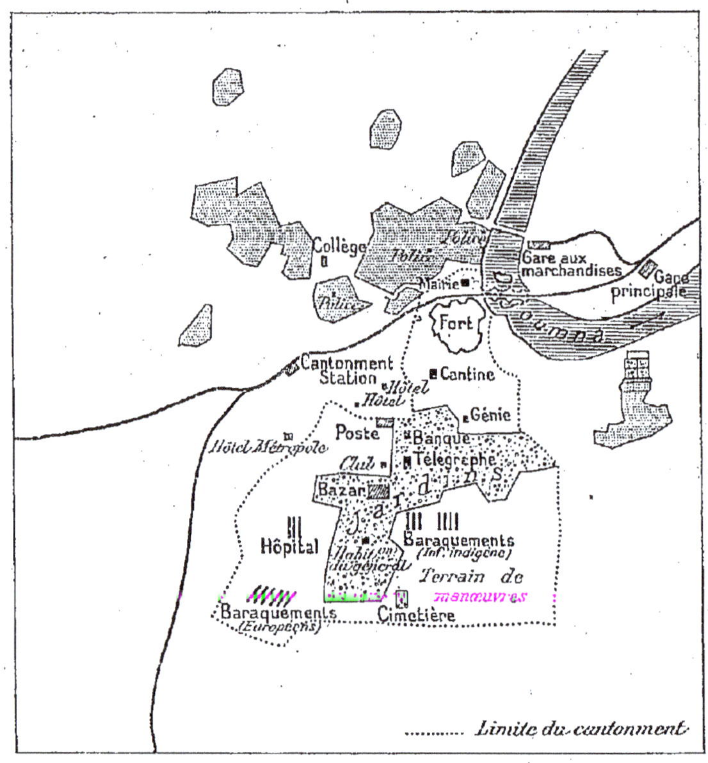

D'après Camena d'Almeida.

AGRA ET SON CANTONNEMENT

Au Nord, le fort des anciens empereurs mogols et la vieille ville indigène. Au Sud, les deux villes anglaises, séparées de l'indigène et distinctes l'une de l'autre; ville civile au milieu de jardins; cantonnement ou ville militaire au Sud. La vie indigène et la vie anglaise sont ainsi séparées partout.

ne fabrique ni opium ni sel pour ne pas faire concurrence au monopole de ces produits établi dans l'Inde anglaise.

L'Inde portugaise. — Les Portugais découvrirent les premiers la route maritime de l'Inde par le cap de Bonne-Espérance (1493). Ils y fondèrent des colonies dont il ne leur reste plus que les débris, trois territoires représentant une superficie de sept fois supérieure à celle de l'Inde française. Le nombre d'habitants s'élève à 572.000, presque tous indigènes; plusieurs milliers d'Hindous portugais sont *convertis* au *catholicisme*.

La capitale, *Goa*, lieu de pèlerinage, renferme dans sa cathédrale le tombeau de l'évêque Saint François-Xavier, un des fondateurs de l'Ordre des Jésuites, qui, à la grande époque de la colonisation portugaise, vint fonder les missions catholiques de l'Inde, de la Chine et du Japon.

Ceylan. — Ceylan forme une colonie à part. C'est une grande île, huit fois étendue comme la Corse, et couverte de montagnes dont le point culminant dépasse 2.500 mètres; située dans la région des moussons, bien arrosée, elle contient des forêts difficiles à pénétrer. Aussi l'île paraît-elle peu peuplée en comparaison de l'Inde; on n'y trouve pas 4 millions d'habitants, dont un quart se compose d'Hindous occupés par les planteurs de thé.

Le *thé*, introduit par les Anglais depuis une quarantaine d'années, se cultive sur les pentes jusqu'à près de 1.000 mètres d'altitude; il fournit la production la plus importante de l'île qui, pour la vente de ses produits, vient sur le marché anglais au *second rang*, immédiatement après l'Inde. Pour cette denrée, Ceylan est le grand fournisseur de l'Australie et des pays anglais d'Océanie.

Ceylan produit encore du cacao, des pierres précieuses, des perles.

Cette île a pour capitale le *port de Colombo* (160.000 hab.), pourvu par les ingénieurs anglais d'un arsenal et de docks de réparations. Il sert de point d'escale à tous les navires allant d'une part en Chine et au Japon, de l'autre en Australie et à la Nouvelle-Zélande. Plus de 40.000 voyageurs y passent chaque année. Il fait à lui tout seul les 7/9 du commerce de Ceylan et son tonnage est supérieur à celui de Calcutta.

CHAPITRE VII

L'INDO-CHINE

I. — DESCRIPTION GÉNÉRALE

Relief. — La presqu'île d'Indo-Chine occupe une superficie quatre fois supérieure à celle de la France. Elle s'allonge du Nord au Sud sur une longueur de 2.500 kilomètres, équivalant à la distance de la Sicile au Danemark.

Son relief est formé par des chaînes qui partent des Alpes chinoises en bordure du Tibet, et se dirigent vers le Sud, comme les doigts d'une main ; leurs plus hauts sommets dépassent 3.000 mètres. Toutes sont couvertes de forêts vierges où l'on trouve les troncs élevés du *teck*, recherché pour les charpentes et les lianes à *caoutchouc*.

Entre ces hauteurs, coulent vers le Sud de longs fleuves issus pour la plupart des champs de neige et des glaciers du Tibet ; leurs *vallées* se terminent par de larges *deltas*, cultivés en *riz* et très peuplés, où sont les grandes villes.

Climat et cours d'eau. — L'Indo-Chine, plus rapprochée que l'Inde de l'équateur, reçoit d'une manière plus constante les *pluies d'été tropicales*.

La quantité d'eau qui tombe sur la côte occidentale (Indo-Chine anglaise), apportée par la mousson sud-ouest *comme dans l'Inde*, va de 3 à 5 mètres.

La côte orientale (Indo-Chine française), arrosée par la mousson du Sud-Est, *comme la Chine*, reçoit en moyenne 2 mètres d'eau par an.

Seul l'*intérieur*, sur les confins du Siam et de l'Annam, reste relativement *sec;* il se couvre d'une *brousse* qui contraste avec la belle végétation du reste du pays.

Les *fleuves* sont sujets, dans la saison des pluies, à de fortes *crues* qui élèvent leur niveau parfois de 8 à 10 mètres. C'est le meilleur moment pour la navigation ; les basses eaux, en effet, découvrent par endroits des rochers sur lesquels se forment des rapides qui barrent le passage.

Populations. — Des populations primitives subsistent à l'état de tribus réfugiées dans la brousse et les montagnes où elles vivent de chasse, de pêche, d'une culture rudimentaire ; elles ont été refoulées à diverses époques par des envahisseurs.

Ainsi une partie de l'Indo-Chine fut soumise au Moyen Age par des rois *hindous* qui ont laissé des monuments comme ceux d'Angkor au Cambodge. Ces royaumes ont disparu.

Plus tard, des conquérants *jaunes* apparentés aux Chinois sont venus du Nord et se sont mélangés aux indigènes ; ce sont eux qui dominent aujourd'hui dans l'ancien royaume de Birmanie, le royaume de Siam, l'empire d'Annam.

La civilisation, l'art et les habitudes *chinoises* se sont répandues dans ces pays, surtout en Annam.

Le nom d'Indo-Chine traduit exactement la situation géographique du pays et les deux influences qui s'imposèrent successivement à ses habitants.

La population comprend 40 millions d'habitants, soit 20 au kilomètre carré.

Le principal élément étranger est représenté par les *Chinois* qui viennent comme ouvriers et comme marchands, et dont plusieurs s'élèvent à de hautes situations. Dans l'industrie et le commerce, ils rivalisent avec les Européens. On compte *4 millions de Chinois* en Indo-Chine. Ils s'acclimatent dans le pays et beaucoup s'y fixent.

Les Européens supportent mal la chaleur humide de ces régions. Ils n'y font que des séjours limités. Ils y sont venus, comme commerçants et comme missionnaires, puis comme conquérants.

L'Angleterre occupe la Birmanie et la péninsule de Malacca ; la France, le Cambodge et le Laos et les diverses parties de l'empire annamite. Seul le royaume du Siam reste indépendant.

II. — LA BIRMANIE

La Birmanie dépend de l'Empire des Indes. Elle est un peu plus grande que la France. Elle comprend principalement les vallées de deux grands fleuves navigables. A l'embouchure du principal, se trouve la capitale *Rangoun*, grand port avec 235.000 habitants.

La Birmanie compte 10 millions d'habitants de race jaune ; elle reçoit de nombreux travailleurs hindous.

C'est, dans le monde, le *premier pays exportateur de riz ;* elle en vend pour 200 millions de francs par an, surtout à la Chine.

Ses fleuves sont desservis par des bateaux à vapeur. Le pays possède un réseau de voies ferrées. Les Anglais travaillent à pousser le rail jusqu'au Yunnan, plateau élevé de la Chine méridionale où arrive déjà le chemin de fer du Tonkin français. Dans cette pénétration, ils sont arrêtés par des chaînes élevées où les travaux coûtent très cher.

III. — LA PÉNINSULE DE MALACCA

Géographie physique. — La péninsule de Malacca mesure plus de 1.200 kilomètres de long, à peu près la distance de Perpignan à Cherbourg. Elle n'est rattachée à l'Indo-Chine que par un isthme de 40 kilomètres de large et de *25 mètres* de hauteur que l'on *projette* de couper par un *canal.*

C'est un pays à part, qui *ressemble aux îles de la Sonde* beaucoup plus qu'à l'Indo-Chine par ses caractères physiques, sa population, ses productions.

Elle est occupée par des montagnes atteignant 2.500 mètres et couvertes de *forêts vierges* qu'alimentent les *pluies* abondantes des régions équatoriales.

Population. — Ses habitants sont des *Malais*, les uns agriculteurs, les autres marins, semblables à ceux des îles de la Sonde (p. 151), au nombre de 800.000 environ. A côté d'eux vivent 600.000 *Chinois* dont le nombre s'accroît chaque année par immigration ; ils paraissent devoir coloniser le pays.

Les maîtres de la péninsule sont les *Anglais*. Ils occupent plusieurs ports et ils ont soumis à leur *protectorat* la plupart des princes malais.

Ressources. — Les Anglais exploitent avec des ouvriers chinois les mines d'*étain* de la péninsule qui fournissent les *trois cinquièmes* de l'extraction du *monde entier*.

On trouve dans cette région des plantations de *café*, d'arbres à *caoutchouc* et à *gutta-percha*, de *poivre*, de *manioc* pour la fabrication du tapioca, d'ananas et de fruits tropicaux, appartenant, les unes à des Chinois, les autres à des Anglais.

La péninsule possède près de 600 kilomètres de chemins de fer.

Commerce. — La colonie a un grand port, *Singapour*, situé en territoire *anglais*, sur le détroit de Malacca. Singapour est une escale d'Europe en Chine. Les Anglais en ont fait un port de commerce de premier ordre, en même temps qu'un port militaire. Singapour compte 230.000 habitants.

Singapour exporte les produits du pays (100 millions de francs par an) ; elle importe du *riz* et du *poisson séché* indo-chinois (25 millions) car la région ne produit pas de quoi nourrir tous ses ouvriers ; elle achète aussi des cotonnades (30 millions). Enfin les charbons hindou, australien, japonais s'y entreposent pour les nombreux navires de passage.

C'est le *cinquième port de commerce* du monde. Son trafic représente 1 milliard et demi de francs, celui des autres ports de la péninsule, 300 millions, sur lesquels l'exportation de l'étain représente plus de 220 millions de francs par an.

IV. — LE SIAM

Le royaume de Siam est un peu plus étendu que la France. Il comprend trois parties : Ménam, Laos, Malacca.

Ménam et Bangkok. — Le Siam proprement dit comprend le bassin du fleuve *Ménam*, aux bouches duquel se trouve sa capitale *Bangkok*, qui, avec 600.000 habitants, dont *moitié de Chinois*, est la *plus grande cité* de toute l'Indo-Chine.

Bangkok a un port maritime et fluvial, mais seuls les petits navires y peuvent remonter à cause du delta sous-marin ou *barre* qui gêne l'entrée du fleuve. Les quais n'en sont pas moins animés par une foule de bateaux, en partie *chinois*, qui viennent chercher les deux principales productions du pays, *le riz* et le bois de *teck*, amenés par le fleuve.

Le Siam est, dans le monde, le *troisième pays* exportateur de *riz*. La région des rizières dans le bassin inférieur du Ménam compte la plus grande partie des 6 millions d'habitants du Siam. Sur ce total, un tiers se compose de *Chinois*, plus nombreux et influents que dans les autres États indo-chinois.

Laos et Malacca siamois. — 1° La région entre Ménam et Mékong est un pays de *forêts* et de brousse où l'on va couper le *teck* et capturer les *éléphants* que les Siamois emploient comme animaux domestiques. Ce pays peu peuplé a pour habitants des *Laotiens*, de même race que les Siamois et divisés en petites principautés vassales du Siam ;

2° Le nord de la presqu'île de Malacca appartient à des états *malais* dépendants du Siam. On y exploite l'étain ; on y cultive le poivre.

Situation politique. — A la suite d'un traité, les deux puissants voisins du Siam, la France et l'Angleterre, ont garanti l'indépendance du bassin du Ménam ; mais la France s'est fait reconnaître le droit d'exercer son influence dans le Laos, l'Angleterre, dans le Malacca siamois.

Le Siam est gouverné par un monarque indigène assisté de « conseillers » européens, appartenant à diverses nations ; il possède un service de postes et télégraphes, un réseau de *voies ferrées* plus important que celui de l'Indo-Chine française, une police et une petite armée moderne.

Commerce. — Les exportations s'élèvent à 250 millions de francs pour les exportations dont six dixièmes pour *le riz*, entre les mains des Chinois, un dixième pour le bois de *teck*, entre les mains des Anglais. Les importations, 150 millions, comprennent surtout des cotonnades. Le trafic se fait principalement avec Hong-Kong et Singapour, les deux grands entrepôts anglais d'Extrême-Orient.

V. — L'INDO-CHINE FRANÇAISE

L'Indo-Chine française occupe une superficie de 720.000 kilomètres carrés, soit un peu moins d'une fois et demie celle de la France, mais elle est beaucoup plus *étroite et allongée* que notre pays. De la pointe sud de la Cochinchine jusqu'à la frontière nord du Tonkin, sa longueur est de 1.500 kilomètres; dans la partie la plus étroite, en Annam, la largeur se réduit à 150 kilomètres; dans la partie la plus large, elle ne dépasse pas 600 kilomètres.

Relief. — On a comparé l'Indo-Chine française à deux paniers remplis de riz, portés suivant la pratique chinoise aux extrémités d'un long balancier. Les deux plateaux seraient les deux deltas peuplés et fertiles du Mékong au Sud et du Fleuve Rouge au Nord.

Le *Delta du Mékong*, le plus considérable, s'étend sur une superficie de 20.000 kilomètres carrés, égale à celle de trois départements français.

Le *Delta du Fleuve Rouge* forme le Bas-Tonkin. Il est entouré de *montagnes*, suite de celles qui accidentent la Chine méridionale; elles sont coupées par des gorges où coule la partie supérieure des fleuves et couvertes en grande partie de forêts. Le point culminant de l'Indo-Chine, 3.150 mètres, se trouve dans le Haut-Tonkin.

Le balancier est représenté par les longues *chaînes* qui bordent la côte de l'Annam sur une longueur de plus de 2.000 kilomètres, formant une sorte de Cordillère. Les sommets de 2.000 mètres n'y sont pas rares.

Les hauteurs de l'Annam tombent à pic sur la mer et la *côte*, dans leur voisinage, *se découpe* en un grand nombre de baies profondes parsemées d'écueils; la plus fréquentée est celle de Tourane, où se trouve le port de Hué.

Sur le versant intérieur, des plateaux descendent en pente douce vers le Mékong. La brousse les occupe, et la population s'y trouve très clairsemée.

Au Nord-Ouest, le *Laos* touche aux montagnes du Tonkin et de l'Annam et leur ressemble par son caractère accidenté et ses forêts.

Climat. — Les saisons diffèrent sensiblement dans les diverses parties d'un pays si allongé du Sud au Nord.

En Cochinchine, région la plus voisine de l'équateur, la chaleur se continue d'un bout de l'année à l'autre ; la

CAMPHRIER DE TONKIN

Laurier de 8 à 15 mètres de hauteur, au tronc rugueux, qui formait autrefois au Tonkin de belles forêts, dont il ne reste plus que quelques survivants.

moyenne de l'été est de 34° à Saigon, celle de l'hiver de 25° ; les pluies rendent la saison chaude malsaine.

Au Tonkin, la moyenne de l'été à Hanoï s'élève jusqu'à 39°, celle de l'hiver tombe à 5°. L'hiver est prolongé et rafraîchi par une petite pluie fine en forme de brume, semblable à celle qui enveloppe les côtes de Bretagne, et appelée comme elle le *crachin*, qui tombe en février et mars. Le Tonkin connaît donc un véritable *hiver* pendant lequel les Européens remplacent les vêtements de toile blanche par des costumes de drap, font du feu dans les maisons ; c'est l'époque où l'Européen reprend des forces. La saison chaude et pluvieuse est au contraire dangereuse pour la santé.

Cours d'eau. — L'Indo-Chine française possède un des grands fleuves qui viennent des montagnes neigeuses du Tibet et qui s'échappent vers la mer dans la direction du Sud ; c'est le *Mékong*, long de 4.200 kilomètres, et dont le

ARÉQUIERS DE COCHINCHINE

Au premier plan, des cocotiers dont on n'aperçoit que le tronc ; en arrière, les aréquiers, palmiers aux tiges élégantes, couronnés de bouquets de feuilles.

bassin total est égal à 1 million de kilomètres carrés, soit à près de deux fois la superficie de la France.

Près de la moitié de son cours se fait dans les gorges profondes du Tibet et de la Chine méridionale ; il a déjà 400 mètres de large quand il pénètre en Indo-Chine, où, d'abord, il sert de frontière entre la Birmanie anglaise et le Tonkin français. Il traverse ensuite le Laos en décrivant entre les montagnes des zigzags en coude de baïonnette, où ses eaux sont trop rapides pour se prêter aux transports. La navigation n'y commence guère qu'à Vien-Tian, qui doit à sa

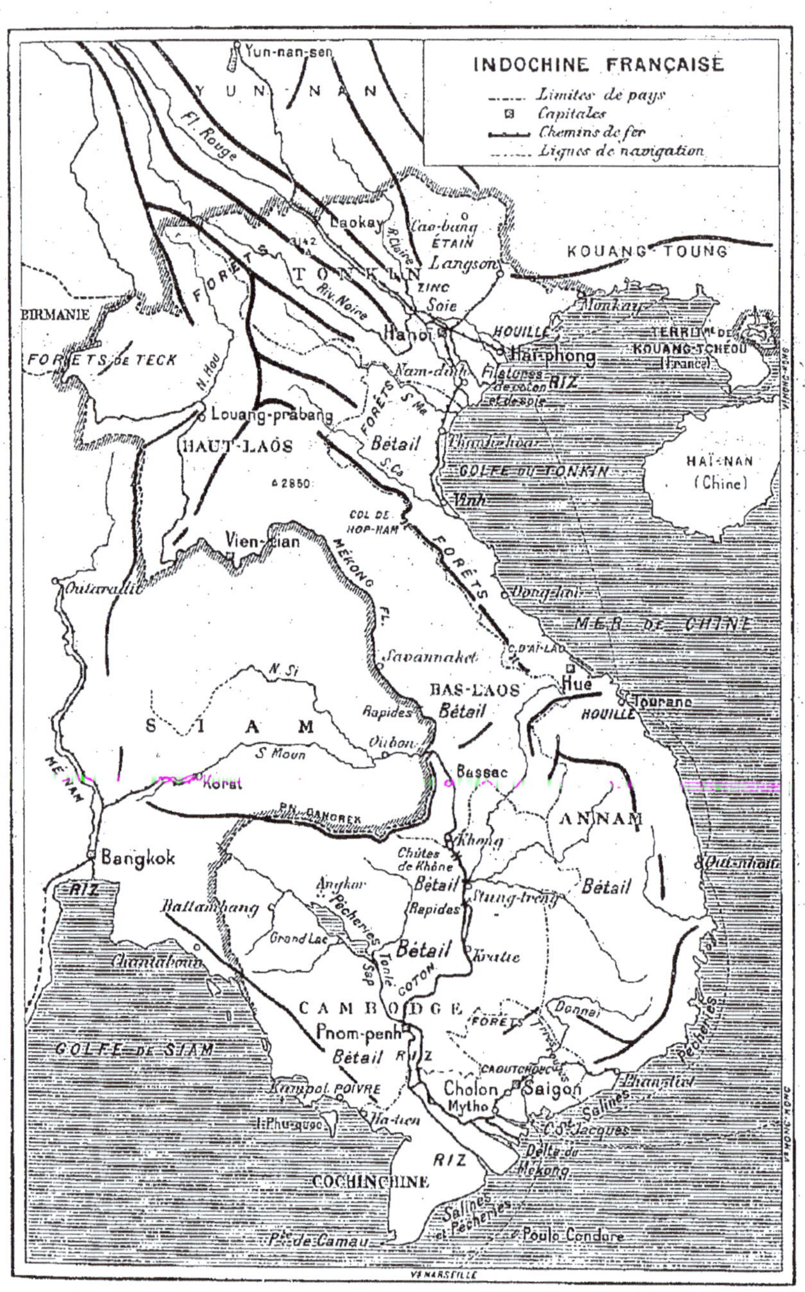

INDOCHINE FRANÇAISE
Limites de pays
Capitales
Chemins de fer
Lignes de navigation
Yun-nan-sen
YUNNAN
Fl. Rouge
Laokay
Cao-bang
ÉTAIN
KOUANG-TOUNG
R. Claire
TONKIN
Langson
ZINC
Riv. Noire
Soie
BIRMANIE
Hanoi
HOUILLE
TERRIT. DE
KOUANG-TCHÉOU
(France)
FORÊTS DE TECK
Hai-phong
N. Hou
Nam-dinh
Filatures
de coton
et de soie
RIZ
S. Ma
Louang-prabang
Bétail
Thanh-hoa
HAÏ-NAN
(Chine)
HAUT-LAOS
GOLFE DU TONKIN
S. Ca
2850
Vinh
COL DE
HOP-HAM
FORÊTS
Vien-tian
MÉKONG FL.
Dong-hoi
MER DE CHINE
Outaradit
Savannaket
C. D'AI-LAO
N. Si
BAS-LAOS
Hue
SIAM
Rapides
Bétail
Tourane
HOUILLE
S. Moun
Ubon
MÉ NAM
Korat
Bassac
ANNAM
PN. DANGREK
Khong
Bangkok
Chûtes
de Khône
Qui-nhon
RIZ
Angkor
Bétail
Bétail
Battambang
Pêcheries
Rapides
Stung-treng
Grand Lac
Kratie
Chantaboun
Tonlé Sap
Bétail
COTON
CAMBODGE
FORÊTS
Donnai
Pêcheries
GOLFE DE SIAM
Pnom-penh
Bétail
RIZ
CAOUTCHOUC
Kampot POIVRE
Cholon
Saigon
Phanthiet
I. Phuquoc
Ha-tien
Mytho
Salines
C. S. Jacques
RIZ
Delta du
Mékong
COCHINCHINE
Salines
et Pêcheries
Poulo Condore
Pie de Camau

situation d'être la ville la plus importante du Laos et le centre d'un commerce actif avec le Siam, que le Mékong sépare de l'Annam jusqu'à la frontière du Cambodge. Vien-Tian est situé à près de 1.600 kilomètres de la mer.

Mais depuis Vien-Tian jusqu'au delta, le fleuve est barré en cinq endroits par des gradins qu'il saute en formant une série de *rapides*. Deux séries au moins de ces rapides ne peuvent être franchies à aucun moment de l'année, pas même aux hautes eaux. On a commencé à poser des tronçons de voies ferrées pour permettre aux marchandises et aux voyageurs de les tourner plus commodément.

A Pnom-Penh, capitale du Cambodge, le fleuve est à 250 kilomètres de la mer; il mesure un kilomètre de large. Il se divise en trois bras. L'un d'eux se dirige vers une dépression qui occupe le centre du Cambodge, et il s'y termine par le lac *Tonlé-Sap*. Pendant les crues, les eaux du fleuve coulent vers ce creux, le lac déborde alors et il atteint une superficie de 360 kilomètres carrés; pendant les basses eaux, l'eau coule en sens contraire vers le fleuve, tandis que le lac diminue jusqu'à la crue suivante.

Les deux autres bras du Mékong se dirigent vers la Cochinchine et se subdivisent indéfiniment en formant le *Delta*. Les alluvions du Mékong ont rempli un ancien golfe qui s'avançait, il y a des milliers d'années, jusqu'à la dépression occupée par le lac Tonlé-Sap ; elles gagnent chaque année du terrain sur la mer.

Le Mékong roule aux hautes eaux plus de 70.000 mètres cubes à la seconde; il tombe, aux plus basses, à 9.000, ce qui permet largement la navigation, en dehors des rapides.

A marée haute, les navires pénètrent dans les bouches du Mékong et des petits fleuves voisins comme la rivière de Saïgon; c'est là que sont placés les ports.

Le *Fleuve Rouge*, le grand cours d'eau du Tonkin, vient lui aussi des hauteurs de la Chine méridionale et coule à sa partie supérieure dans les gorges où il franchit des rapides ; mais on peut aux hautes eaux le remonter jusqu'à la frontière de Chine. Des travaux ont été exécutés afin de pratiquer un chenal aux endroits difficiles.

Son delta ressemble, en plus petit, à celui du Mékong.

FLOTTILLE DE PÊCHEURS SUR LE MÉKONG

À l'entrée du lac Tonlé-Sap (Cambodge). (Voir pour les pêcheries à la page 94.)

La capitale du Tonkin, *Hanoï*, a été bâtie sur le fleuve, au commencement du delta, à 130 kilomètres de la mer; le principal port, *Haïphong*, s'abrite à la bouche d'une petite rivière qui communique avec les bras du delta.

Populations. — En Indo-Chine française vivent des tribus primitives, peu nombreuses par rapport aux populations plus cultivées.

MAOTSÉ

Type des populations primitives habitant les régions montagneuses du Laos. Vêtement rudimentaire : sorte de camisole sans manches, et écharpe attachée en ceinture.
Ces peuplades vivent de la chasse qu'elles pratiquent à l'aide de l'arc.

Les *Annamites* constituent la masse des habitants, en tout 12 millions, dans l'Annam, la Cochinchine, le Tonkin : civilisés par les Chinois, ils ont adopté leur écriture, leur costume, leur religion, leur mandarinat.

Les *Cambodgiens*, qui doivent à l'Inde leur religion et une partie de leurs institutions, sont environ 1 million et demi.

Les *Laotiens* du Haut-Mékong et de la rive orientale du Moyen-Mékong divisés, comme leurs frères du Siam (p. 79), en petites principautés, sont sous le protectorat de la France.

La population totale de l'Indo-Chine française ne paraît guère dépasser 16 millions d'habitants; la moyenne est donc de 28 au kilomètre carré. Les habitants se trouvent très inégalement répartis. Ainsi le delta de Cochinchine et la partie alluviale avoisinante comptent 200 à 300 habitants au kilomètre carré. Le delta du Tonkin en a jusqu'à 360, ce qui fait de lui une des régions agricoles les plus peuplées du monde. Le reste, c'est-à-dire les 9/10 du pays, couvert de montagnes et de forêts, forme un pays presque désert que l'on devra faire coloniser par les indigènes ou par d'autres Asiatiques.

Déjà plus de 200.000 *Chinois* habitent l'Indo-Chine française : ils se livrent habituellement au commerce et à la petite industrie. Au Cambodge pourtant, 40.000 cultivent le poivre ou le coton et se sont fixés dans le pays.

L'UNE DES RUINES D'ANGKOR

Au milieu d'une végétation luxuriante, témoins de la brillante civilisation qu'eurent autrefois les Cambodgiens, s'élèvent les célèbres ruines des palais et temples hindous d'Angkor, détruits au XIIe siècle par des envahisseurs Thaï.

L'Indo-Chine ne compte guère que 15.000 *Français*, militaires, fonctionnaires, et, dans une moindre mesure, commerçants ou chefs d'entreprises. L'Indo-Chine n'est pas une colonie de peuplement, car le travail ne peut y être fait que par les indigènes ou les Chinois ; les Européens n'y exercent qu'un rôle de direction.

Colonisation. — La France intervint d'abord dans l'Empire d'Annam pour y protéger les missionnaires.

Sous Louis XV et Louis XVI, la France songea à occuper la baie de Tourane (p. 89). Elle ne reparut ensuite dans ce pays que sous Napoléon III. Une série d'expéditions, de 1859 à 1867, donnèrent à notre pays la Cochinchine prise à l'Annam, et le protectorat du petit royaume du Cambodge.

La France songea ensuite à s'installer au Tonkin pour faire le commerce avec la Chine par le Fleuve Rouge. La

PAYSANS ANNAMITES DU TONKIN

La femme porte le balancier en bambou, très usité au Tonkin. L'homme, revêtu d'un manteau de feuilles pour se protéger contre la pluie, pousse une brouette très rudimentaire.

guerre de 1870 retarda ce projet. En 1873, un officier de marine en congé, Francis Garnier, occupa le delta du Tonkin avec quelques forces que lui avait envoyées le gouverneur de Cochinchine. Il fut tué par les Annamites.

Le gouvernement français rappela alors les troupes et se borna à maintenir un résident à Hanoï avec une escorte de marins. En 1883, l'officier de marine qui commandait les marins français à Hanoï, ayant été attiré dans un guet-apens et tué, la France *occupa* le Tonkin. Il s'ensuivit une guerre avec l'Annam. Les troupes françaises *s'emparèrent* de Hué et tout l'empire d'Annam fut placé sous le protectorat français.

Enfin, la Chine, qui avait voulu secourir l'Annam, fut vaincue dans une guerre qui se termina en 1885.

Depuis cette époque, la France a obtenu du Siam la restitution de toute la partie du Laos située sur la rive annamite du Mékong, ainsi que des provinces septentrionales du Cambodge, avec les ruines d'Angkor (p. 87).

Divisions politiques. — L'Indo-Chine française se compose de cinq parties :

1° La *Cochinchine* est une colonie proprement dite; elle *compte* 3 millions d'habitants sur une superficie de 57.000 kilomètres carrés, plus de 50 habitants au kilomètre carré. Sa capitale, *Saïgon*, principal port commercial et militaire de la colonie, compte 60.000 habitants, et Cholon, ville en grande partie chinoise, à 5 kilomètres de Saïgon, en réunit 190.000. Dans le delta du Mékong, la plus grande ville est le port de Mytho, 150.000 habitants, réunie à Saïgon par un chemin de fer long de 71 kilomètres;

2° Le *royaume du Cambodge* conserve son souverain sous le protectorat de la France. Sa population est faible, 1 million 1/2 d'habitants sur 150.000 kilomètres carrés, soit 10 au kilomètre carré. Sa capitale, *Pnom-Penh*, sur le Mékong, port fluvial accessible aux petits navires, en réunit 60.000;

3° L'*empire d'Annam* est un État indigène, protégé comme le Cambodge. Il a 180.000 kilomètres carrés et ne compte même pas 5 millions d'habitants, 25 au kilomètre carré. La plupart habitent le littoral. Sa capitale, *Hué*, à 12 kilomètres de la mer, sur une rivière dont l'entrée est difficile, même à marée haute, communique avec le dehors par la baie de Tourane, à laquelle la rattache un chemin de fer;

4° Le *Laos français*, seule région non maritime de la colonie, est la plus étendue et la moins peuplée, avec 260.000 kilomètres carrés et 1.200.000 habitants, moins de 5 au kilomètre carré. Il comprend une série de principautés indigènes sous le contrôle français. Sa capitale est la petite ville de *Vien-Tian* (p. 84). Plus haut, sur le Mékong, Luang-Prabang est un centre commercial important ;

5° Le *Tonkin*, qualifié de protectorat, est en réalité une colonie ; avec 6 millions d'habitants sur 103.000 kilomètres carrés, il présente une densité presque égale à celle de la Cochinchine grâce au delta (p. 84) ; les hauteurs n'ont que

SÉCHERIE DE POISSONS A BARIA (COCHINCHINE-EST)

Le long de la côte de Cochinchine, surtout sur la mer de Chine, sont installées des pêcheries semblables à celles des eaux douces du Cambodge : elles fournissent pour la consommation locale et pour l'exportation du poisson salé et des saumures employées comme condiment.

19 habitants au kilomètre carré, sur plus de 90.000 kilomètres carrés.

La capitale du Tonkin, *Hanoï*, compte 135.000 habitants. Nam-dinh, ville complètement indigène, lieu des examens et centre de filature de soie, en a 34.000.

Depuis 1898, la France s'est fait céder à bail par la Chine le territoire de *Kouang-Tchéou-Wan* autour d'une baie de la Chine méridionale, où l'on pourra fonder un port de commerce. Ce petit territoire de 1.000 kilomètres carrés comprend 150.000 Chinois, sous un fonctionnaire colonial.

On n'y a fait jusqu'à présent aucun établissement important.

L'ensemble des possessions françaises est administré par un gouverneur général qui réside habituellement à Hanoï.

Pêcheries. — Le poisson constitue avec le riz la base de l'alimentation indigène dans tout l'Extrême-Orient. L'Indo-Chine en fournit beaucoup. Les Annamites de la côte vivent en partie de la pêche, mais les pêcheries les plus importantes se font pendant les basses eaux sur les bords du lac *Tonlé-Sap*. A ce moment, les rives du lac comptent 30.000 habitants de plus qui se construisent des huttes de paille, sous lesquelles ils vivent pendant tout le temps où l'on peut prendre du poisson. Le poisson est séché sur place, puis expédié dans l'Indo-Chine et *exporté* jusque dans la Chine surpeuplée. Cette exportation représente 12 millions de francs par an et vient au second rang, après celle du riz.

Produits forestiers. — Les forêts couvrent environ 30 millions d'hectares. Le principal produit de la forêt est le bois de *teck*, dont les futaies font suite à celles du Siam ; il vient surtout du Laos, mais il n'est pas exploité en grande quantité, faute de moyens de communication.

Le *caoutchouc* se récolte dans les mêmes forêts et dans celles du Haut-Tonkin. Des *plantations* importantes d'arbres à caoutchouc se font dans les « terres rouges » de Cochinchine.

Élevage. — L'*éléphant* est capturé dans les forêts du Laos, région la plus orientale de celles où vivent ces animaux. On ne l'emploie guère comme animal domestique qu'au Laos et au Cambodge.

Beaucoup plus répandu est le *buffle*, à la peau rugueuse et au poil rare, dont on se sert pour le labourage.

Les Indo-Chinois élèvent aussi des *zébus* ou bœufs à bosse et des *bœufs* de variétés diverses qu'on emploie pour les transports ; certaines variétés, dressées à trotter, servent comme animaux d'attelage ou de monture.

L'élevage des bœufs, très rémunérateur, est entrepris surtout au Cambodge. Ce pays vend son bétail et celui qu'il tue au Bas-Laos aux Anglais de Hong-Kong et aux Américains des Philippines pour la boucherie.

L'Indo-Chine possède une race de petits chevaux de montagne, analogues à ceux de la Chine du Sud.

Enfin, les indigènes élèvent des porcs et des volailles,
mais d'espèce médiocre, mal choisis, mal nourris; on devra
leur enseigner à en faire un élevage plus profitable.

Le riz. — La principale culture est celle du *riz* qui vient
dans les terres basses et particulièrement dans les deux
deltas; il occupe 900.000 hectares au Tonkin, 1.200.000 en
Cochinchine; l'étendue ensemencée pourrait s'augmenter,
surtout au Tonkin, si l'on pratiquait les travaux projetés
d'irrigation.

Le delta du Tonkin, surpeuplé, consomme une grande
partie de son riz, mais la Cochinchine en exporte jusqu'à
1 million de tonnes par an, qui sont achetées par la Chine
et le Japon, lesquels ne produisent pas la quantité nécessaire à leur consommation.

L'Indo-Chine française vient ainsi *au second rang des pays
exportateurs de riz*, après la Birmanie. Le commerce du
riz est presque entièrement entre les mains des Chinois et
étrangers.

Cultures tropicales. — Le *poivre*, importé des Moluques,
est cultivé par des Chinois dans le Cambodge. Ce pays en
produit jusqu'à 5.000 tonnes par an, alors que la consommation française ne dépasse guère 3.500; aussi les prix
ont-ils fléchi et la culture traverse-t-elle une crise.

Le *thé* est consommé par les Annamites qui en achètent
1.200 tonnes par an à la Chine. On a essayé de le planter
dans l'Annam, mais ces essais, faits par les Français, n'ont
guère réussi jusqu'à présent.

Mines et industries. — L'Indo-Chine française possède
des gisements *houillers*. Le principal groupe se trouve sur
la côte nord du Tonkin, surtout dans le bassin de Hon-gay
et dans l'île de Kébao. 5.000 ouvriers indigènes sont
employés dans cette région et extraient à peu près
300.000 tonnes par an.

Un autre gisement, sur la côte annamite, près de Tourane, produit environ 20.000 tonnes par an.

Enfin, les lignites, moins riches en combustible, sont
exploitées dans le Haut-Tonkin. Le tout fournit à peine
un quatre-vingtième de la production française.

L'industrie indigène consiste surtout en travaux de

menuiserie, d'ébénisterie, de laque, d'orfèvrerie, imités de la Chine.

Les Français ont établi quelques *filatures* mécaniques de soie et de coton dans le Tonkin, mais ces entreprises ne sont qu'à leur début.

Il faut citer enfin les distilleries produisant l'*alcool de riz*,

MINE DE CHARBON EN ANNAM

Mine de Nony-son, près du port de Tourane. Production oscillant autour de 20.000 tonnes par an.

à l'usage des indigènes; elles sont presque toutes entre les mains des Chinois.

Voies de communication. — Les Français ont corrigé le lit des fleuves, travail qui n'est pas encore terminé; ils ont établi sur les sections navigables des services réguliers de *bateaux à vapeur*.

Ils ont entretenu les routes, dites mandarines, créées par l'empire d'Annam et en ont fait de nouvelles.

Enfin, ils achèvent de construire un réseau de *chemins de fer*. Ce système, qui doit prochainement s'unifier, comporte actuellement trois sections séparées et fort inégales :

1° La principale est celle du Tonkin. Là, le port de Haïphong est mis en communication avec la capitale, Hanoï. De Hanoï part une ligne qui va jusqu'à la frontière de Chine, suivant la route mandarine. Au sud de Hanoï, la ligne se poursuit jusqu'à la frontière de l'Annam. Enfin, une autre ligne, la plus longue, remonte le Fleuve Rouge, escalade le plateau élevé de la *province chinoise du Yunnan* et arrive à sa capitale, Yunnan-Sen, après un parcours

SCULPTEURS SUR BOIS AU TONKIN

Les industries d'art se sont développées en Indo-Chine, sur le modèle et à l'imitation de la Chine. La sculpture sur bois, l'ébénisterie, la laque, la céramique, le travail du bronze sont les principales et ont atteint un très haut degré de perfection. Les boutiques et ateliers des artisans sont réunis, comme dans tout l'Orient, par profession, chacune occupant une rue qui sert en même temps de marché.

de 850 kilomètres. Par cette voie, on espère diriger le commerce de l'extrême sud chinois vers Haïphong;

2° Ce réseau doit se joindre, en longeant la côte d'Annam, à celui de Cochinchine, mais l'Annam n'a encore qu'un petit morceau destiné à joindre sa capitale, Hué, à la côte;

3° Le réseau de Cochinchine met Saigon en relations,

d'une part avec la frontière d'Annam et d'autre part avec les ports du delta du Mékong.

L'ensemble des chemins de fer construits représente près de 1.300 kilomètres ; il en reste au moins 800 à faire pour joindre les divers réseaux par le futur transindo-chinois.

La France a créé un port de commerce et un port militaire à Saigon, un port de commerce à Haïphong, au Tonkin, et elle a fait des travaux en plusieurs autres endroits, mais ces ports sont loin d'avoir l'outillage de ceux que l'Angleterre a établis à Singapour ou à Hong-Kong.

Saigon est en relations directes avec Marseille par la ligne française de Chine, qui met quatorze jours à franchir les 13.600 kilomètres séparant les deux ports et qui fait le trajet deux fois par mois.

Les autres ports côtiers ou fluviaux sont desservis par des lignes annexes ayant leur point de départ à Saigon.

Commerce. — Le commerce extérieur de l'Indo-Chine a triplé depuis la conquête dans les quinze dernières années ; il dépasse aujourd'hui le milliard. Néanmoins, il n'est pas en proportion du nombre des habitants.

L'importation, par exemple, représente environ 12 francs par tête. On voit donc que le pouvoir d'achat de l'Annamite n'est pas ce qu'on pourrait attendre d'un homme ayant une civilisation supérieure à celle des autres sujets de la France. Le fait tient à ce qu'on ne lui a pas encore appris à mettre mieux en valeur sa terre, à ce que le réseau ferré n'est pas achevé et que les ouvrages d'irrigation, destinés à permettre deux cultures par an, sont à peine commencés.

L'Indo-Chine française est un des pays qui ont le plus d'avenir, si elle est administrée sagement et si son outillage économique est rapidement terminé. Malheureusement, les 90 millions de francs qui composent son budget sont absorbés pour plus du tiers par les dépenses militaires et d'administration, ainsi que par les intérêts de la dette, et l'Indo-Chine est obligée d'envisager de nouveaux emprunts pour terminer son réseau de voies ferrées.

CHAPITRE VIII

LA CHINE PROPREMENT DITE

L'Empire chinois. — Chine du Nord. — Climat du Nord. — Le Fleuve
Jaune. — La Chine du Sud. — Climat du Sud. — Le Fleuve Bleu.
Population. — Émigration chinoise. — Gouvernement. — Les Euro-
péens en Chine — Les Ports ouverts.
Pêche, forêts, élevage. — Cultures vivrières. — Le thé et le sucre. —
L'opium. — La soie et le coton. — Houille et mines. — L'art chinois.
— Voies de communication. — Commerce.

L'Empire chinois. — L'Empire chinois est aussi grand
que l'Europe; seuls, l'Empire russe et l'Empire britannique
occupent une étendue supérieure; les États-Unis eux-mêmes
n'égalent pas l'Empire chinois en superficie.

L'Empire chinois comprend deux parties bien distinctes :

1° La Chine proprement dite, entre les hautes montagnes
et la mer, est un des pays *les plus peuplés* du monde et les
plus anciennement civilisés. Le nord en est à la latitude de
Bordeaux, le sud à celle du Sénégal. Elle occupe une superficie sept à huit fois plus grande que la France.

2° Les pays vassaux, Mongolie, Turkestan, Tibet, occupent
une très grande partie des steppes, des déserts et des hautes
montagnes de l'Asie centrale. Contrairement à la Chine, ils
sont *très peu peuplés;* leur civilisation est moins avancée que
la civilisation chinoise.

Chine du Nord. — La Chine du Nord commence aux
plaines basses qui bordent le golfe du Petchili et dans lesquelles se trouvent au Nord Pékin, à 35 mètres de haut,
au Sud le cours inférieur du Hoang-Ho ou Fleuve Jaune,
le second fleuve de Chine en importance ; elle va jusqu'aux
gradins de 1.800 à 2.500 mètres par lesquels on s'élève de la
région maritime vers les plateaux de la Mongolie. L'aspect

qui domine dans la Chine du Nord, c'est celui de *plaine*.

La région intérieure est recouverte d'une couche épaisse de limon appelée *loess* (p. 9) : c'est une terre jaune, formée de débris de roches fins comme de la farine, détachés par la gelée et par le soleil, et rabattus par les vents violents qui soufflent de l'intérieur du désert.

Dans la Chine du Nord, ce limon s'est tassé, de sorte que les rivières ont pu le découper en gorges qui présentent jusqu'à 300 mètres de profondeur. On a creusé dans leurs parois des sentiers, des gradins et jusqu'à des habitations. Néanmoins, cette terre reste friable ; elle donne naissance à une poussière insupportable pendant la saison sèche et au moment des pluies, elle se couvre rapidement d'une boue épaisse. Par contre, le loess est d'une *fertilité* très grande ; partout où il existe, les champs de *blé* mûrissent jusqu'à plus de 1.000 mètres de haut. La région du loess mérite le nom de *grenier* de la Chine.

Malgré son altitude, elle vaut mieux que les plaines du littoral dont une grande partie est ravagée par les inondations et les divagations du Fleuve Jaune. Cette région plate formée par les alluvions des fleuves renferme des zones de graviers et de sable qu'on a dû abandonner à la *steppe*. Ainsi les environs de Pékin sont très pauvres et ne peuvent suffire à nourrir la capitale.

Climat du Nord. — La Chine du Nord a un climat *continental* extrême parce que l'influence de la grosse masse de terre asiatique l'emporte sur celle des mers intérieures comme le golfe du Petchili. Ainsi *Pékin, à la latitude de Naples*, a des étés aussi chauds que ceux de l'Algérie, et des hivers aussi froids que ceux des ports de la Baltique. Le golfe du Petchili *gèle* en hiver comme cette dernière mer.

Le Fleuve Jaune. — Le Fleuve Jaune prend naissance, comme tous les grands cours d'eau de Chine et d'Indo-Chine, dans les hautes montagnes *neigeuses* du Tibet. Il mesure plus de 4.000 kilomètres de long ; la première moitié de son cours s'effectue dans les régions désertes du sud de la Mongolie. Il traverse ensuite les gradins de la Chine du Nord par des gorges, et il arrive en plaine chargé du limon jaune qui lui vaut son nom.

Dans sa partie inférieure, il change de lit à chaque inondation, et son embouchure s'est plusieurs fois déplacée sur un espace d'environ 800 kilomètres. On l'a surnommé le *crève-cœur de la Chine*, « le fleuve incorrigible ».

Les Chinois emploient une partie de ses eaux pour l'irrigation ; ils y font naviguer tant bien que mal des bateaux à voiles et à rames, malgré *l'irrégularité* du fleuve et les bancs nombreux qui obstruent son lit.

La Chine du Sud. — La Chine du Sud commence au versant méridional de chaînes hautes de 3.000 à 3.500 mètres qui, parties du Tibet, se dirigent droit vers l'Est, séparant le bassin du Fleuve Jaune de celui du Fleuve Bleu. Ces hauteurs ne se prolongent pas jusqu'à la mer ; mais, après une assez longue interruption où la plaine se continue entre les deux fleuves, les montagnes reparaissent dans la *presqu'île* rocheuse et découpée du *Chantoung* qui fait face à la presqu'île mandchourienne de Port-Arthur et ferme avec elle l'entrée du golfe du Petchili et l'accès de Pékin. Quatre fois grand comme la Bretagne, avec des hauteurs qui atteignent 1.000 mètres, le Chantoung a, sur son versant méridional, le climat et les productions de la Chine du Sud ; c'est une des parties les plus agréables et les plus habitées de l'Empire.

Contrairement à la Chine du Nord, la Chine du Sud offre un aspect *très accidenté*. On y aperçoit, de toutes parts, des tables et des pitons de grès et de calcaires bizarrement découpés comme on les voit représentés sur les porcelaines dans les tableaux chinois. C'est en effet à la Chine du Sud qu'appartiennent les artistes chinois, et c'est son paysage et ses costumes qu'ils nous ont transmis.

Les parties les plus hautes avoisinent le Tibet ; sur le haut Yang-tsé-Kiang, des *Alpes* de 5.000 mètres se dressent couronnées de *neiges* et bordées de *forêts vierges* à lianes et à palmiers, comparables à celles de l'Himalaya.

Les régions les plus sauvages et les moins accessibles de la Chine du Sud sont celles qui touchent à l'Indo-Chine. Là se trouve le *plateau du Yunnan*, haut de plus de 2.000 mètres et duquel descendent par des gorges les fleuves de l'Indo-Chine anglaise et française.

Climat du Sud. — Le climat permet la culture du thé,

de l'oranger, de la canne à sucre, du riz, toutes plantes *originaires de l'Extrême-Orient*. Il reste néanmoins extrême. L'hiver y est plus froid qu'en Europe, à latitude égale. Un proverbe chinois traduit ainsi les contrastes de ce climat continental : « Gardez-vous des vents du Yun-nan (haut plateau) et des chaleurs du Sé-tchouen (bassin) ».

Le *littoral* est tempéré par la *mousson* Sud-Est ; pourtant, on a vu quelquefois la *neige* tomber à Canton, au sud du tropique. Dans les traversées, on recommande aux voyageurs, pendant l'hiver, de se couvrir chaudement aux approches de la Chine du Sud, en dépit de sa latitude.

Le Fleuve Bleu. —

Le bassin du Yang-Tsé-Kiang, ou Fleuve Bleu, est la *meilleure partie* de l'Empire chinois.

Ce fleuve est long de 5.300 kilomètres, dont les deux tiers coulent sur les hauts plateaux du Tibet.

UN LAC DANS UN JARDIN CHINOIS

Entouré d'un rideau d'arbres, ce lac artificiel se couvre de nénuphars. Les Chinois sont très habiles dans l'art des jardins et des parcs.

Après en être sorti et avoir contourné par des gorges, où sa rapidité est extrême, les Alpes dont on a parlé plus haut, le fleuve débouche dans la province chinoise de *Sétchouen* où il commence à devenir navigable pour les bateaux ordinaires, sauf en quelques points où il faut tourner des rapides.

La province de Sétchouen est un immense bassin fertile ;

c'est le pays où le *thé*, qui croît à l'état sauvage dans les montagnes entre Chine et Tibet, a commencé à être cultivé ; c'est là aussi où le *ver à soie* a été domestiqué. Aujourd'hui encore, le Sétchouen est, en Chine, le grand fournisseur de thé, et l'un des principaux pour la soie ; il cultive en outre, le coton, le riz et la canne à sucre, l'opium et le tabac ; riche d'autre part en mines, c'est une des provinces *les plus peuplées* de la Chine tout entière avec 45 millions d'habitants, soit près de 100 au kilom. carré.

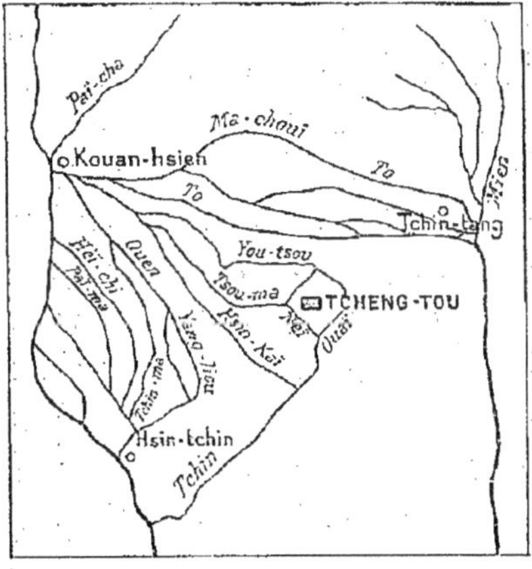

D'après Camena d'Almeida.

PLAINE DE TCHENG-TOU

Plaine dont l'étendue égale celle d'un petit département français, au pied des Alpes du Sétchouen, au nord du fleuve Bleu, vers lequel coulent les eaux. Deux récoltes par an, riz dans la saison humide, blé dans la saison sèche. 4 millions d'habitants. La ville de Tcheng-tou en compte environ 700.000.

Une fois sorti du Sétchouen, le Yang-tsé-Kiang franchit ses derniers rapides à 1.750 kilomètres de la mer ; dès lors, il s'ouvre à la *navigation régulière à vapeur*, et ses rives deviennent le théâtre d'une activité sans pareille.

Hankéou, à près de 1.000 kilomètres de la mer, donne accès aux navires maritimes ; cette ville et deux autres bâties l'une à côté d'elle, l'autre sur la rive opposée, forment *la plus populeuse agglomération de la Chine avec 3 millions d'habitants.* Hankéou est le second port de la Chine proprement dite.

Le Yang-tsé-Kiang arrose ensuite Nankin, dont le nom veut dire capitale du Sud ; *Nankin* a été, en effet, longtemps une capitale, elle possède encore une muraille de 35 kilomètres de tour : la ville, aujourd'hui ruinée, n'occupe plus qu'un coin dans cette enceinte trop grande.

Enfin, le fleuve se jette dans la mer par un delta dont les bras sont d'accès difficile ; le port principal de la région, *Chang-haï*, s'est installé en dehors d'eux sur une rivière qu'un canal met en communication avec le Yang-tsé-Kiang.

Le *débit* du fleuve, entre Hankéou et la mer, ne tombe

jamais au-dessous de 3.500 mètres cubes et s'élève en crue jusqu'à 36.000 ; sa largeur varie de 1 à 2 kilomètres ; il est environ dix fois plus puissant que le Rhône.

Population. — La Chine proprement dite renferme plus de 300 millions d'habitants, environ *un quart de ceux du globe* et la moitié de ceux de l'Asie.

Ce sont en majorité des Chinois proprement dits ; les plus purs paraissent être ceux du Nord.

Les Chinois ont refoulé dans les montagnes du Sud d'autres populations de race jaune qui sont moins avancées en civilisation et qu'ils appellent les sauvages. Ces populations semblent apparentées à leurs voisins, les Tibétains, et aux diverses races de l'Indo-Chine.

La population est, pour les neuf dixièmes, rurale. La Chine compte pourtant de *grosses villes* dont 18 réunissent plus de 100.000 habitants ; mais la proportion des citadins y est beaucoup *moindre* que dans l'Europe occidentale.

Émigration chinoise. — Les Chinois ont mis en culture toutes les parties utilisables de leur sol. Aussi ont-ils débordé au Nord sur les pays vassaux, Mandchourie, Mongolie et même sur la Sibérie orientale appartenant à l'Empire russe. Ils s'expatrient aussi par mer. C'est ainsi que 5 millions de Chinois se sont établis dans l'Indo-Chine, dans la Malaisie hollandaise et aux Philippines.

Au XIXᵉ siècle, les Chinois, très travailleurs et qui se contentent de bas salaires, s'étaient répandus dans tous les pays du Pacifique peuplés d'Européens, États-Unis, Canada, Australie, Nouvelle-Zélande. Les ouvriers blancs de ces pays se sont plaints et ont obtenu des lois qui restreignent l'émigration chinoise ; mais les pays chez qui les Européens n'émigrent pas, comme le Mexique, le Pérou, le Chili continuent à occuper et même à rechercher la main-d'œuvre chinoise.

Gouvernement. — A la tête du gouvernement était jusqu'ici un empereur absolu que l'on considérait comme d'origine divine. Il appartenait à une dynastie *mandchoue* ; ses ancêtres s'étaient emparés du pays en renversant une dynastie nationale chinoise il y a plus de 250 ans.

Les Mandchous avaient apporté avec eux l'usage de la natte ;

en général, ils conservèrent l'administration et la civilisation chinoises (p. 18); ils se bornaient à avoir une garde et des troupes formées de Mandchous et de Mongols et commandés par des chefs de même race. C'est ce que les Occidentaux appelaient l'armée et les maréchaux *tartares*. Les Chinois n'aimaient pas ces militaires, parce qu'ils les considéraient comme des envahisseurs, et les lettrés les méprisaient parce qu'ils n'avaient ni éducation, ni instruction.

De nombreux *soulèvements* ont eu lieu de tout temps contre la dynastie mandchoue et des sociétés secrètes chinoises préparaient des complots contre elle.

D'autre part, un parti de *réformateurs* appelés les Jeunes-Chinois s'est formé depuis quelques années; il se recrute surtout parmi les lettrés qui n'ont pu être nommés fonctionnaires. Les Jeunes-Chinois demandent que la Chine imite le Japon, qu'elle ajoute au programme de ses écoles l'étude des sciences et de leurs applications pratiques sur le modèle européen, qu'elle construise des chemins de fer, qu'elle développe son industrie, qu'elle forme une armée moderne.

Les Jeunes-Chinois réclament aussi pour la Chine une constitution et un gouvernement parlementaire à l'exemple du Japon, de la Turquie, de la Perse.

Les réformateurs avaient pour eux le *sentiment national* profond qui anime les Chinois et qui a plusieurs fois déjà amené des soulèvements contre les étrangers.

Dans le cours de l'année 1911, les Jeunes-Chinois gagnèrent à leur cause les provinces du Yang-tsé-Kiang, et s'emparèrent de la grande ville de Hankéou. Ils rallièrent à leurs théories une grande partie des troupes modernes que l'Empire a récemment organisées et qui sont composées de Chinois et commandées par des officiers chinois. Les « Réformistes », comme on les appelle, ont proclamé la *République chinoise*. Ils réclament l'expulsion des Mandchous; ils coupent leurs nattes pour supprimer un usage établi par les envahisseurs. Ils annoncent l'intention de faire une Chine moderne, adoptant la civilisation occidentale, comme le Japon. Ils sont en même temps des patriotes chinois, résolus à se gouverner eux-mêmes, à ne plus tolérer d'intervention étrangère dans leur pays, et à le faire considérer comme une grande puissance mondiale.

LA GRANDE RUE DE PÉKIN

Au fond, une porte du rempart. La rue est droite et large, mais la chaussée n'est pas entretenue, les égouts coulent à ciel ouvert, les immondices s'amoncellent sur la voie publique.

Les Européens en Chine. — Pendant longtemps, les rapports entre Chine et Europe se sont bornés à quelques échanges commerciaux; ainsi les Romains, puis les commerçants du Moyen Age recevaient de la Chine la porcelaine et la soie qu'ils ne savaient pas fabriquer.

Les premiers Européens qui visitèrent la Chine et qui la

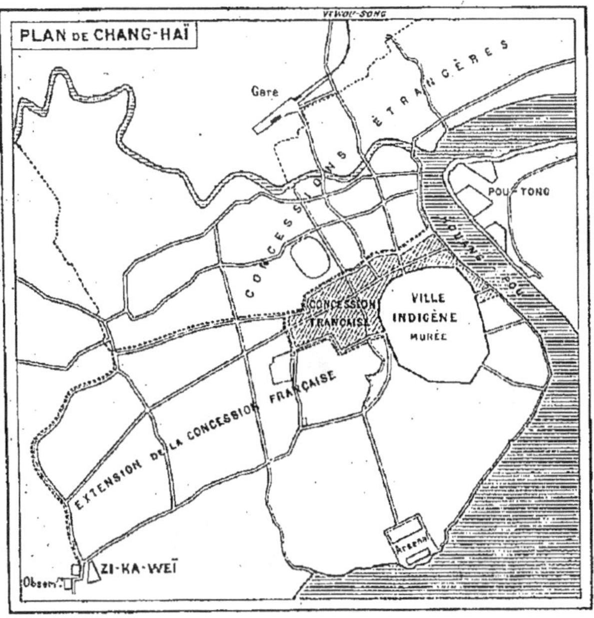

La ville chinoise murée; en dehors, les concessions ou quartiers européens ouverts avec quai sur le fleuve.

firent connaître furent des voyageurs du siècle de saint Louis, dont le plus célèbre est le marchand vénitien Marco Polo, qui publia le récit de son voyage en 1298.

Les relations régulières avec la Chine ne commencèrent qu'après la découverte de la route du Cap par les Portugais.

Les Portugais s'installèrent en 1557 à l'entrée de l'estuaire qui mène au grand port chinois du Sud, Canton; ils y fondèrent *Macao*, qu'ils occupent encore et qui est resté pendant près de 300 ans la seule possession européenne sur la côte de Chine. Macao est négligé depuis que les Anglais ont occupé Hong-Kong; son principal revenu vient de la ferme et des jeux; on l'a appelé le « Monaco d'Extrême-Orient ». Macao renferme 65.000 habitants dont 61.000 Chinois.

En face de Macao, au débouché nord de la rivière de Canton, les Anglais ont fondé, en 1842, la colonie de *Hong-Kong*, qui s'étend à la fois sur une île et sur le continent.

CHANG-HAÏ. — LES CONCESSIONS EUROPÉENNES

Port fluvial; quais avec promenades. Constructions européennes; quartier tout à fait distinct de la ville chinoise (p. 104). La photographie est prise au moment où l'on pavoise pour un jour de fête.

C'est un port de commerce et un port militaire parfaitement équipé, le dernier de la série que les Anglais possèdent en Méditerranée et sur la route de l'Extrême-Orient. Hong-Kong est devenu le premier port de commerce du monde par le tonnage, près de 23 millions de tonnes, le sixième par la valeur des transactions, près de 2 milliards de francs; il se trouve, en effet, sur la route des grands navires qui y déposent des cargaisons, distribuées ensuite par des caboteurs dans les ports côtiers chinois. Hong-Kong centralise

de même dans ses magasins les marchandises de Chine
destinées à l'exportation. La colonie renferme 330.000 habitants dont 300.000 Chinois.

Les *Allemands* ont occupé en 1897 la baie de *Kiao-
Tchéou*, sur la côte sud de la presqu'île de Chantoung et
ils y ont construit un grand port appelé *Tsin-Tao* destiné à
devenir le rival de Hong-Kong aux points de vue militaire
et commercial. *Tsin-Tao* communique par un chemin de fer
avec les mines de l'intérieur du Chantoung et la ligne doit
être prolongée jusqu'au Fleuve Jaune. Le protectorat allemand comprend environ 200.000 habitants chinois ; Tsin-Tao
est déjà en importance le huitième port des mers de Chine.

Sur la côte nord du Chantoung, les *Anglais* ont occupé
en 1898 *Weï-haï-Weï* en face de Port-Arthur, mais ils n'y
font rien et ils semblent abandonner le Chantoung à l'influence allemande, à la suite d'un arrangement.

La France, depuis 1898, occupe Kouang-Tchéou-Wan.

Les Ports ouverts. — A partir de 1844, les Occidentaux
se sont fait donner le droit de s'établir et de commercer dans
certains ports désignés par traités, dont le plus prospère est
Chang-haï. Aujourd'hui, 34 ports leur sont ouverts en y
comprenant tous ceux du Fleuve Bleu.

Ces ports ouverts restent des villes chinoises entourées de
murailles et gouvernées par des mandarins. Mais à côté
d'elles, se trouvent les *concessions*, où vivent les étrangers
administrés par leurs consuls.

Enfin, depuis le traité qui mit fin à la guerre entre Chine
et Japon en 1895, les étrangers sont autorisés à exploiter
des mines, à fonder des usines, et à construire des chemins
de fer en Chine.

La recherche de ces avantages, qui s'étendent non seulement aux contractants, mais à toutes les nations civilisées
et qui respectent l'intégrité de la Chine s'appelle la *politique
de la porte ouverte*. Elle est préférée maintenant à la politique d'annexion ; les Chinois d'ailleurs se défendant contre
cette dernière en entretenant une armée moderne munie
d'armes à tir rapide, instruite par des étrangers, et en cher-
chant à constituer une flotte de guerre.

Pêche, forêts, élevage. — La *pêche* se pratique sur les côtes et plus encore dans les fleuves, comme en Russie et en Sibérie. Les Chinois ont dressé les cormorans à pêcher pour l'homme. Le poisson se consomme surtout salé et fumé comme dans tout l'Extrême-Orient.

Les Chinois ont inventé et pratiqué la culture en même temps que les plus anciennes des civilisations connues, celle de la Mésopotamie ou celle de l'Égypte. Travaillant la terre depuis des siècles, ils ont mis en valeur toutes les parcelles utilisables.

C'est ainsi que la Chine proprement dite est le pays du monde *le plus déboisé*. Sauf dans les hautes montagnes, on n'y trouve plus guère que des arbres plantés par l'homme soit pour la production des fruits, soit pour l'ornement.

La Chine a peu d'animaux domestiques, presque *pas d'élevage*. Dans le Nord, on emploie le cheval et les mulets au transport ; le chameau, animal des déserts, est utilisé jusqu'à Pékin ; les bêtes de somme et les animaux pour la boucherie viennent des steppes des pays vassaux. Dans le Sud, le labourage, les travaux de force et la plupart des transports sont faits par des hommes, tellement les animaux domestiques sont rares ; les voyageurs pauvres vont à pied, les autres dans un palanquin ou chaise à *porteurs*.

En Chine, la classe pauvre ne consomme guère la viande que sous la forme de poisson, de porc, de volaille. Porcs et volailles sont élevés partout, ainsi que d'innombrables troupes de canards.

Les Chinois ont créé pour l'ornement diverses variétés de coqs, de canards et surtout de faisans, comme le faisan argenté et le faisan doré.

Cultures vivrières. — La culture proprement dite occupe les neuf dixièmes de la population ; elle est faite en général par de *petits propriétaires* possédant des lopins plus morcelés encore qu'en France. Le Chinois cultive à la main ; il *fume* sa terre, principalement avec de l'engrais humain ; il l'arrose et sait pratiquer toutes les formes d'*irrigation*. On a pu dire qu'il était jardinier plus encore que paysan. Néanmoins, il lui reste encore à apprendre l'usage des engrais chimiques et l'art de choisir les plantes les plus utiles et les semences qui donnent le meilleur rendement.

Le Chinois cultive pour sa consommation des céréales et des légumes, comme les pois et les haricots.

La principale céréale du Sud est le *riz*; la Chine, avec 500 millions d'hectolitres par année de bonne récolte, en est *le plus gros producteur* du monde, mais comme elle en est aussi le principal consommateur, elle est obligée d'en acheter à l'Indo-Chine pour environ 100 millions de francs par an, ce qui fait une de ses principales importations.

Dans le Nord, la principale céréale est le *blé*, répandu par l'influence européenne dans ce pays. La Chine en produit déjà autant que l'Inde ou que la Sibérie.

Les parties pauvres et froides du Nord sont consacrées à une céréale inférieure, le *millet*.

Les Chinois cultivent également des plantes oléagineuses, comme le *ricin* et diverses autres graines destinées à fournir l'huile à ce pays qui ne connaît ni le beurre, ni le saindoux, faute d'élevage.

Enfin, la pomme de terre, récemment introduite par les Européens, commence à se développer.

Dans l'ensemble, la Chine ne produit pas de quoi se suffire; la récolte manque souvent par la faute du climat sur un point ou sur un autre. Or, les communications sont difficiles et le prix des transports élevé. D'autre part, la masse chinoise est très pauvre; en conséquence, la Chine subit de temps à autre des *famines* dues aux mêmes causes que celles de l'Inde et qui sont, comme elles, accompagnées par des *épidémies* de peste et de choléra.

Le typhus, maladie des populations pauvres et mal nourries, qui tend à disparaître de l'Europe, exerce encore ses ravages en Chine.

Le thé et le sucre. — La Chine du Sud est le pays d'origine du thé et son principal producteur; elle fournit les *trois cinquièmes du thé* récolté dans le monde, environ 500 millions de kilogrammes; mais la Chine en est aussi le principal consommateur; elle n'en exporte que pour 125 millions par an, tandis que l'Inde et Ceylan réunis en exportent pour 175 millions.

La Chine a perdu le marché anglais qui s'alimente dans

les deux possessions qu'on vient de citer, mais elle a gardé celui de la *Russie*, pays grand consommateur de thé. Les Russes font leurs achats à *Hankéou*, port fluvial du Yang-tsé-Kiang, où se concentre le produit des plantations. Là,

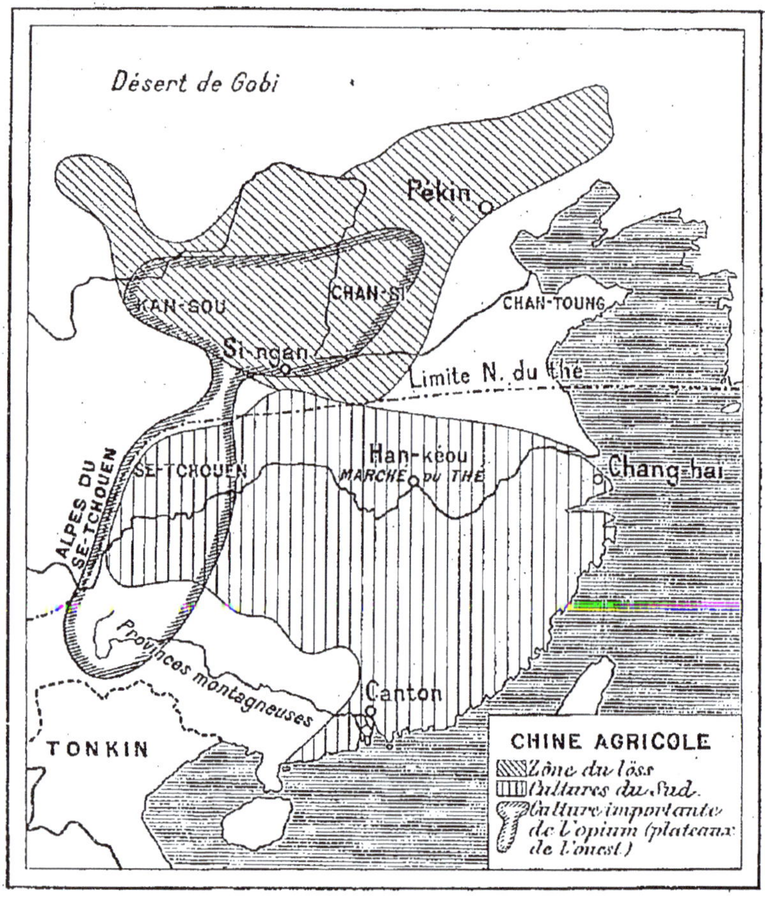

Les deux meilleures parties sont au Nord, le Chan-Si, « grenier de Pékin »; au Sud, le Sétchouen, « où on ne voit pas de guenilles », dit un proverbe chinois.

le thé est chargé sur des bateaux dont une partie se rend à Odessa par le canal de Suez, et dont le reste va confier son fret au transsibérien qui l'amène en Russie.

La Chine du Sud cultive encore la *canne à sucre*, pour la consommation locale et pour l'exportation; le sucre brut fabriqué par les Chinois est raffiné à Hong-Kong dans de grandes usines anglaises qui traitent aussi les sucres de l'Indo-Chine, des Indes néerlandaises et qui ont pour ce travail un monopole de fait dans tout l'Extrême-Orient.

L'opium. — L'opium, que les Chinois ont pris l'habitude de fumer depuis environ un siècle, s'extrait du fruit des pavots ; le meilleur est fabriqué dans l'Inde, mais les Chinois ont développé la culture du pavot et la fabrication de la drogue dans tout l'Empire, surtout sur les plateaux du Sud et du Centre ; cette culture diminuera d'ailleurs si les mesures qui ont été prises par le gouvernement chinois contre l'usage de l'opium sont réellement mises en vigueur. La valeur de la production d'opium s'évalue encore au double de celle de l'Inde.

La soie et le coton. — La Chine méridionale est le pays d'origine de la *soie*. On y distingue plusieurs sortes de vers ; les uns vivent sur le mûrier et donnent la soie la plus pure ; les autres vivent sur les chênes, à l'état sauvage, et produisent des soies plus grossières et plus résistantes, fournissant ce qu'on appelle les pongés et les tussors.

La Chine est restée le *principal producteur* de soie ; elle fournit les trois cinquièmes de la production du monde entier ; elle en consomme une grande partie et vend le reste ; le principal port d'exportation est *Chang-haï* et le premier acheteur est la *France*, représentée par des Lyonnais. La Chine fournit 13 millions de tonnes de soie grège sur 19 millions que produit annuellement le monde entier.

On récolte le *coton* dans la région du bas Fleuve Bleu, entre Hankéou et Nankin ; sa culture se développe en raison des achats des *Japonais* qui ne produisent pas de coton chez eux et en ont besoin pour leur industrie. La Chine vient pour cette production au *quatrième rang* dans le monde, immédiatement après l'Égypte.

La Chine du Sud produit enfin une sorte d'ortie appelée *ramie*, dont les fibres donnent un fil fin semblable à celui du lin et utilisé pour la fabrication du linge de table.

Jusqu'à la fin du xixe siècle, les tissus, fils et broderies chinois étaient faits à la main ; depuis quelques années, les Européens et, à leur exemple, les Chinois, se sont mis à construire des *tissages* et des *filatures* mus par la *vapeur*, principalement dans la région de Chang-haï, mais ces usines ne sont pas encore fort nombreuses et l'industrie chinoise n'égale encore ni celle de l'Inde, ni même celle du Japon. Elle vient à peine au seizième rang dans le monde.

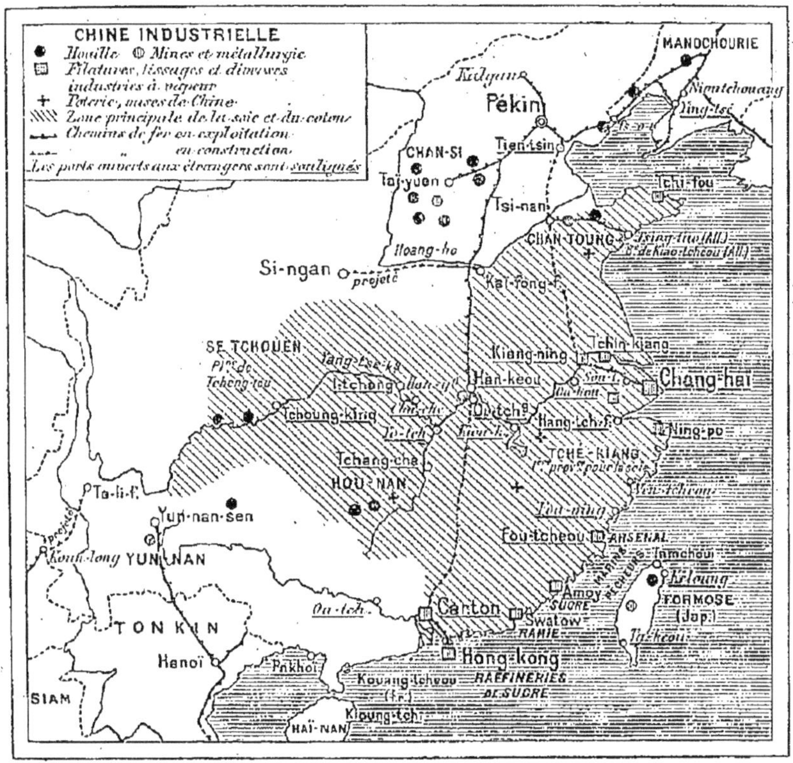

L'axe de la région des textiles est le Yang-tsé-Kiang ; la capitale de l'industrie moderne, le port de Chang-haï au centre de la région maritime ; le Chan-Si est la principale province à charbon et à fer : il a les plus grandes mines de sel du monde. Le Chantoung, placé sous l'influence allemande, réunit les ressources économiques de toutes les zones.

Houille et mines. — La Chine possède les gisements de houille *les plus étendus* du monde avec ceux des États-Unis : elle les exploite depuis plus de mille ans ; au xiiie siècle, le voyageur Marco Polo remarquait en Chine l'usage du charbon de terre que l'Europe n'utilisait pas encore. Mais l'extraction reste peu importante en Chine, et ne dépasse pas celle de l'Inde ou du Japon. Néanmoins, la Chine commence à vendre au dehors son charbon, le meilleur de l'Asie.

La Chine produit également du *pétrole*. Elle a des mines très riches de *sel gemme*.

Le Yunnan produit le cuivre, qui alimente l'industrie du *bronze* si importante et si artistique. Il extrait l'*étain*, qui fournit jusqu'à présent la principale exportation minérale de la Chine, 15 millions de francs par an.

La Chine ressemble aux États-Unis non seulement par ses grands bassins houillers, mais par l'étendue et la richesse de ses gisements de *fer*, les premiers de l'Asie. L'exploitation par les méthodes modernes en est à peine commencée; cependant, à côté de Hankéou, centre de construction de chemins de fer, une fonderie et une aciérie sont dirigées par des étrangers : l'on y produit surtout des rails. La Chine ne sait pas encore construire ses locomotives, ni son armement ; elle les achète au dehors : les États-Unis, sur ce point, font concurrence aux pays industriels d'Europe.

L'art chinois. — Outre la soie, les Chinois ont inventé et transmis à l'Europe la *porcelaine*. La fabrication se fait dans la *Chine du Sud;* le principal marché se trouve à Canton, qui est le grand centre artistique chinois.

Canton est une ville de bijoutiers et d'ébénistes remarquables. Les ébénistes chinois emploient des vernis dont le principal est la *laque*, produit végétal fourni par deux espèces d'arbres qui croissent dans le Sud. Parmi les produits de l'art chinois, on doit citer encore les peintures, les objets de bronze, les sculptures sur des pierres vertes apportées du centre de l'Asie, qu'on appelle jade. L'art chinois, comme tous les arts anciens, est en décadence et les Chinois eux-mêmes recherchent de préférence les œuvres des peintres, sculpteurs et céramistes d'autrefois.

En dehors des *inventions* dont l'Europe leur est redevable, les Chinois en ont fait un certain nombre en même temps que les Européens et sans être entrés en contact avec eux. Tels sont : le papier, dont la fabrication est encore très répandue en Chine; l'imprimerie, qui a valu au gouvernement chinois de posséder le plus ancien des journaux officiels existant dans le monde; la poudre à canon, dont les

8

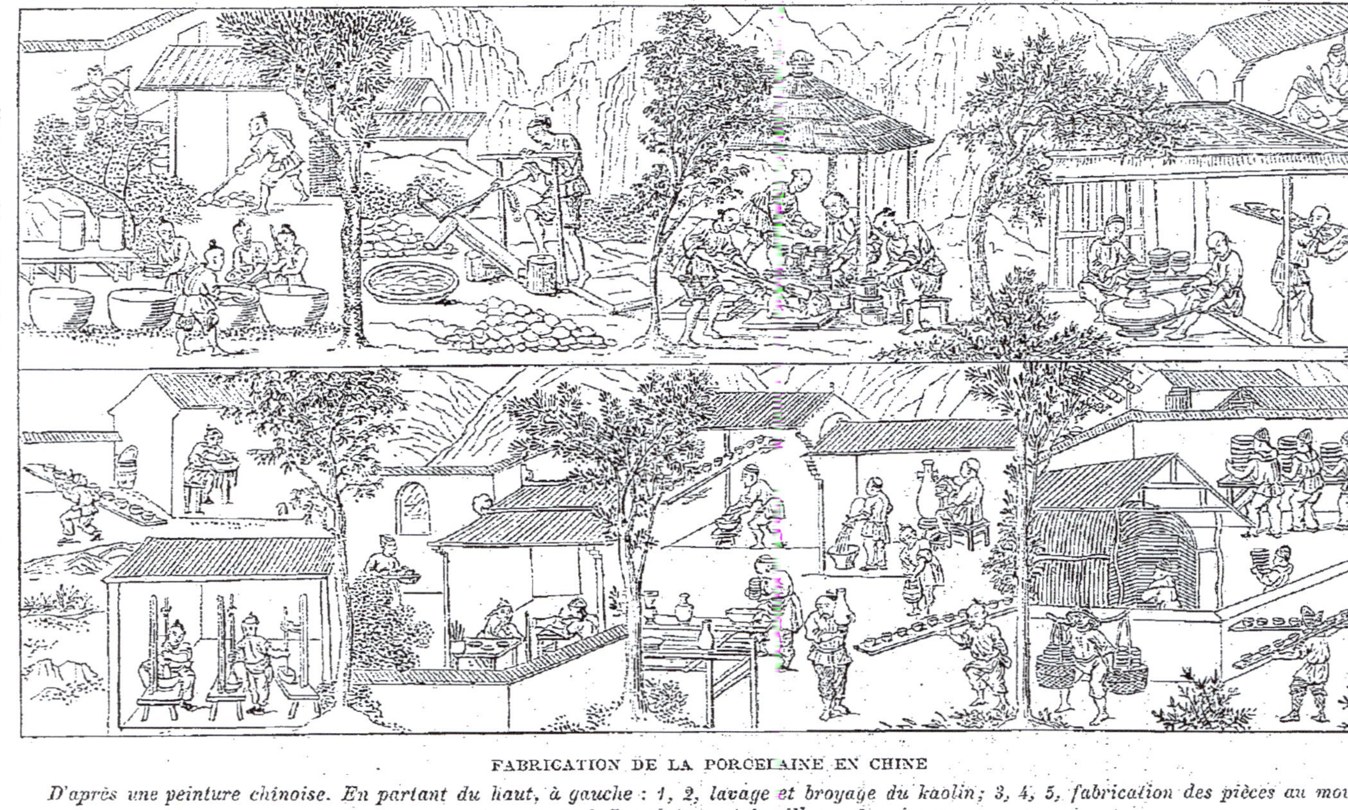

FABRICATION DE LA PORCELAINE EN CHINE

D'après une peinture chinoise. En partant du haut, à gauche : 1, 2, lavage et broyage du kaolin; 3, 4, 5, fabrication des pièces au moule et au tour; 6, 7, peinture et émaillage; 8, cuisson.

Chinois se servaient uniquement pour les feux d'artifice,
avant d'avoir appris des missionnaires à l'employer pour
la guerre; la lettre de change ; l'usage de la monnaie.

La banque et le commerce de gros sont organisés en
Chine comme en Europe. Les Chinois sont remarquablement
doués pour le commerce, beaucoup mieux que tous leurs
voisins, y compris les Japonais.

Voies de communication. — Naguère la Chine était un
pays où l'on voyageait à pied et à cheval; elle avait des
routes, mais elle ne les entretenait pas. Un canal unissait
les deux grands fleuves, mais on le laissait à l'abandon.

Les Européens ont installé des services de *navigation à
vapeur* sur les parties navigables des cours d'eau; ils ont
commencé la construction de *chemins de fer* qui couvrent
déjà plus de 4.000 kilomètres. Pékin est en communication
avec le transsibérien et avec Hankéou, sur le Yang-tsé-
Kiang. La ligne Pékin-Hankéou va être prolongée jusqu'à
Canton, traversant toute la Chine du Nord au Sud. Les
principaux ports de la côte seront mis en communication
entre eux. Pour les réseaux de l'Indo-Chine, voir p. 93.

Commerce. — Le commerce extérieur chinois augmente:
néanmoins, en raison de l'inachèvement des voies de communication et de la pauvreté du peuple, il dépasse *à peine
deux milliards* par an; il reste donc inférieur à celui de
l'Inde, dont l'outillage est plus avancé.

Les principales *exportations* sont : la soie, plus de 250 millions de francs; le thé, 100 millions environ; le coton,
40 millions. Les exportations sont inférieures aux importations en raison des achats que fait la Chine pour suppléer
à l'insuffisance de sa production et pour se suffire, en même
temps que pour payer les intérêts de sa dette et les indem-
nités de guerre aux puissances étrangères; la Chine s'appau-
vrirait donc si elle ne recevait une partie importante de ce
que gagnent les ouvriers et les négociants chinois *établis au
dehors;* sous ce rapport, sa situation ressemble à celle de
l'Inde en Asie et de l'Italie en Europe.

Les *importations* consistent : 1° en cotonnades et étoffes
que l'industrie indigène ne produit pas encore; 2° en riz et
objets divers d'alimentation.

PORT FLUVIAL A TIEN-TSIN

Jonques de mer et bateaux de rivière chinois, avec leurs voiles faites de nattes. Sur le Peï-ho, entre le port maritime de Takou, qui occupe l'embouchure de ce fleuve, et Pékin, situé à 125 kilomètres plus loin dans l'intérieur, Tien-Tsin est une cité de commerce importante, avec 750.000 habitants. Les diverses expéditions des étrangers contre Pékin ont passé par Takou et Tien-Tsin. Plusieurs traités ont été signés à Tien-Tsin. Les étrangers y ont obtenu des concessions.

Les pays qui commercent avec la Chine sont, par ordre
d'importance : 1° l'*Empire britannique*, fournisseur de
cotonnades; 2° le *Japon*, acheteur de coton brut; 3° la
France, qui vend peu, mais qui achète la plus grande partie
de soie. Les États-Unis et l'Allemagne, qui ont des lignes de
navigation maritimes et fluviales plus importantes que les
nôtres en Chine, nous disputent notre rang. La Russie,
principale cliente pour le thé, ne vient qu'au sixième rang,
bien qu'elle touche la Chine par la Sibérie.

CHAPITRE IX

LES PAYS VASSAUX DE LA CHINE
LA MANDCHOURIE

I. — MONGOLIE

La Mongolie s'étend sur 3 millions et demi de kilomètres
carrés, près de sept fois la superficie de la France ; c'est la
plus grande des dépendances chinoises ; son étendue équivaut à peu près à celle de la Chine proprement dite.

Description physique. — La Mongolie occupe un immense
plateau, haut en moyenne de 1.000 mètres.

1° Le *bord sud-est* comprend les gradins et plateaux
de la Chine du Nord (p. 96) ; à travers cette région, la
Chine a dressé autrefois un immense rempart, long de
2.400 kilomètres pour se séparer de la Mongolie et de la
Mandchourie et empêcher les guerriers de ces pays de
venir piller les paysans et les habitants des villes de Chine.
On l'appelle la *grande muraille ;* elle a longtemps formé
frontière entre Chine et Mongolie (p. 119).

Jadis, quand on sortait de la Chine par les portes de la
Grande Muraille, on ne trouvait plus que des steppes,
appelées par les Chinois du nom expressif de *pays des
herbes ;* aujourd'hui, les colons chinois ont franchi la grande
muraille et, partout où ils ont pu creuser des puits ou
amener l'*eau* des sources par les rigoles, ils ont établi un
cordon de cultures qui *gagne* de plus en plus sur le désert.

2° Tout l'intérieur de la Mongolie est occupé par le *désert de Gobi*, cuvette dont la dépression centrale n'est pas très profonde, car elle ne descend pas au-dessous de l'altitude de 900 mètres. Le Gobi ne porte pas un manteau d'herbe comme la steppe ; tantôt les *roches* y apparaissent, tantôt on rencontre de grandes nappes d'*argile* rouge mêlée de silex, parfois des efflorescences de *sel*. Les dunes de sable y sont rares ; le Gobi forme *un désert de cailloux* et de gravier. Il n'est pourtant pas complètement nu ; on y trouve des buissons sans feuilles, dont les chameaux, les ânes et même les chevaux peuvent se nourrir au passage. Les routes de *caravanes* le traversent ; elles passent par des puits dont aucun n'est assez abondant pour permettre d'irriguer des cultures et de nourrir une oasis, mais qui suffisent tout juste à alimenter les bêtes de somme.

3° Le *rebord nord* de la Mongolie, formé de *montagnes* en chaînes nombreuses, séparées par des vallées, fait partie du même système que l'*Altaï* et les hauteurs du sud sibérien (p. 30). Le point culminant dépasse 4.000 mètres. Les vallées, suivies par des cours d'eau qui se dirigent *vers la Sibérie*, offrent des *prairies* arrosées entourées de *forêts* et propres à l'élevage ; c'est la véritable patrie des Mongols. Leur capitale, Ourga, se trouve dans cette région ; on y rencontre aussi des restes de capitales plus anciennes comme Karakoroum, visitée par Marco Polo vers la fin du XIII⁰ siècle ; à cette époque, l'empereur des Mongols avait soumis la Chine et une partie de la Russie ; aujourd'hui la situation est inverse ; les Mongols sont les *vassaux* des Chinois, auxquels ils doivent le service militaire.

Population. — Les Mongols, de *race jaune*, sont éleveurs, chasseurs et guerriers. Leur principale richesse consiste en chevaux ; ce sont probablement eux qui ont *domestiqué les premiers le cheval*, l'*âne* et le *chameau à deux bosses*, qui vivent encore à l'état sauvage dans l'Asie centrale.

Les Mongols ont été convertis au *bouddhisme* par les moines du Tibet ; près de la moitié de leur population mâle adopte l'*état monacal* ; l'un des patriarches du bouddhisme habite Ourga et c'est là que se réfugia le Grand Lama du Tibet lorsque les Anglais envahirent son pays en 1904.

LA GRANDE MURAILLE

Décrite à la page 117 ; elle ne présente point partout cet aspect monumental. Plusieurs sections sont en ruines ; beaucoup ne consistaient qu'en simples levées de terre.

Ressources. — Les Mongols, comme tous les éleveurs de steppes, sont nomades; ils mènent leurs troupeaux de pâturage en pâturage, en emportant avec eux leurs tentes rondes, faites d'un feutre épais. Néanmoins, sous la double influence des Russes et des Chinois, ils commencent à demeurer toute l'année dans des villages, laissant leurs troupeaux accomplir le parcours d'été sous la garde de quelques bergers.

Le principal commerce des Mongols se fait avec la Chine et par *les mains des Chinois;* la Mongolie est pour la Chine une *réserve* de *bétail,* analogue à ce que sont pour la Russie les steppes du Turkestan et des bords de la Caspienne (p. 31). La Mongolie vend aux Chinois des chevaux, du bétail, des moutons, des peaux, du suif et du beurre; elle leur envoie aussi un peu de bois venant des montagnes de la frontière sibérienne. Elle achète à la Chine le thé, le sucre, le tabac et tout l'outillage qu'elle ne fabrique pas, ustensiles de ménage, coutellerie, armes et papier. Les Russes cherchent à enlever cette importation à la Chine; ils n'y ont pas réussi jusqu'à présent.

II. — TURKESTAN CHINOIS

Le Turkestan chinois mesure environ 1 million et demi de kilomètres carrés, près de trois fois la superficie de la France.

1° Le massif du *Tian-Chan,* ou monts Célestes, orienté de l'Est à l'Ouest, forme l'axe du Turkestan. Le Tian-Chan se compose de chaînes parallèles qui mesurent une longueur de 2.800 kilomètres, soit plus de *deux fois celle des Alpes;* sa largeur atteint jusqu'à 460 kilomètres et la superficie couverte par ce massif est à peu près *deux fois celle de la France.* Le point culminant s'élève à 7.300 mètres; il porte des neiges perpétuelles et de petits glaciers.

A son extrémité du côté de la Chine, le Tian-Chan s'amincit en forme de manche; mais il reste fendu sur toute sa longueur par une profonde dépression qui s'abaisse jusqu'à 50 mètres au-dessous du niveau de la mer.

A l'autre extrémité, du côté de la Russie, il s'ouvre en éventail de chaînes.

Les vallées innombrables de ce massif, arrosées par l'eau

des glaciers et propres aux pâturages, ont été la patrie d'une nation de montagnards et d'éleveurs dont les mœurs et l'histoire offrent une grande ressemblance avec celle de leurs frères de race, les Mongols : ce sont les *Turcs*, à qui le Turkestan doit son nom, qui, de ces vallées, se sont répandus comme colons et comme conquérants en Asie Mineure et en Europe. Aujourd'hui les Turcs restés au Turkestan sont vassaux les uns de la Russie, les autres de la Chine. La Chine possède à peu près les deux tiers des monts Tian-Chan ;

2° Au nord de ces montagnes, la *dépression* de *Dzoungarie*, haute de 500 mètres au plus, offre un passage large et facile d'Asie orientale vers le sud de la Sibérie. Une route de caravanes la suit encore aujourd'hui ; c'est par là que s'écoulèrent toutes les invasions vers l'Occident, celles des Huns, au v° siècle, des Hongrois au x°, des Mongols au xiii° ;

3° Au sud du Tian-Chan, se trouve *la partie la plus étendue* du Turkestan chinois, une cuvette entourée de hautes montagnes, que l'on franchit par des cols très élevés ; on ne peut les passer que pendant l'été, lorsque les neiges sont fondues et les sentiers ne sont acccessibles qu'à des piétons ou à des bêtes de charge.

A l'est de ce bassin, les plateaux de Pamir forment comme un nœud entre les montagnes de l'Afghanistan et le Tian-Chan. Ces Pamirs sont des croupes herbeuses, hautes de près de 4.000 mètres et où les bergers mènent, pendant les quelques semaines de la belle saison, des troupeaux de chèvres et de moutons.

Au Sud, le Turkestan est séparé des vallées indiennes du Cachemire et du plateau du Tibet par les hautes montagnes du *Kouen-Loun*, qui s'élèvent jusqu'à 7.500 mètres.

La région comprise entre ce cercle de montagnes se trouve à une altitude d'environ 1.000 mètres, comparable à celle de la Mongolie ; comme au Turkestan russe (p. 27), les habitants s'y concentrent dans les hautes vallées où coulent les rivières nourries par les glaces et les neiges des montagnes. Toutes les eaux se perdent en arrivant sur le bord du bassin, à l'exception d'un seul fleuve qui continue son cours le long du Tian-Chan et finit à 800 mètres de haut et après un cours très irrégulier de 2.000 kilomètres

dans le *Lob-Nor*, grande mare en voie de desséchement.
Sur ses bords, vivent de rares pêcheurs misérables, logés
dans des huttes de roseaux.

Population. — Presque toute la population du Turkestan
habite dans des *oasis* isolées l'une de l'autre ; elles se signa-
lent par des bouquets de *peupliers* qui, sous ce climat,
remplacent les palmiers des déserts plus méridionaux. Le
peuplier a été chanté par les poètes turcs, comme le palmier par les poètes arabes.

Grâce à l'*irrigation*, on cultive dans ces oasis des céréales,
des légumes et les *fruits* de notre pays, principalement les
raisins, enfin le *coton* comme dans le Turkestan russe.

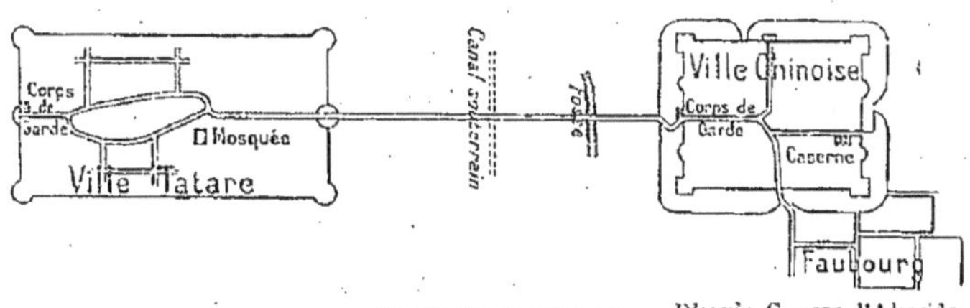

PLAN DE TOURFAN   D'après Camena d'Almeida.

*Tourfan n'est qu'à 76 mètres de haut, dans la dépression du Tian-Chan chinois.
(Coupe de la p. 123.) — Comme les autres oasis du Turkestan, elle comprend
deux villes : 1° la tatare ou turque est l'ancienne ; les habitants musulmans y
vivent de la culture et de l'industrie du coton ; 2° la ville chinoise, murée
comme l'autre, renferme les fonctionnaires et la garnison.*

Les villes les plus importantes sont celles qui se trouvent
à la sortie des pistes de la montagne : Kachgar, capitale militaire du pays, sur le sentier du Turkestan russe, située à
1.300 mètres d'altitude, réunit 60.000 habitants ; Yarkand,
ville la plus importante, au débouché du Cachemire, en
groupe près de 200.000. L'ensemble du Turkestan n'en
compte pas 1.200.000, soit moins d'un par kilomètre carré.

Ressources. — Le Turkestan communique avec la Chine
par des *caravanes* de chameaux qui restent au moins trois
mois en voyage ; aussi a-t-il un commerce peu actif ; il
envoie à la Chine des fruits, du coton, la pierre verte appelée
jade ; il lui demande du thé et les mêmes produits alimentaires ou industriels que la Mongolie ; il achète à celle-ci du
bétail et des chevaux comme la Chine.

L'Inde anglaise par le Cachemire et la Russie par les cols de montagne, font, pour les articles industriels, concurrence à la Chine.

III. — TIBET

Le Tibet mesure 2 millions de kilomètres carrés, à peu près 4 fois la superficie de la France.

C'est *le pays le plus haut du monde* : l'altitude *moyenne* est de 4.000 mètres, presque celle du Mont-Blanc.

C'est aussi le pays le plus inaccessible, en raison de son éloignement des côtes et des montagnes qui l'entourent.

On y distingue du Nord au Sud trois régions différentes.

Monts Kouen-Loun et systèmes apparentés. — Le Tibet est séparé du Turkestan et de la Mongolie par de hautes chaînes

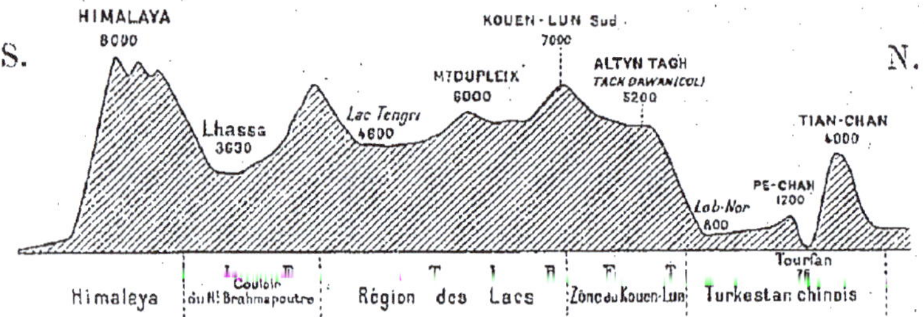

COUPE DE L'ASIE CENTRALE, ENTRE INDE ET MONGOLIE

Les formes lourdes et massives du continent asiatique apparaissent nettement dans cette coupe, avec les énormes altitudes de l'Himalaya et de ses contreforts.

parallèles orientées d'Ouest en Est. A l'Ouest, elles touchent au Pamir (p. 121) ; à l'Est, elles se prolongent par une arête séparant la Chine du Nord de celle du Sud (p. 98).

La longueur de ce système atteint près de 4.000 kilomètres ; elle n'est dépassée que par celle des Cordillères américaines.

Sa largeur au point le plus épais, entre Tibet et Mongolie, dépasse 500 kilomètres.

Le point culminant atteint 7.800 mètres ; les cols, suivis seulement par des sentiers, passent à près de 4.000 mètres.

En raison de la sécheresse du climat, les neiges perpétuelles ne descendent guère qu'à 5.500 mètres ; les glaciers sont rares et courts. Sauf une étroite couronne de neige au sommet, ces montagnes apparaissent nues et monotones.

Les vallées ou les bassins de 2.500 à 3.000 mètres, qui s'étendent entre leurs plis parallèles, se couvrent de gazon et de fleurs après la fonte des neiges ; on n'y trouve pas d'arbres : elles font partie de ce que les Chinois appellent la *terre des herbes*. Pendant l'été, les Mongols éleveurs et les Tibétains viennent y camper sous la tente ; les seconds achètent aux premiers les chevaux et le bétail.

Ces transactions se font surtout dans les pâturages qui entourent le lac *Koukou-Nor* ou Mer Bleue, à plus de 3.000 mètres d'altitude. Cette nappe occupe à peu près la superficie d'un département français ; son eau est salée. Sa profondeur ne dépasse pas 17 mètres ; elle parait en voie de desséchement.

Plateaux et lacs. — Plus au Sud, s'étendent de larges plateaux, hauts de 5.000 mètres, coupés par des ondulations rocheuses, couvertes d'éclats de pierres arrachées par la gelée ; dans les creux, de rares plantes aquatiques entourent des lacs ou des marécages dispersés *comme les fragments d'un miroir brisé*. Les uns renferment de l'eau douce, les autres de l'eau salée. Ils sont souvent gelés.

Le plus étendu, le *Tengri-Nor* (1.800 kil. carrés), à 4.600 mètres, est le grand lac le plus élevé du monde.

Cette région rappelle les tristes plateaux des Andes (p. 368). On n'y rencontre que des caravanes et des chasseurs. C'est le territoire *de chasse* des Tibétains.

La partie habitée. — Entre le plateau et l'Himalaya, se creusent de hautes vallées parallèles à cette chaîne. La principale est celle du *Brahmapoutre*, qui coule d'Ouest en Est, puis traverse l'Himalaya par les gorges pour se jeter dans le même delta que le Gange.

Presque toute la partie habitée du Tibet occupe cette vallée et celles des affluents qui y aboutissent. *Lhassa*, la capitale, se trouve près de l'un d'eux, à 3.630 mètres.

Là, les habitants sont des *sédentaires* vivant dans des maisons de pierre ; là reparaissent quelques *cultures* de céréales résistantes, l'orge, le riz de montagne. Là se montrent clair-

UNE CARAVANE DE YAKS SUR LES HAUTS PLATEAUX DU TIBET

Le yak, sorte de petit bœuf à longs poils tombants, a été domestiqué par les Tibétains : c'est la bête de somme des hautes montagnes de l'Asie centrale. Sa bouse sèche forme le seul combustible dans la traversée des hauts plateaux sans bois et même sans herbe.

semés quelques *arbustes*, comme le genévrier, tandis que le reste du Tibet n'a pas d'arbres.

On navigue sur le Brahmapoutre quand il n'est pas gelé, à 3.600 mètres de haut, fait unique au monde.

L'un des points *habités les plus élevés* du globe est une mine tibétaine à près de 4.900 mètres ; les ouvriers l'abandonnent pendant l'hiver. (Comparez avec la Bolivie, p. 368.)

Climat. — Le climat du Tibet est un des plus *secs* et des plus *extrêmes* du monde. Dans ce pays, il peut geler toutes les nuits, même en juillet, mais il y neige assez rarement. Sur le versant tibétain de l'Himalaya, les *neiges* éternelles s'arrêtent à 6.000 mètres, tandis qu'elles descendent à 1.500 mètres plus bas sur le versant hindou, beaucoup plus chaud mais aussi beaucoup plus arrosé.

Pour se protéger contre la gelée, les Tibétains se barbouillent de noir la figure.

Un voyageur raconte qu'il vit un troupeau de yaks sauvages qui, surpris par une gelée brusque en traversant une rivière à la nage, étaient morts dans la glace.

Population. — Le Tibet ne compte guère que 3 millions d'habitants. Ils appartiennent à une branche spéciale de la race jaune, en général de petite taille. Les Tibétains, convertis au bouddhisme, obéissent à des moines appelés *lamas*, qui vivent dans de grands couvents semblables à des forteresses ; près d'un quart des habitants entrent dans ces congrégations. A la tête des Lamas se trouve le Grand Lama qui passe pour une incarnation vivante de Bouddha et qui habite dans la capitale, Lhassa ; les trois quarts des habitants de Lhassa sont des Lamas. Les Lamas administrent le pays, mais, depuis 200 ans environ, les *Chinois* ont étendu leur *protectorat* sur le Tibet sans rien changer à l'administration ; ils se bornent à envoyer deux commissaires qui résident à Lhassa et qui surveillent les actes des Lamas. Tous les trois ans, le Grand Lama envoie une ambassade à Pékin avec des présents en signe de vassalité. Cette ambassade met près d'un an à faire le voyage, aller et retour.

Les Lamas, très défiants, ont toujours fait le possible pour empêcher les voyageurs européens de pénétrer dans le pays. Pourtant, les Anglais de l'Inde en ont forcé l'entrée en 1904 avec une petite armée qui est parvenue à Lhassa. Cette expédition s'est retirée après que les Chinois eurent promis de ne pas gêner le commerce entre le Tibet et l'Inde et de ne permettre à aucune puissance étrangère (la Russie surtout était visée) d'étendre son influence sur le Tibet.

Géographie économique. — Les Tibétains consomment un mélange d'orge en farine, de beurre et de thé. L'orge est fournie par les champs des vallées, où cette céréale mûrit jusqu'à près de 4.000 mètres; le beurre vient des troupeaux achetés aux Mongols; le thé est d'importation étrangère; les Chinois le fournissaient jusqu'à présent sous forme de briques, mais l'Inde commence à leur faire concurrence.

Le Tibet vend plus *à l'Inde* qu'à la Chine; il exporte chez elle des couvertures et des lainages du genre cachemire, tissés avec la laine des chèvres et des brebis « angoras » des montagnes. Il exporte également vers l'Inde le *musc*, produit odorant que porte dans une pochette le chevrotain des montagnes. La médecine et la parfumerie hindoues en font usage. Les Tibétains chassent enfin une sorte d'antilope à cause de la concrétion ou *bézoar* qu'on trouve dans son corps et qu'emploie la pharmacie chinoise.

En somme, le Tibet ne peut faire commerce que des produits de prix élevé et de transport aisé. En effet, les expéditions s'y font exclusivement par des caravanes de *yaks* (p. 125).

Le Tibet vend à l'Inde plus qu'il ne lui achète, il en rapporte de la monnaie d'argent avec laquelle il solde les achats faits en Chine. La politique anglaise consiste à dériver le commerce tibétain vers l'Inde.

IV. — LA MANDCHOURIE

La Mandchourie mesure près d'un million de kilomètres carrés, soit près de deux fois la superficie de la France.

Relief. — Le relief est orienté du Nord au Sud. 1° A l'Est, une série de hauteurs commencent dans la presqu'île découpée de Port-Arthur et se prolongent vers le Nord avec une altitude qui dépasse 2.000 mètres; ces montagnes séparent la Mandchourie de la Corée et de la province sibérienne de

Vladivostok; sur le versant exposé aux vents océaniques,
elles portent des forêts de conifères analogues à celles de
la Sibérie.

2° Au centre du pays, et parallèlement à ces montagnes, s'ouvre un large couloir de *bassins* et de *plaines*,

Communications difficiles et coûteuses à cause : 1° des sentiers à peine frayés ;
2° des distances (la région de Kouldja est la Sibérie chinoise, où l'on exile
les condamnés politiques); 3° des montagnes (de Yarkand à Cachemire, il faut
franchir trois chaînes : le Kouen Loun par un col de 4.000 mètres, puis le Kara-
koroum par une passe de 5.580 mètres, puis l'Himalaya, à 4.000 mètres environ).

étranglé à son milieu par un seuil qui marque la limite
entre les deux zones d'influence japonaise et russe.

Le bassin du Sud, aux Japonais, est arrosé par un fleuve
qui se jette dans le golfe du Petchili. Là, se trouve la capitale, *Moukden;* cette région est, avec la presqu'île de Port-
Arthur, la partie *la plus peuplée* de la Mandchourie.

La plaine du Nord est parcourue par de grands affluents
se jetant dans le fleuve Amour; elle est coupée par le pro-

longement du transsibérien entre ce fleuve et Vladivostok.

3° Enfin, à l'Ouest, la Mandchourie est séparée de la Mongolie, plus haute qu'elle, par des gradins qui s'élèvent jusqu'au *Khingan*, chaîne dirigée du Nord au Sud et dont le point culminant atteint 2.250 mètres. Le transsibérien le traverse par plusieurs tunnels, dont un de 3 kilomètres.

Climat. — La Mandchourie s'allonge depuis la latitude du Portugal jusqu'à celle du Danemark ; elle a un climat *extrême*, des étés brûlants et courts avec des pluies de mousson continuelles et des inondations, des hivers secs et froids avec peu de neige et beaucoup de gelées.

Ce contraste se retrouve dans ses plantes et dans ses animaux. Ainsi, les derniers champs de *coton* se terminent en Mandchourie, à côté de sapins sibériens. Le tigre de l'Asie tropicale y habite, vêtu, il est vrai, d'une longue fourrure, semblable à celle du chat angora ; d'autre part, les cerfs, les ours, les renards des régions polaires étendent leur parcours jusque-là.

Population. — Ce grand pays ne renferme guère que 6 millions d'habitants, dont quatre au moins sont concentrés dans la partie méridionale ; un dixième à peine se compose de Tartares mandchous, éleveurs de chevaux et de chameaux ; les *neuf autres dixièmes* comprennent des *cultivateurs chinois*, établis comme colons dans la région.

Depuis le traité de 1905, qui mit fin à la guerre russo-japonaise, la Mandchourie reste, de nom, une partie de l'Empire chinois ; les fonctionnaires y sont encore des mandarins envoyés par la Chine ; mais le Nord, avec le transsibérien, est occupé par les troupes russes ; le Sud, avec l'embranchement de Port-Arthur, par les troupes japonaises.

Productions. — La Mandchourie nourrit mal sa faible population ; les colons chinois y font l'*élevage*, plus important que dans la Chine propre. Ils y cultivent une médiocre céréale, le *millet*, en partie pour l'alimentation, en partie pour l'eau-de-vie. Dans les bonnes terres, on introduit le maïs, qui réussit, grâce à l'été brûlant. La Mandchourie importe surtout des cotonnades et du pétrole.

CHAPITRE X

L'EMPIRE DU JAPON ET LA CORÉE

I. — L'EMPIRE DU JAPON : Relief. — Climat. — Flore.
Population. — Civilisation. — Agriculture. — Industrie textile et art
japonais. — Combustibles et métallurgie. — Pêche, marine et commerce. — Situation générale.
II. — LA CORÉE : Géographie physique. — Population. — État politique. — Situation économique.

I. — L'EMPIRE DU JAPON

Le Japon mesure 450.000 kilomètres carrés, c'est-à-dire
environ les quatre cinquièmes de la France. Il est formé
d'îles montagneuses et volcaniques au nombre de 500, sans
compter les écueils et les îlots.

C'est, avec le Chili, le pays *le plus allongé* du monde
entier. Au Sud, le Japon commence à l'île Formose sous le
tropique, c'est-à-dire à la latitude du Sahara algérien. Au
Nord, il se termine par les îles Kouriles, à la latitude de
l'Angleterre méridionale.

Relief. — Toutes les îles japonaises sont disposées en
forme de cordons bordant des mers intérieures. Le fond de
ces mers, comprises entre la côte asiatique et le Japon, ne
descend pas au-dessous de 3.000 mètres au maximum ; mais
du côté de l'océan Pacifique, les profondeurs s'abaissent
rapidement à plus de 8.000 mètres, de sorte qu'en comptant depuis les hauts sommets, la différence de niveau
dépasse 12.000 mètres.

Le *caractère général* du Japon, c'est d'être *un pays volcanique et montagneux*. Le sommet le plus élevé, dans Formose,
prise aux Chinois en 1895, dépasse 4.000 mètres. Le point
culminant du Japon ancien, le cône du volcan *Foujiyama*,

s'élève à 3.780 mètres ; sa pyramide régulière couronnée de neiges est très souvent représentée sur les vases ou les tableaux japonais.

Comme tous les pays volcaniques, le Japon possède d'abondantes *sources chaudes ;* il est fréquemment secoué par des tremblements de terre qui détruisent des édifices. « Il y a une baleine sous notre pays », disent les Japonais. Les mouvements qui se font au large amènent souvent des *raz de marée* ou inondations maritimes qui ravagent les côtes.

Les sept huitièmes du Japon sont couverts de montagnes et dans la langue japonaise, le même mot désigne montagne et paysage.

Enfin, le Japon est extraordinairement découpé. Ses îles présentent près de *quatre fois plus de développement de côtes que la France,* cependant très bien partagée.

La partie la plus pittoresque du Japon maritime est la *mer intérieure* comprise entre la grande ile de Hondo, centre de la nation japonaise et deux îles plus petites situées au Sud et appelées Sikok et Kiou-Siou. On a dit de cette région qu'elle possède à la fois les fiords de Norvège, le ciel bleu de la Méditerranée et les forêts des tropiques.

Climat. — Le Japon se trouve à l'extrémité de la zone des *moussons,* mais il subit aussi l'influence du climat *continental* des parties voisines de l'Asie. Tout en étant mieux partagé que la Chine, il n'a pas un climat aussi tropical que le laisserait supposer sa latitude, ni aussi tempéré que le ferait croire sa situation maritime. La *neige* y tombe jusque dans la partie sud de Kiou-Sou ; seule, Formose a un climat véritablement tropical ; par contre, le nord de Hondo et les îles septentrionales souffrent d'une température qui se rapproche de celle de la Sibérie et qui gêne le peuplement.

Le Japon est mieux arrosé que les pays du continent asiatique situés sous la même latitude ; il reçoit des pluies en toutes saisons, mais principalement en été, pendant la mousson ; l'humidité favorise la croissance de la *forêt,* celle des *bambous* qui vont jusqu'au nord du Japon, celle du *riz.*

Par contre, la vigne qui veut un été sec n'a pu être acclimatée au Japon. De même pour les moutons, animaux des régions peu pluvieuses.

Flore. — Ce qui domine au Japon, ce sont les *arbres tou-jours verts* qui donnent à la flore une grande ressemblance avec celle de la Méditerranée. On trouve au Japon différen-tes espèces de lauriers dont une, qui habite Formose et les

ROUTE DU TOKKAÏDO

Pour aller de Yokohama (littoral est) à Kannzava (littoral ouest), il faut prendre la grande route dite du Tokkaïdo ou de la mer de l'Ouest, plantée d'arbres géants sur une longueur de 200 kilomètres.

îles sud, fournit le *camphre*. Le Japon est le pays dont nous avons reçu le magnolia, les camélias, les aralias.

Le Japon est un pays de fleurs et d'horticulteurs comme la Chine; les cerisiers y sont cultivés pour leurs fleurs, qu'on a appelées les roses du Japon; nous avons emprunté

au Japon un cognassier à belles fleurs, le catalpa, la glycine,
l'hortensia, la pivoine arborescente, les innombrables variétés du *chrysanthème*, fleur nationale du pays.

Enfin, le Japon diffère de la Chine déboisée, par ses belles
forêts composées en partie d'arbres feuillus, parmi lesquels de magnifiques *érables* aux feuilles pourpres rivalisant
avec ceux du Canada et de grands *conifères* qui rappellent
les cèdres géants de Californie (p. 309).

Comme, d'autre part, les jardiniers japonais connaissent
l'art de produire des arbres nains qui s'exportent jusqu'en
Europe, on a pu dire que le Japon était le pays des plus
petits et des plus grands arbres de l'univers.

Population. — Les Japonais appartiennent à une branche
de la race jaune, élégante, généralement menue et de petite
taille ; on compte dans l'Empire 52 millions d'habitants, soit
124 au kilomètre carré. Cette population se concentre surtout dans la grande île Hondo, 160 habitants au kilomètre
carré, et dans les deux îles qui l'avoisinent au Sud.

Yéso et la *région du nord*, au contraire, comptent moins
de 20 habitants au kilomètre carré. Les Japonais n'aiment
pas y aller à cause du froid ; dans ces régions subsiste une
population primitive, les Aïnos, 20.000 à peine ; ce sont des
jaunes, à chevelure et à barbe très épaisses.

Au Sud, Formose récemment enlevée à la Chine, est peuplée surtout de Chinois ; le gouvernement y envoie des
colons japonais.

Au Japon, dix villes dépassent 100.000 habitants ; les
principales se trouvent dans la grande île Hondo. *Tokio*,
la *capitale*, dépasse 2 millions d'habitants : elle a pour port
Yokohama, quatrième ville de l'Empire avec 395.000.
Kyoto, l'ancienne capitale et la troisième ville, en compte
442.000 ; elle a pour voisine la *seconde* ville de l'Empire,
Osaka, grande cité industrielle avec 1.225.000 habitants ;
Osaka touche au port de Kobé, qui en compte 378.000.

Les Japonais *émigrent* vers les pays de salaires élevés,
mais dans une proportion moindre que les Chinois. Le
principal groupe d'émigrés habite les îles Hawaï (p. 157) et
la côte Pacifique des États-Unis et du Canada. Il comprend
les deux tiers des Japonais vivant hors du Japon.

Civilisation. — Les Japonais doivent leur civilisation à la Chine; ils lui ont emprunté son écriture et sa littérature, ils ont porté l'art de la céramique, de la peinture, de la broderie à un degré de perfection très grand et lui ont donné un

LE BOUDDHA (DAÏ-BOUTSOU) DE KAMAKOURA

Statue colossale de Bouddha, en bronze, haute de 13 mètres, près d'une ancienne résidence impériale de Tokio.

caractère de naturel, de simplicité et d'élégance qui vaut à *l'art japonais* ancien sa réputation méritée.

Les Japonais n'avaient cependant pas imité en tout les Chinois. Leur société était restée aristocratique; elle comprenait à la base une classe de paysans et au sommet des nobles semblables à ceux de notre Moyen Age, revêtus des armures en plaques laquées qu'on voit encore dans les musées et n'estimant que la guerre et la chasse. Aujourd'hui encore, le Japon compte 2.225.000 *nobles de naissance*, tandis que la Chine ne connaît pas d'autres distinctions que celles des diplômes acquis par les examens (p. 18).

Le Japon féodal resta presque complètement fermé aux étrangers jusqu'en 1852, époque où les Américains l'obligèrent à ouvrir le port de Yokohama. Alors, les autres étrangers vinrent aussi faire du commerce au Japon.

Les nobles Japonais comprirent que leur pays risquait de devenir une colonie européenne; ils se groupèrent autour de l'empereur, le *mikado*, qui avait été jusque-là tenu à l'écart par un chef noble; ils lui rendirent tout son pouvoir en 1868. C'est l'année de la *restauration*. Actuellement on compte au Japon les dates à partir de 1868.

Le mikado et ses ministres organisèrent une armée et une flotte à l'européenne, établirent le service militaire obligatoire; ils firent construire des chemins de fer dont le premier date de 1872; ils encouragèrent l'industrie moderne.

Depuis ses victoires sur la Chine en 1895, sur la Russie en 1904, le Japon a réussi à se faire admettre au *rang des grandes puissances;* c'est le seul État d'Asie qui se trouve dans ce cas.

Agriculture. — L'agriculture est restée la principale industrie japonaise; elle occupe 60 p. 100 de la population.

Comme dans la Chine du Sud, l'*élevage se pratique peu*. On ne compte guère plus de 1.200.000 têtes de bétail, *dix fois moins* qu'en France. Le gouvernement doit acheter en Australie une partie des chevaux nécessaires à sa cavalerie.

Le Japon est, comme la Chine, un pays de *petits propriétaires* cultivateurs, très travailleurs, mais beaucoup moins riches que les nôtres.

Presque tout le travail se fait à la main; l'engrais humain est employé au Japon comme en Chine et on y ajoute l'engrais de poissons, préparé avec les résidus des pêcheries.

Le paysan japonais consomme habituellement le *millet* et du poisson séché, comme le travailleur chinois.

Le *riz* forme pourtant la principale culture; mais c'est un produit cher que la classe ouvrière réserve pour les jours

de fête; la récolte, sans cesse en progrès, approche de
100 millions d'hectolitres : elle demeure encore loin de
suffire à la consommation. L'importation, *très considérable*,

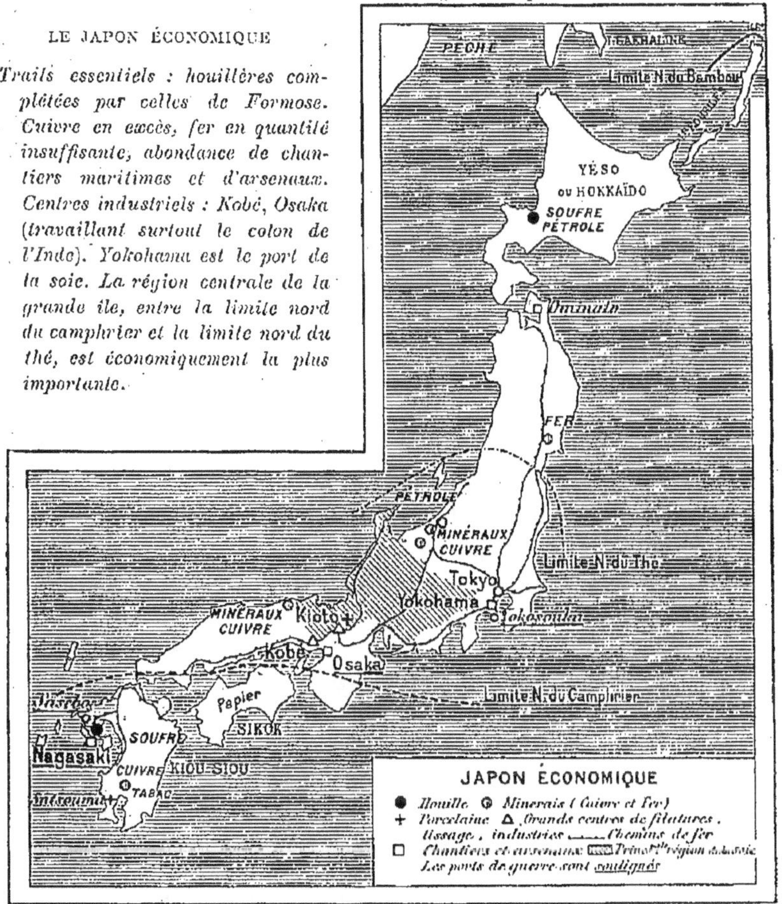

Traits essentiels : houillères complétées par celles de Formose. Cuivre en excès, fer en quantité insuffisante, abondance de chantiers maritimes et d'arsenaux. Centres industriels : Kobé, Osaka (travaillant surtout le coton de l'Inde). Yokohama est le port de la soie. La région centrale de la grande île, entre la limite nord du camphrier et la limite nord du thé, est économiquement la plus importante.

représente près de 100 millions de francs par an, presque
autant que pour la Chine.

Le Japon produit pour l'exportation du *blé* en quantité
croissante; il en fournit près de 10 millions d'hectolitres,
presque autant que l'Inde.

Le Japon récolte 25 millions de kilogrammes de *thé*; il
en consomme la plus grande partie et en vend un peu aux
États-Unis, sous forme de thé vert.

Enfin, Formose et le sud du Japon ont le monopole du *camphre*, extrait d'une sorte de laurier; ils en exportent pour près de 13 millions de francs par an.

Le Japon possède comme la Chine des arbres qui donnent un vernis utilisé pour la *laque* et pour la peinture.

Industrie textile et art japonais. — Le Japon est un des grands producteurs de *soie* du monde; il vient sous ce rapport immédiatement après la Chine. La soie fournit la *principale exportation*, dépassant une valeur de 300 millions de francs. Le Japon commence d'ailleurs à filer et à tisser la soie dans des usines à vapeur.

La principale industrie du Japon est le tissage et la filature du *coton*. Comme le Japon en produit peu, il achète le coton brut à l'Inde et à la Chine. C'est là sa *première importation* par ordre de valeur : elle s'élève à 250 millions de francs. La plupart des usines se trouvent autour d'*Osaka* (p. 136) qu'on a appelé le *Manchester japonais*. Pour l'industrie textile, le Japon vient dans le monde après l'Inde anglaise, mais avant la Chine ; il vise à conquérir le marché de la Chine et de l'Asie centrale.

La seconde industrie est la fabrication du *papier*, dont la production annuelle s'élève à 50 millions de francs. Le papier du Japon jouit d'une renommée universelle.

Le Japon est avec la Norvège le principal fabricant d'*allumettes* du monde entier ; il en produit pour 40 millions de francs par an. Il trouve le bois dans ses forêts d'arbres résineux, le *soufre* dans ses terrains volcaniques. Les allumettes japonaises se vendent dans toute l'Asie, depuis la Sibérie jusqu'à l'isthme de Suez.

Il en est de même pour la bière et pour les cigarettes que le Japon fabrique de qualité inférieure, mais à bon marché, pour lutter contre les produits allemands ou russes.

La *porcelaine* et la *poterie*, objets de luxe et objets courants, atteignent une valeur presque égale à celle des allumettes.

Les objets *laqués* sont produits pour une valeur de 20 millions de francs par an.

L'art japonais actuel ne vaut pas celui d'autrefois. Les objets recherchés par les collectionneurs et qui atteignent des prix élevés sont les pièces anciennes.

Combustibles et Métallurgie.— Des mines de *houille* s'exploitent au Japon proprement dit et à Formose; le Japon en extrait 13 millions de tonnes par an, autant que l'Inde et que la Chine, mais sa houille est de *qualité inférieure*.

Le Japon possède des sources de *pétrole* en exploitation.

Le Japon a essayé de créer chez lui des industries *métallurgiques;* il utilise son minerai de fer et surtout celui *de Chine* qui est beaucoup meilleur; les usines créées sont destinées à fournir des armes, des navires, des locomotives, à l'État japonais qui autrefois achetait son outillage en Europe et qui maintenant tient à le faire fabriquer chez lui. Comme dans beaucoup d'autres pays, l'industrie métallurgique vit surtout des commandes de la guerre et de la marine.

Le Japon est enfin un des grands pays producteurs de *cuivre*, dont il exporte une partie.

Pêche, marine et commerce. — Les Japonais ont toujours été des pêcheurs; le poisson séché ou fumé forme une partie importante de l'alimentation populaire; les Japonais vont le chercher jusque sur les côtes de la Sibérie.

Les pêcheurs japonais fournissent de bons marins aux navires de guerre; mais l'État japonais ne s'est pas contenté de ce recrutement; il a voulu développer la navigation au long cours; aussi a-t-il encouragé par des primes considérables la construction de grands paquebots modernes et la création de lignes de navigation. Aujourd'hui, le Japon est relié par des lignes japonaises à l'Amérique, à l'Océanie, à l'Europe. Il possède une *flotte marchande* qui vient immédiatement après celle de la France et qui se compose principalement de *navires neufs* en acier et à vapeur.

Le Japon exploite 8.000 kilomètres de *chemins de fer;* son réseau est le second en date de l'Asie, le troisième en importance après ceux de l'Inde et de l'Asie russe, avant ceux de la Chine et de l'Empire turc qui, il est vrai, se développent rapidement.

Le commerce japonais atteint 2 milliards 1/2; il vient en Asie après celui de l'Inde et un peu avant celui de la Chine; il est, comme eux, moins important qu'il ne le serait dans nos pays avec la même population. L'importation et l'exportation se balancent à peu près.

Le Japon *exporte* surtout des soies grèges et travaillées. En second lieu, viennent les *cotonnades* à bon marché destinées à l'Asie et à l'Océanie. En troisième lieu, le *cuivre*.

Le Japon *importe* surtout du coton brut, ensuite du riz et des produits alimentaires; enfin, en troisième lieu, des vêtements et tissus soignés, de l'outillage métallurgique pour compléter ce que son industrie ne fournit pas encore.

Ses principaux vendeurs sont la Chine et l'Inde d'où sort le coton, puis la Grande-Bretagne qui envoie les produits manufacturés, ensuite les États-Unis et l'Allemagne qui font concurrence à la Grande-Bretagne ; la *France* ne vient qu'après la Belgique et l'Australie.

Les principaux acheteurs sont les pays d'Asie, les États-Unis et enfin la *France*, principal preneur pour la soie et les tissus de soie.

Situation générale. — En somme, le Japon n'égale pas encore dans son industrie, son commerce et la richesse accumulée, les grandes puissances d'Europe comme il l'a fait par sa force militaire; c'est la nation qui, en proportion de sa fortune, consacre le plus grand effort à la guerre.

Le budget japonais n'accuse guère plus de 1 milliard de recettes, un quart de celles de la France. Sur le total, un quart est absorbé par l'armée et la marine, un tiers par le service de la dette qui atteint un capital de près de 7 milliards de francs.

La charge de l'impôt *par tête* paraît moins forte qu'en Europe ; mais si l'on calcule en proportion de la richesse nationale, on voit que la France et l'Angleterre possèdent beaucoup plus que le Japon. Ainsi, par 1.000 francs de richesse générale, le Japonais paye 20 francs, tandis que le Français en paie 12. Seule parmi les grandes puissances, l'*Italie* supporte des charges presque aussi lourdes.

Le patriotisme et l'amour de gloire militaire sont poussés si haut en ce pays à traditions féodales, que la grande majorité des Japonais accepte de payer à ce prix les armements et les victoires du gouvernement impérial.

II. — LA CORÉE

La Corée est une presqu'île grande à peu près comme les quatre cinquièmes de l'Italie; on l'a souvent comparée à ce dernier État à cause de sa forme, de sa nature *montagneuse* et de sa latitude qui est celle de l'Italie méridionale.

Géographie physique. — La Corée est un pays dont le point culminant et accidenté, formé d'anciens volcans, s'élève à près de 2.000 mètres.

La côte est très dentelée et parsemée d'îles et d'écueils nombreux; la pointe sud s'avance à 200 kilomètres des ports japonais. Dans le détroit entre Corée et Japon eut lieu le combat naval des îles *Tsoushima* où les Japonais détruisirent la flotte russe, en 1905.

Le climat de la Corée est, comme celui des pays voisins, moins agréable que la latitude ne le laisserait supposer. L'influence des masses continentales de l'Asie l'emporte sur celle des mers. Aussi la capitale Séoul, qui se trouve à la latitude d'Alger, a-t-elle la même température moyenne que Paris, avec des hivers plus froids et des étés plus chauds. La mer gèle dans les baies de la côte qui borde le golfe de Petchili.

Les Coréens, section particulière de la race jaune, sont grands et forts comme les Chinois du Nord. Ils s'habillent de cotonnade blanche, tandis que les Chinois préfèrent la bleue et les Japonais la noire.

Population. — On compte 10 millions de Coréens; la densité est d'environ 50 au kilomètre carré, presque égale à celle de la Chine du Nord, très supérieure à celle de la Mandchourie.

La capitale *Séoul* compte près de 200.000 habitants; elle est réunie par un chemin de fer de 40 kilomètres au port le plus voisin appelé *Tchémoulpo*.

État politique. — Les Coréens ont été civilisés par les Chinois; leurs villes sont bâties dans le style chinois. La Corée forma longtemps un État à part, vassal de la Chine et nommé « l'Empire du Matin Calme ». Après la guerre victorieuse de 1904-5, les Japonais l'ont annexée; ils y ont créé un réseau ferré qui traverse tout le pays et se relie à celui de la Mandchourie méridionale occupée militairement

PORTE DE SÉOUL

Séoul, capitale de la Corée, est, comme toutes les vieilles villes d'Orient ou d'Extrême-Orient, entouré de murs en pierre. Les portes des remparts sont surmontées par de lourdes charpentes en bois et en tuiles, dans le style chinois, imité par les Coréens.

par eux. Ils s'efforcent d'établir des colons en Corée. Déjà près de 100.000 de leurs compatriotes y vivent, en comptant soldats, marins et fonctionnaires.

Situation économique. — La Corée cultive le *riz*, le millet et les pois et haricots comme le Japon et la Mandchourie; elle pratique l'élevage du bœuf et du cheval. Comme la Mandchourie, elle vend du bétail aux pays voisins dépourvus de viande et exporte des peaux.

Elle produit également un peu de coton et de soie. Son sol renferme de la houille, de l'or et du cuivre, exploités par des Américains et des Japonais.

Son commerce ne dépasse guère 150 millions de francs par an.

Ses principales exportations consistent en riz, légumes secs, en peaux et en bétail ainsi qu'en or; les principales importations, en cotonnades et matériel de voies ferrées.

Le Japon fait les trois quarts du commerce. Le reste se partage entre la Chine, acheteur de denrées alimentaires, l'Angleterre et les États-Unis qui se disputent, comme dans tout l'Extrême-Orient, la fourniture des produits manufacturés.

DEUXIÈME PARTIE

OCÉANIE

———

CHAPITRE PREMIER

DESCRIPTION PHYSIQUE. — L'OCÉAN PACIFIQUE

L'océan Pacifique. — Ceinture de feu. — Coraux. — Vents et courants.
Populations. — Découvertes et colonisation. — Importance du Pacifique. — Les Anglais dans le Pacifique.
OCÉANIE FRANÇAISE : La Nouvelle-Calédonie. — Les établissements français d'Océanie.

L'océan Pacifique. — L'océan Pacifique ou grand Océan, la *plus grande masse marine* du globe, mesure environ 175 millions de kilomètres carrés, c'est-à-dire plus de 300 fois l'étendue de la France. L'océan Pacifique est également la *plus profonde* des mers ; sa profondeur moyenne dépasse 4.000 mètres. La sonde y a révélé dans l'est de la Nouvelle-Zélande la fosse la plus creuse connue jusqu'à présent (9.427 mètres).

Ceinture de feu. — Le fond du Pacifique est extrêmement tourmenté. Cet océan est semé d'îles volcaniques et entouré sur ses rivages de chapelets de volcans que l'on a appelés *la ceinture de feu*. Nous avons déjà parlé de ceux du Japon (p. 131) et du Kamtchatka (p. 31). Pour les autres, voir pages 303, 356 et 368-369. En tout, la ceinture de feu comprend 240 volcans, plus des *deux tiers* de ceux du monde.

Les tremblements de terre, les raz de marée sont très fréquents sur les côtes et dans les îles du Pacifique.

Coraux. — Le Pacifique contient aussi la plus grande partie des récifs de coraux existant à la surface du globe.

Ces dépôts se forment sur les fonds élevés des eaux *tièdes*. Dans notre hémisphère, les coraux s'arrêtent au nord de l'île Formose, à peu près à la latitude de Suez; au sud de l'équateur, on en trouve jusqu'à une latitude équivalente.

Les diverses espèces de récifs coralliens ont été décrites dans le *Cours de 1re année*, p. 53-54.

Vents et courants. — L'océan Pacifique est soumis au régime des *vents alizés* (*1re année*, cartes des pages 45 et 67).

La plupart des terres qu'on y trouve appartiennent aux régions tropicales Nord ou Sud; elles reçoivent la plus grande partie de leurs pluies en été; le climat général est *adouci* par la présence de montagnes, généralement élevées et surtout par l'influence modératrice de l'Océan dont l'étendue est infiniment supérieure à celle des terres émergées. La plupart des petites îles jouissent d'un printemps ou d'un été perpétuels.

Deux *courants froids* arrivent, l'un de l'océan Glacial du Nord, sur les côtes du Kamtchatka et du Japon, l'autre de l'océan Glacial du Sud, sur la côte du Pérou et du Chili.

Tout le centre de l'Océan est parcouru par des *courants tièdes;* le principal est celui qui se forme au sud du Japon sous le nom de *Kouro-Chivo* et qui se dirige vers les côtes de l'Amérique du Nord; il ressemble beaucoup au Gulf Stream de l'Atlantique Nord (*1re année*, p. 48-49).

Populations. — L'immense étendue des îles de l'océan Pacifique a été peuplée par des races très différentes.

1° Des *noirs primitifs* survivent en petit nombre dans l'Australie (voir p. 163).

2° Les *Mélanésiens*, ou gens à peau noire, occupent une grande partie de la Nouvelle-Guinée et des îles voisines; ils semblent parents des *nègres* de l'Afrique dont ils ont le teint, les lèvres épaisses, les cheveux crépus; ils connaissent la culture; plus vigoureux que les autres Océaniens, ils sont recherchés comme *travailleurs*.

3° Les *Malais* (p. 151) habitent la presqu'île de Malacca et les îles de la Sonde; ils paraissent apparentés aux Annamites et aux Japonais. Ce sont des cultivateurs de riz et des navigateurs.

4° Les *Polynésiens*, ou gens des îles nombreuses, sont par la race voisins des Malais. C'est un des peuples les plus *navigateurs* du monde; ils se servent de pirogues à balanciers qui ne chavirent pas et qui sont mues par des rameurs aidés d'une seule voile triangulaire en natte. Les Polynésiens se sont répandus depuis les îles Hawaï qui appartiennent aux États-Unis jusqu'en Nouvelle-Zélande et jusqu'à Madagascar où les Hovas paraissent descendre d'une de leurs branches (p. 283). Ces navigateurs sont en même temps des *guerriers* dirigés par des chefs nobles qui se distinguaient autrefois par des tatouages.

Ce sont aussi des *artistes*. Avant l'arrivée des Européens, ils ignoraient les métaux et n'avaient que des outils de bois et de pierre et pourtant ils savaient néanmoins sculpter. Enfin ils possédaient des traditions recueillies dans de longs *poèmes*.

Cette population élégante et aimable a été décimée par l'alcoolisme et par les maladies contagieuses qu'ont apportées les Européens. Le nombre des Polynésiens ne cesse de diminuer depuis la découverte du

PRÊTRE MALAIS

Les Malais sont musulmans. Le personnage porte un costume qui se rapproche de celui des musulmans de l'Inde : turban, vêtements de coton. long pardessus; parasol.

pays; néanmoins la décroissance semble s'arrêter, au moins en Nouvelle-Zélande.

Les Mélanésiens et les Polynésiens vivent surtout de légumes et de poissons; à l'exception des oiseaux, leurs îles renferment très peu d'animaux terrestres. C'est à cette rareté de la viande qu'on attribue l'habitude de *manger la chair humaine* qui était universellement répandue chez eux et qui a été réprimée par les Européens.

Découvertes et colonisation. — Les *Portugais*, arrivés par la route du cap de Bonne-Espérance (p. 192), occupèrent, dans les premières années du xvi⁰ siècle, l'archipel de la Sonde et les Moluques ou îles aux Épices.

Un siècle plus tard, les *Hollandais* leur enlevèrent ces possessions. Les navigateurs hollandais découvrirent la côte ouest de l'Australie ou Nouvelle-Hollande, la Tasmanie qui conserve le nom du hollandais Tasman; Tasman vit de loin la Nouvelle-Zélande (1642).

Le Pacifique doit son nom à Magellan, Portugais au service de *l'Espagne*, qui y arriva par le détroit qui porte son nom et le traversa le premier. Magellan fut tué en 1521 par les indigènes dans les îles Philippines, mais son navire revint en Espagne en 1522, ayant accompli le premier tour du monde.

La découverte du reste de l'Océanie a été faite surtout au xviii⁰ siècle par des navigateurs dont les principaux sont les Français Bougainville et La Pérouse et l'Anglais Cook. Ce dernier acheva la découverte de l'Australie et de la Nouvelle-Zélande.

L'occupation et la colonisation de l'Australie par les Anglais a commencé en 1788; celle de Nouvelle-Zélande par les Anglais et des archipels mélanésiens et polynésiens par divers États européens a pris place dans le cours du xix⁰ siècle.

Le *partage* de l'*Océanie* est donc *récent*, comme celui de l'Afrique.

PAPOU

Les Papous appartiennent au groupe des Mélanésiens. Leur teint varie du brun cuivré au noir; leurs cheveux sont très épais et crépus; ils ont la tête très forte, les lèvres épaisses.

Importance du Pacifique. — Aujourd'hui la plupart des terres du Pacifique sont reliées à l'Amérique et à l'Asie par des câbles sous-marins.

Elles sont desservies par des lignes régulières de navigation, les unes européennes, les autres américaines et japonaises.

La piraterie, qui a subsisté dans les petites îles jusque vers la fin du XIXe siècle, a été de nos jours réprimée et l'on peut aller sans danger et sans difficulté jusqu'aux points les plus reculés de l'Océanie.

L'importance de la navigation du Pacifique n'est pas comparable à celle de l'Atlantique, mais elle augmente sans cesse.

Les deux grandes puissances qui se disputent l'influence dans le Pacifique sont les États-Unis et le Japon, dont les territoires s'ouvrent directement sur cet Océan et qui, tous deux, y entretiennent des ports militaires et des escadres de cuirassés.

Les Anglais dans le Pacifique. — D'autres puissances, éloignées du Pacifique, y possèdent d'importantes colonies

Les Anglais ont fondé en *Australie* et en *Nouvelle-Zélande* de véritables États autonomes qui sont étudiés p. 158. Ces deux États possèdent leurs colonies : l'Australie a le *Territoire des Papous*, partie sud-est de Nouvelle-Guinée où l'on cherche l'or et le caoutchouc; la Nouvelle-Zélande, deux petits archipels inhabités et deux autres peuplés de quelques Polynésiens.

GUERRIER ATCHINOIS

Habitant le nord de Sumatra, les Atchinois, apparentés aux Malais, n'ont été soumis par les Hollandais qu'à la fin du XIXe siècle. Costume à broderies se rapprochant de celui des nobles hindous; armes damasquinées.

L'Angleterre administre directement plusieurs archipels dont le plus important est celui des *îles Fidji*, sur la route d'Australie à San-Francisco et Vancouver. A l'aide de coolies hindous, on y cultive la *canne* et on y fabrique le *sucre* pour l'Australie et le Canada; on en tire aussi les fruits tropicaux pour ces deux pays et le *coprah* ou noix de coco.

Les Allemands dans le Pacifique. — L'Allemagne est la dernière venue. Elle a annexé de 1884 à 1900 :

1.º La région nord-est de la Nouvelle-Guinée appelée *Terre de l'Empereur-Guillaume* et la plupart des grandes îles voisines de Mélanésie, formant deux groupes, *Archipel Bismarck* et *Iles Salomon ;*

2º Plusieurs petits archipels coralliens au nord des précédents ;

3º Deux des îles Samoa, sur la route de Nouvelle-Zélande à San-Francisco.

Le premier groupe, le plus étendu, reste le moins exploré. La mise en valeur en commence à peine. On y cherche le caoutchouc ; on y tente des plantations de café.

Les autres groupes fournissent surtout le copra et le café.

OCÉANIE FRANÇAISE

La Nouvelle-Calédonie mesure 18.500 kilomètres carrés, près de deux fois et demie l'étendue de la Corse.

C'est une île allongée, montagneuse, avec des hauteurs dépassant 1.600 mètres ; elle est entourée de récifs de coraux. Le port de *Nouméa* (7.000 habitants), capitale de l'île, a trouvé place en un endroit où la barrière madréporique s'ouvre et permet aux navires d'aborder la côte.

Le *climat*, sans hiver, tempéré par le voisinage de la mer, est un des plus *agréables* de toutes nos colonies.

La Nouvelle-Calédonie, colonie relativement *jeune*, fut occupée par la France en 1853. Depuis l'annexion, le nombre des indigènes appelés *Canaques* ne cesse de diminuer ; on en compte encore trente mille environ. Les Canaques se civilisent peu et ne travaillent pas.

On a essayé de faire mettre en valeur le pays par des *condamnés aux travaux forcés.* 7.000 environ vivent dans l'île ; mais ici comme partout ailleurs, la main-d'œuvre pénale a coûté plus qu'elle ne rapporte.

Il y a quelques années, on tenta d'arrêter la transportation des condamnés et de faire appel aux *colons libres ;* on espérait que des cultivateurs pourraient gagner leur vie, soit en plantant le café, soit en élevant du bétail avec des forçats comme ouvriers ; mais les débouchés manquent.

parce que la Nouvelle-Calédonie, comprise dans le réseau des douanes françaises, ne peut trafiquer avec l'Australie et les grands pays du Pacifique. La colonisation libre n'a pas réussi et ne continue pas. Le nombre des blancs libres, non fonctionnaires, a diminué.

La principale ressource de l'île vient des *mines* qui sont très riches. La Nouvelle-Calédonie se place au *premier rang* dans le monde pour le *cobalt,* au *second* pour le nickel, après le Canada, et pour le *chrome* après la Turquie d'Asie. Malheureusement, les travailleurs manquent pour l'extraction. Les colons ont dû recourir à des Japonais, puis à des Javanais; ces *coolies* sont au nombre de 3.000 dans l'île.

Manquant de main-d'œuvre, la Nouvelle-Calédonie souffre d'un malaise qui se traduit par la diminution croissante de son commerce extérieur.

Les établissements français d'Océanie, comprennent les plus éloignées et les plus dispersées de nos colonies.

La terre la moins exiguë y est représentée par l'île montagneuse de *Tahiti,* qui n'a guère plus de 1.000 kilomètres carrés, la moitié d'un arrondissement. Un sommet *volcanique* de 2.250 mètres la domine. Entourée de cocotiers, couverte de forêts, avec un climat tropical adouci par la mer et la montagne, Tahiti jouit d'un printemps perpétuel.

Son port, la ville de *Papeete,* est la capitale de la colonie.

Cinq groupes d'îlots très petits se rattachent à Tahiti. Les uns ont une origine volcanique, les autres se composent de bancs de *coraux.*

Ils s'égrènent sur 2.500 kilomètres de longueur et 2.000 de largeur; les communications de l'un à l'autre ne se font que par petits voiliers.

Le tout représente 4.000 kilomètres carrés, pas même la superficie d'un département moyen, avec 35.000 habitants. La population se compose de *Polynésiens,* race élégante, mais peu travailleuse, en voie de disparition.

Les habitants cultivent le cocotier pour son amande ou *copra,* qui sert à faire l'huile, la *vanille,* les citrons et les oranges; ils récoltent les *perles* et la nacre. Leur commerce, peu important, se fait surtout avec San-Francisco.

CHAPITRE II

L'INSULINDE

L'Insulinde comprend deux parties :

1° Les Îles de la Sonde, ou Indes Néerlandaises, qui appartiennent à la Hollande ;

2° Les Philippines, qui appartiennent [aux États-Unis.

I. — INDES NÉERLANDAISES

Les Indes Néerlandaises ou archipel Malais occupent une superficie *quarante fois supérieure* à celle de la Hollande.

On y trouve la *plus grande île* du monde, *la Nouvelle-Guinée*, ou Papouasie, étendue une fois et demie comme la France et dont la Hollande ne possède que la partie ouest. Le reste se partage entre l'Australie et l'Allemagne (p. 147-148).

L'île de *Bornéo*, presque aussi grande que la Nouvelle-Guinée, appartient pour les trois quarts à la Hollande, tandis que le Nord-Est est anglais.

Viennent ensuite pour la superficie : l'île de *Sumatra*, la plus voisine de l'Asie dont elle est séparée par le détroit de Malacca et qui est grande comme les quatre cinquièmes de la France ; enfin *Java*, grande comme un quart de la France, de beaucoup la plus fertile et la plus peuplée.

Description physique. — Ces îles sont, comme le Japon, des terres volcaniques et montagneuses ; les *tremblements* de terre y sont fréquents. L'éruption du *volcan* Krakatau, en 1884, dans le détroit qui sépare Sumatra et Java, tua plus de 20.000 personnes et modifia complètement le fond du détroit de la Sonde dont il fallut refaire la carte.

Deux chaînes de volcans s'allongent sur le bord de l'océan Indien, dans les îles de Java et de Sumatra; leur point culminant, à Sumatra, atteint 3.800 mètres.

A Bornéo, sur les limites des possessions anglaises et hollandaises, s'élève le plus haut sommet de l'Insulinde, qui approche de 4.200 mètres.

Le climat est *équatorial*, semblable à celui de Ceylan, avec des pluies de toutes saisons et une moyenne de 3 à 4 mètres d'eau par an.

Plus encore que Ceylan, Sumatra et Java possèdent d'admirables *forêts vierges* avec des palmiers, des bambous, des lianes à *caoutchouc*. C'est un des pays où la nature des tropiques se montre dans toute sa beauté.

Population. — Les indigènes sont des Malais, petits, à teint brun clair.

Ceux de la montagne et de la forêt dans l'intérieur restent encore sauvages et se font des guerres continuelles; on en trouve surtout à Bornéo où on les a surnommés les *coupeurs de têtes*, parce qu'ils conservent comme trophées les têtes de leurs ennemis vaincus.

Les Malais de la côte, relativement civilisés, s'appellent les « hommes de la terre » ou les « hommes de la mer », suivant qu'ils sont cultivateurs ou marins.

Les hommes de la mer ont très longtemps exercé la piraterie dans les détroits, mais les Européens ont réussi à détruire cette pratique.

Les Malais pratiquent pour la plupart la religion *musulmane*.

La population abonde dans l'île de Java, où elle s'est multipliée par 6 dans le cours du dernier siècle; elle atteint aujourd'hui 30 millions d'habitants, soit *218 au kilomètre carré*. Java est donc un des pays agricoles surpeuplés de l'Asie, comme les deltas et les vallées de l'Indo-Chine et de la Chine tropicale; comme dans ces pays, la population souffre de la famine quand la récolte manque.

Au contraire, les autres îles sont *très peu* peuplées ; aussi les Hollandais font-ils tous les efforts possibles pour décider les Javanais, trop nombreux, à les coloniser.

Dans les possessions néerlandaises, vivent 600.000 *Chinois,* ils font presque tout le commerce de détail, ils disputent aux Européens le grand commerce, la banque et les entreprises maritimes. Beaucoup sont très riches.

Les *Hollandais*, au nombre d'environ 90.000, fonctionnaires, militaires et marchands, habitent principalement Java. Batavia ou « la Hollandaise », avec 140.000 habitants, dans cette île, est la capitale de toutes leurs possessions.

Productions. — La culture *vivrière* la plus répandue est celle du *riz*, mais elle ne suffit pas à la consommation. Les Hollandais cherchent à développer la production en encourageant l'irrigation.

Parmi les cultures destinées à l'*exportation,* celles de la canne à sucre et de café ont été jadis très importantes et elles jouent encore un grand rôle malgré la concurrence étrangère. Java n'est plus le principal pays à café ; ce rang a passé au Brésil ; mais Java est restée l'un des grands producteurs de *sucre* de l'Asie et de l'Océanie. Ce sucre est raffiné par des usines anglaises à Hong-Kong.

Les Hollandais ont acclimaté à Java l'arbre à *quinquina* qui vit à l'état sauvage dans les montagnes de l'Amérique du Sud (p. 370). Son écorce donne la quinine employée contre la fièvre. Java, devenue le *premier centre* de production du monde, en fournit plus des trois quarts.

La culture du *tabac* se développe dans le nord de Sumatra qui devient l'un des *grands* pays *producteurs* de l'univers. La récolte alimente les manufactures de cigares d'Amsterdam, qui figurent parmi les plus importantes.

Les *Moluques*, archipel de petites îles, situés à l'extrémité orientale des possessions hollandaises, sont le pays d'origine des plantes à *épices* comme le poivre, le clou de girofle, la muscade ; autrefois, les Hollandais obligeaient chaque île à ne produire qu'une seule espèce d'épice, et ils interdisaient d'en faire sortir des graines et des plants. Cette défense a été levée ; aussi, aujourd'hui, les possessions hollandaises ne fournissent-elles guère qu'un *cinquième* des

PAYSAGE DE POLYNÉSIE

Cocotiers bordant le rivage de la mer. Case indigène en bois et en nattes, recouverte de palmes sèches. Pirogue taillée dans un tronc d'arbre et qui sert aux indigènes pour la pêche des huîtres perlières et des poissons.

épices produites dans le monde ; d'ailleurs, l'usage des épices tend à diminuer et leur culture rapporte beaucoup moins qu'autrefois.

Les petites îles voisines de Sumatra produisent près *d'un quart* de l'*étain* extrait dans le monde. Ces gisements sont la suite de ceux que les Anglais exploitent dans la presqu'île de Malacca (p. 78). Ils fournissent aux Indes Néerlandaises un de leurs *principaux articles d'exportation*.

Sumatra possède des puits de *pétrole*, de même que Bornéo où l'extraction augmente chaque année.

Ces deux îles ont aussi des gisements *houillers* dont l'exploitation a déjà été commencée.

Commerce. — Java et Sumatra possèdent 2.500 kilomètres de chemins de fer ; elles ont été dotées de ports modernes. Le commerce des Indes Néerlandaises atteint près d'un milliard et demi de francs par an. En proportion de la population, il est plus important que celui de l'Inde anglaise. On y remarque pourtant, comme dans ce dernier pays, une *prédominance excessive des exportations*. La plus grande partie du commerce se fait avec la Hollande.

II. — LES PHILIPPINES

Les Philippines s'étendent en arc sur une longueur d'environ 1.500 kilomètres avec 1.200 îles *volcaniques*, montagneuses et découpées. Leur superficie égale les trois cinquièmes de la France ; l'île principale, Luçon, en représente à elle seule un tiers. Le point *culminant* est un volcan qui se dresse à près de 3.150 mètres. Les *tremblements de terre* sont nombreux et destructeurs aux Philippines.

Pour le climat, la végétation et les animaux, ces îles sont comparables à l'Archipel Malais ; beaucoup d'espèces sont communes aux deux groupes.

Populations et colonisation. — On trouve aux Philippines 7 à 8 millions d'habitants dont la plupart appartiennent à la même race que les Malais. Les plus civilisés d'entre eux ont été convertis au catholicisme par des Espagnols et parlent l'espagnol. On les nomme les *Tagals* ou Filipinos.

Comme dans toute l'Insulinde, le commerce est entre les mains des *Chinois*, au nombre de 50.000.

Les Philippines, découvertes par Magellan en 1521 (p. 146),

CITÉ LACUSTRE AUX PHILIPPINES

La plupart des tribus voisines de la mer habitent des maisons bâties sur l'eau et perchées au sommet de longs poteaux. Les indigènes vivent de chasse et de pêche, dans un pays que les fièvres rendent inhabitable aux blancs.

ont été occupées par les Espagnols en 1576, sous le règne de Philippe II, dont elles ont pris le nom. Les habitants se révoltèrent plusieurs fois contre les Espagnols, et les Américains, profitant d'une de ces révoltes, s'emparèrent des Philippines en 1898.

Les Américains, marins, soldats, fonctionnaires, y résident au nombre de 25.000.

Productions et commerce. — Les Philippines produisent surtout le *chanvre de Manille*, fibre d'une variété de bananier, qui sert à faire d'excellents cordages. C'est le *principal article d'exportation* (80 millions de francs par an). Il est acheté par l'Amérique et l'Angleterre.

Le second rang appartient au *sucre*, dont les Américains, grands consommateurs et faibles récoltants, développent la production dans toutes leurs possessions.

Le troisième rang appartient au *copra* ou noix du cocotier pour la fabrication de l'huile, acheté surtout par Marseille.

En quatrième lieu viennent le *tabac* et les cigares dont Manille est un des principaux centres de commerce.

Les Philippines achètent un supplément de riz et de denrées *alimentaires*, comme Java, ainsi que des cotonnades et des produits métallurgiques.

Les Américains font en ce moment des travaux pour reconnaître et exploiter les mines, dont les Espagnols ne se préoccupaient point.

Les Philippines, à l'époque où les États-Unis les ont prises, se trouvaient dans une situation économique très inférieure.

Les Américains y ont commencé la construction des premiers chemins de fer. Ils créent à Manille, la capitale (220.000 hab.), un *grand port* militaire et commercial, destiné à rivaliser avec Hong-Kong.

Le commerce des Philippines se fait surtout avec les États-Unis; il ne dépasse guère 300 millions de francs par an, mais il augmente chaque année.

III. — AUTRES POSSESSIONS AMÉRICAINES D'OCÉANIE

Les îles Hawaï sont un groupe de petites îles volcaniques situées au nord-est du Pacifique, à quatre jours de navigation de San-Francisco. Le volcan le plus élevé y atteint près de 4.200 mètres.

La population primitive, qui se compose de *Polynésiens*,

ne comprend guère que 30.000 habitants, en diminution constante.

Les étrangers sont beaucoup plus nombreux, surtout les *Japonais*, près de 65.000, qui forment la moitié de la population de l'île. A ce point de vue, on a pu appeler Hawaï une « colonie japonaise ».

Au point de vue politique, elle dépend des États-Unis. Les Américains y cultivent surtout la canne à sucre, y fabriquent et y raffinent du sucre en employant des ouvriers japonais et chinois. Hawaï est, avec Java, le *grand centre sucrier* du Pacifique. Avec les Antilles et Philippines, elle fournit cette denrée aux États-Unis.

– Honolulu (40.000 habitants), capitale des îles Hawaï, occupe une des meilleures rades de l'Océanie ; dans ce port font escale tous les navires allant de San-Francisco soit aux Philippines, soit en Nouvelle-Zélande et en Australie.

L'îlot de Guam, sur la route de San-Francisco aux Philippines et en Chine, occupé en même temps que les Philippines, sert de *station navale* et de dépôt de charbon.

Une des îles Samoa, peuplée de 3.800 Polynésiens, sur la route de la Nouvelle-Zélande à San-Francisco, a été annexée par les États-Unis ; les autres l'ont été par l'Allemagne (p. 148).

CHAPITRE III

L'AUSTRALASIE

L'Australasie comprend : l'Australie, la Tasmanie, la
la Nouvelle-Zélande. La Tasmanie fait partie du même
ensemble de terres que l'Australie; toutes deux sont réunies sous un même gouvernement.

La Nouvelle-Zélande, à 2.000 kilomètres et quatre journées de navigation de l'Australie, est un pays tout à fait
différent et qui a son gouvernement particulier.

Ces deux possessions, dont la géographie physique présente peu ou point de parenté, se ressemblent au contraire
beaucoup par la colonisation et l'exploitation économique.

I. — DESCRIPTION PHYSIQUE ET PEUPLEMENT DE L'AUSTRALIE

Relief. — L'Australie, le *plus petit* des continents, n'égale
que les trois quarts de l'Europe.

Elle est aussi le continent le plus mal partagé par la
nature et le plus *massif*, plus même que l'Afrique avec
laquelle il offre une certaine ressemblance.

1° Comme en Afrique, la forme de *plateau* se reproduit
dans la plupart des régions, avec une monotonie peut-
être plus grande et une altitude moyenne un peu inférieure,

environ 400 mètres. Le plateau domine dans la *partie occidentale*.

2° Dans l'intérieur, un grand *bassin* peu élevé a sa partie la plus creuse occupée par le lac Eyre, immense lagune salée, peu profonde et à demi desséchée qui descend à 12 mètres *au-dessous du niveau de la mer*.

3° La seule partie accidentée est la bordure du Sud-Est et de l'Est, entre le bassin intérieur et l'océan. Là se dressent une série de plis parallèles à la côte qu'on appelle les *Montagnes bleues* et les *Alpes australiennes* et dont le point culminant ne dépasse pas 2.241 mètres. L'Australie ne possède ni neiges perpétuelles, ni glaciers.

Au pied de ces chaînes, la côte est découpée ; ainsi la baie profonde et dentelée, où se trouve Sydney, dispute à celle de Rio de Janeiro (p. 388) le premier rang pour le pittoresque, les découpures intérieures et la facilité de navigation.

Climat. — La partie nord se trouve à la latitude du Sénégal, la partie sud à celle de la Corse ; en effet, les latitudes sont inversées dans l'hémisphère sud.

L'Australie entière supporte un climat *sec* et *extrême* qui rappelle beaucoup celui du Sahara et de l'Algérie. Ce caractère s'exagère en même temps que les pluies diminuent, à mesure qu'on pénètre dans le centre. Dans l'intérieur, sous le tropique, on observe *en hiver* moins de —7° ; l'été, un explorateur y vit éclater par dilatation du mercure un thermomètre gradué jusqu'à 58°. La différence entre le jour et la nuit peut atteindre 40° *dans la même journée*.

Le littoral oriental. — La partie située au pied des montagnes sur la côte est et sud-est ressemble au Tell algérien ; elle reçoit habituellement 50 centimètres à 1 mètre d'eau. C'est la seule vraiment colonisée : toutes les grandes villes s'y trouvent. La bordure de la mer n'y souffre pas des gelées, mais en hiver la neige tombe sur les montagnes. De plus, la côte est exposée à des *coups de vent* violents venant de l'intérieur et apportant avec eux une chaleur intolérable et des nuées de poussière et de sable.

Toute cette région renferme encore des restes de la forêt primitive, composée d'arbres particuliers à l'Australie, comme les *eucalyptus*, au feuillage grêle.

Les steppes. — En arrière de la barrière montagneuse, viennent les *steppes herbeuses* du bassin intérieur où les arbres, réduits en taille et en nombre, n'apparaissent plus que clairsemés ou en galeries le long des ruisseaux.

Dans cette région coule le plus grand cours d'eau austra-

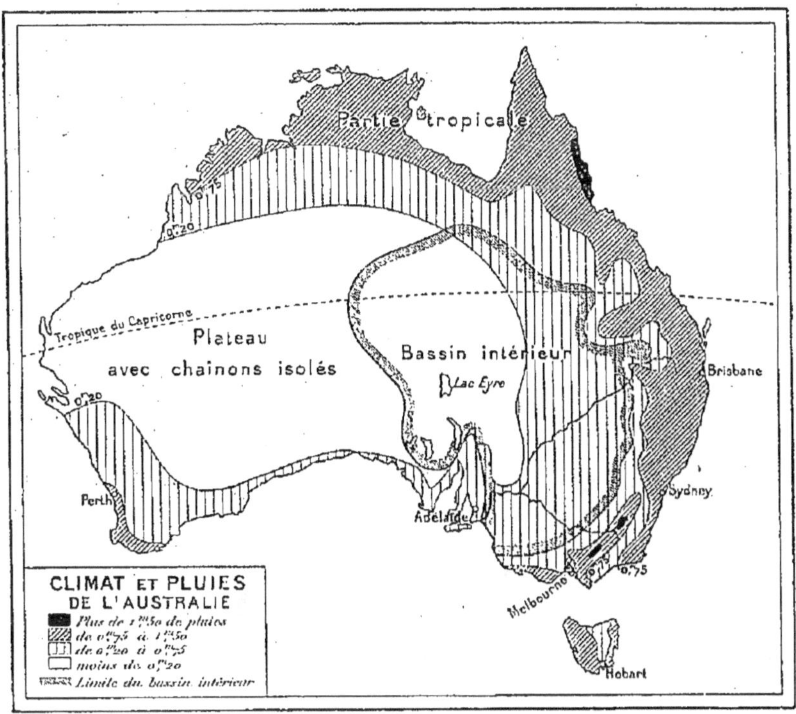

Trois grandes régions de climats : 1° les côtes septentrionale et orientale, à climat tropical chaud, avec pluies suffisantes ; 2° la côte sud-ouest, qui reçoit quelques pluies d'hiver ; 3° l'intérieur et la côte ouest, à climat désertique, avec pluies très rares.

lien, le *Murray*. Sa longueur, si on la compte depuis la source de son principal affluent, égale celle du Danube, mais son débit est si misérable qu'en beaucoup d'endroits on passe le fleuve et les affluents à gué. La navigation se fait péniblement au moyen de petits vapeurs à fond plat.

Ces steppes sont utilisées pour l'élevage du mouton. Mais dans les années de sécheresse, ces animaux y périssent par milliers. On y a foré des puits artésiens pour suppléer au défaut d'eau de surface.

Le désert. — Le reste de l'Australie, — l'ouest du bassin intérieur et tout le plateau jusqu'à la côte occidentale, — près des *trois quarts* du pays, est un désert couvert de broussailles formées par des mimosas, des petits acacias et divers arbres à piquants. On y trouve par endroits des lacs salés à demi desséchés, des dunes de sable, mais l'aspect

Phot. du Gouvernement de l'Australie méridionale.

LE BUSH OU BROUSSE D'AUSTRALIE

Type de la brousse intérieure : eucalyptus grêles et rares, buissons épineux. Comme bête de somme, le chameau d'Asie a été acclimaté.

habituel est celui de la *brousse*; par endroits, des plantes à *épines* se hérissent en fourrés infranchissables.

Ce désert est généralement plat, parfois parsemé de grès jaunes ou rouges découpés en forme de ruines et absolument *nus*. Les véritables montagnes y sont rares; elles donnent naissance aux seules sources que l'on trouve dans l'intérieur. Le désert australien ne renferme pas d'oasis; plusieurs des explorateurs y sont *morts de soif*.

On y a acclimaté le *chameau* et le palmier-dattier.

Le désert n'est fréquenté que par des chercheurs de mines d'or; il n'a pas encore été exploré dans toutes ses parties.

Flore et faune. — Comme Madagascar (p. 281), l'Australie nourrit des plantes et des animaux particuliers, ce qui fait croire qu'elle est depuis longtemps séparée du reste du globe. Nul pays n'égale, sous ce rapport, son originalité.

Elle possède des arbres inconnus avant sa découverte, et, depuis, acclimatés sur tout le globe; parmi eux l'*eucalyptus* et une sorte particulière de pins appelés *araucarias*. La baie voisine de celle de Sydney, où débarquèrent les premiers explorateurs anglais, a conservé le nom de « Baie de la Botanique » (en anglais *Botany Bay*), à cause du grand nombre de plantes nouvelles qui y furent découvertes.

Les animaux frappèrent encore plus d'étonnement les premiers navigateurs.

L'Australie renferme en effet surtout des *marsupiaux*, mammifères qui portent les petits pendant les premiers temps de leur vie dans une poche extérieure placée sous le ventre. On n'en trouve en dehors de l'Australie que dans l'Amérique du Sud et ils y offrent moins de variétés. Les marsupiaux les plus connus de l'Australie sont les *kangurous*, grands ou petits, qui se déplacent en bondissant sur leurs pattes de derrière. D'autres variétés de marsupiaux sont des carnivores.

L'Australie possède encore des êtres semblables à ceux des époques géologiques disparues, comme l'*ornithorynque*, quadrupède aux pattes palmées et au bec de canard, comme l'*échidné*, sorte de hérisson avec un bec d'oiseau.

Les plaines de l'intérieur sont parcourues par des grands oiseaux coureurs hauts sur pattes, mais sans ailes suffisantes pour voler, les *émus*, analogues aux autruches d'Afrique et plus encore au casoar de l'Amérique du Sud.

L'Australie fait figurer de chaque côté de son écusson les deux plus curieux de ses grands animaux, d'un côté le kangourou, de l'autre l'ému.

L'une des provinces australiennes a pris comme emblème le *cygne noir*, à bec rouge, qui est particulier à l'Australie.

Indigènes. — Les indigènes australiens comptent parmi les plus *primitifs* du monde entier; ce sont des hommes petits,

trapus, à peau noire et à cheveux ondulés. Avant de connaître les Européens, ils ne vivaient que de chasse, de pêche et
de fruits sauvages; ils ne connaissaient *ni la culture, ni l'élevage*. L'Australie est le seul continent qui n'ait fourni aucun
végétal alimentaire et aucun animal domestique.

Les primitifs d'Australie n'avaient que des armes grossières en pierre ou en bois; la plus particulière est le
boomerang, sorte de lame de sabre épaisse en bois qu'on
lance sur le gibier de manière à lui briser les jambes ou
les ailes (voir *1re Année*, p. 99).

Ces indigènes vivaient et vivent encore dans l'intérieur en
petites tribus misérables, errant à la recherche de leur
nourriture; les colons en ont massacré une grande partie;
leur nombre, qui diminue sans cesse, ne dépasse pas 40.000.
Une partie d'entre eux a été parquée dans des *réserves* d'où
il leur est défendu de sortir, le reste parcourt le désert.

Les indigènes de l'île de Tasmanie ont été *détruits* jusqu'au dernier par les colons anglais.

Colonisation. — La partie habitable de l'Australie a été
reconnue par le grand navigateur anglais Cook en 1770; les
Anglais y ont fondé la première colonie en 1788, autour de
Sydney, la moins jeune de toutes les cités australiennes.

Ce premier établissement comprenait, comme aujourd'hui
la Nouvelle-Calédonie et la Guyane; des *condamnés* aux travaux forcés surveillés par des gardes et par des soldats.

A côté de la colonisation pénale, furent faits des essais de
colonisation libre.

L'Australie se peupla rapidement au moment où l'or y fut
découvert en abondance, c'est-à-dire dans les années qui
suivirent 1850. Elle commence alors à prendre le caractère
qu'elle a aujourd'hui, c'est-à-dire que la population des villes
dépasse considérablement celle des campagnes. Ce caractère
est commun à tous les pays neufs, mais nulle part, il n'atteint
le même degré qu'en Australie. Près des trois cinquièmes
de ses habitants vivent dans les villes. La population totale
en comptant la Tasmanie n'atteint pas 4.200.000 habitants
et les deux grandes villes, Sydney, fondée en 1788, et Melbourne, fondée en 1838, en renferment à elles deux près du
quart avec chacune 5 à 600.000 habitants. Comme point de

comparaison, signalons que Paris ne renferme pas 7 p. 100 de la population de la France.

Cette population blanche *n'augmente* que très *lentement*; l'excédent des naissances est faible; d'autre part, le gouvernement ne cherche pas à attirer les colons, afin de ne pas faire diminuer les salaires actuels qui sont très élevés, en raison de la rareté de la main-d'œuvre; c'est ce qu'on appelle la politique de l'*Australie aux Australiens*.

Enfin, l'immigration des Chinois, Japonais, Polynésiens, de tous les gens de couleur est empêchée; c'est ce qu'on appelle la politique de l'*Australie aux blancs*.

L'Australie et la Tasmanie forment six colonies autonomes qui ont été réunies en 1901 en une *Fédération* ou *République d'Australasie* (en anglais *Commonwealth of Australasia*).

Le gouvernement est exercé, soit dans chaque colonie, soit au centre fédéral, par des Assemblées élues et par des ministres pris dans leur majorité; les Australiens ont établi chez eux le suffrage universel et le vote des femmes. L'Australie fait elle-même ses lois, c'est ainsi qu'elle a pu édicter des mesures en faveur des ouvriers et des petits propriétaires ruraux, qui ont fait appeler ce pays et la Nouvelle-Zélande le paradis des ouvriers ou encore la patrie du « socialisme sans doctrines ». L'Angleterre n'est représentée que par un gouverneur général.

II. — DESCRIPTION PHYSIQUE ET PEUPLEMENT DE LA NOUVELLE-ZÉLANDE

Relief. — La Nouvelle-Zélande se compose d'un archipel comprenant deux grandes îles séparées par le *détroit de Cook*; elle a à peu près l'étendue de l'Italie; elle en rappelle la forme; elle est située à peu près sous la même latitude.

C'est un pays *montagneux* et *volcanique*, ressemblant beaucoup plus au Japon qu'à l'Australie.

L'île nord, la plus chaude et la plus peuplée, possède plusieurs volcans dont le plus haut dépasse 3.000 mètres; sa partie centrale est un immense plateau parsemé de volcans, de geysers bouillonnants, de *sources chaudes* qui avoisinent des *lacs* de montagnes aux eaux froides. C'est une des régions volcaniques les plus curieuses et les plus visitées du monde avec le Parc National des États-Unis (p. 302).

L'île sud, plus allongée, est parcourue d'une extrémité à l'autre par les *Alpes néo-zélandaises* dont le point culminant est la montagne, de plus de 3.700 mètres, qui a reçu le nom du navigateur Cook. Ces Alpes sont couvertes de *neiges perpétuelles* et de glaciers.

A l'Ouest, les montagnes tombent à pic dans la mer et la

Phot. du Gouvernement de la Nouvelle-Zélande.

LE MONT COOK (NOUVELLE-ZÉLANDE)

Point culminant des Alpes néo-zélandaises (3.768 m.) dans l'île Sud. Au fond, les sommets couverts de neiges perpétuelles, donnant naissance à des glaciers.

côte se découpe en *fiords*, comparables à ceux de Norvège.

Le littoral oriental, au contraire, comprend des terrasses et des plaines où se sont établies villes et cultures.

Climat, flore et faune. — La Nouvelle-Zélande est beaucoup *mieux arrosée* que l'Australie ; la côte sud-ouest, notamment, reçoit des pluies presque tropicales qui entretiennent des forêts et qui font descendre les glaciers beaucoup plus bas qu'en nul autre pays tempéré, jusqu'à près de 200 mètres au-dessus du niveau de la mer.

La Nouvelle-Zélande possède ses plantes et ses arbres *particuliers*, différents de ceux de l'Australie comme de ceux du reste du monde. Les plus beaux sont des variétés de pins, de sapins, de cèdres formant *d'immenses forêts*

Phot. du Gouvernement de la Nouvelle-Zélande.

DANS LES FIORDS DE LA NOUVELLE-ZÉLANDE

Au sud-ouest de l'île Sud. Vallées glaciaires submergées, semblables aux fiords de Norvège, à ceux de la côte Pacifique de l'Amérique du Nord (p. 303) et de la côte sud du Chili (p. 368). On appelle ces baies des « sounds ».

de montagnes dont le sous-bois est occupé par de superbes *fougères arborescentes*.

La Nouvelle-Zélande ne possède *pas de gros animaux*, pas de mammifères, sauf un chien et un rat probablement apportés par les navires. Les oiseaux seuls y étaient nombreux, plusieurs appartenaient à des variétés trotteuses *sans ailes* et de la taille d'un pigeon ou d'une poule. La faune primitive rappelait donc, par sa rareté et sa pauvreté, celle de tout le reste de la Polynésie.

Les indigènes. — La Nouvelle-Zélande, surtout l'île nord, eut comme habitants primitifs des *Maoris*, tribu polynésienne, arrivée probablement par mer. Très supérieurs aux Australiens, les Maoris connaissaient la culture et savaient construire des maisons. Ils se groupaient en villages fortifiés, habités par des guerriers que commandaient des nobles tatoués comme les autres chefs polynésiens.

Habitués aux guerres entre tribus, ils ont opposé aux Anglais une longue résistance. A la fin, les Anglais leur ont laissé tout le centre de l'île nord où les Maoris vivent sur leurs terres et leur ont donné plusieurs représentants au Parlement de la Nouvelle-Zélande. On compte aujourd'hui 50.000 Maoris et métis, à peu près un vingtième de la population totale qui approche du million.

Colonisation. — Les Anglais se sont établis en Nouvelle-Zélande en 1840.

Les établissements anglais comprenaient d'abord des petites colonies séparées, ce qui fait que les villes principales sont dispersées et qu'aucune n'a l'importance relative de Sydney et de Melbourne.

La capitale, Wellington, doit son rang à sa situation sur le détroit de Cook; elle ne réunit que 64.000 habitants. Le principal port, situé au Nord, sur les lignes d'Australie à Tahiti et aux États-Unis, est *Auckland*, avec 82.000 habitants.

La Nouvelle-Zélande forme une colonie autonome. Sa population, son gouvernement, ses tendances politiques et sociales ressemblent à celles de l'Australie. C'est même la plus démocratique des colonies anglaises des antipodes, celle qui a pris l'initiative du suffrage des femmes et de plusieurs mesures sociales importées ensuite en Australie.

III. — GÉOGRAPHIE ÉCONOMIQUE DE L'AUSTRALIE ET DE LA NOUVELLE-ZÉLANDE

Toutes les terres d'Australasie ont un caractère commun, c'est de produire en excès et d'*exporter* d'une part des denrées *agricoles*, particulièrement des produits de l'élevage et d'autre part des *minéraux*.

Élevage. — Les Anglais ont importé à partir de 1797 les moutons dans ces pays qui n'avaient point d'animaux domestiques. Aujourd'hui, l'Australie occupe le *premier rang* du monde avec 90 à 100 millions de têtes

Le mouton est élevé dans les régions impropres à la culture en grands troupeaux appartenant à des sociétés par actions. Les squatters, ou possesseurs de moutons, forment, avec les propriétaires de mines, la classe riche du pays.

L'élevage du mouton est menacé en Australie par la sécheresse qui, à certaines périodes, tue des milliers d'animaux sur la bordure du désert; il est contrarié en Nouvelle-Zélande par la neige qui couvre pendant plusieurs mois les régions montagneuses et fait périr les animaux qu'on laisse toute l'année en plein air, comme en Australie.

Le *principal produit d'exportation* est la *laine*. La laine d'Australie, qui sort par Sydney, est la plus belle et la plus chère du monde. Son exportation représente, en Australie, plus d'un demi-milliard de francs, venant avant celle de l'or et égalant presque celle de tous les métaux réunis. En Nouvelle-Zélande, l'exportation de laine tient aussi le premier rang avec une valeur de 130 millions de francs.

Depuis quelques années, la viande d'agneau *gelé* est exportée par des navires spéciaux dans les Iles Britanniques qui ne produisent pas de quoi se nourrir. Ce commerce est fait *surtout* par la Nouvelle-Zélande à laquelle il rapporte 100 millions de francs par an. L'Australie la suit de près.

Les deux pays exportent aussi en Angleterre, par *bateaux-glaciers*, des volailles gelées, des lapins gelés, des œufs, du *beurre* surtout. L'exportation du beurre vient au cinquième rang en Australie, au quatrième en Nouvelle-Zélande; elle dépasse 100 millions pour les deux pays.

Enfin, l'Australie réussit particulièrement l'élevage du *cheval* anglais de race. Elle en élève près de 2 millions de têtes, elle fournit de bêtes de courses et de montures de luxe l'Inde, la Chine et le Japon.

Cultures. — L'Australie cultive dans sa partie méridionale et sur les plateaux en arrière de Sydney, le *blé* pour l'exportation en Angleterre. Ici, comme en Argentine et dans l'Amérique du Nord, les céréales gagnent dans les bonnes terres de l'intérieur, aux dépens de l'élevage. L'exportation de

Phot. Kerry and Co. Sydney.

UN TROUPEAU DE MOUTONS EN AUSTRALIE

Mérinos à laine dans les steppes du bassin intérieur. Chaque troupeau vit en liberté dans un immense enclos entouré de palissades reliées par des fils de fer.

blés et farines vient au troisième rang : elle approche de 100 millions, ce qui classe l'Australie après l'Inde.

Les principales cultures sont ensuite celles de la vigne et des fruits.

La vigne ne réussit guère sous le climat trop frais de Nouvelle-Zélande. Par contre, elle s'accommode de l'été ensoleillé de l'Australie; elle occupe en ce pays la région

DANS LES PLAINES DU QUEENSLAND

Partie ensemencée en blé. Moissonneuses-lieuses, de type américain, employées en raison de la rareté et de la cherté des ouvriers.

moyenne entre le parallèle de Melbourne et celui de Sydney, sous la latitude du Tell algérien.

Le vin n'étant pas dans les pays anglais une boisson d'alimentation courante, l'Australie s'applique surtout à produire des vins de luxe; sa production n'atteint pas 1/1200ᵉ de celle de la France; elle vient assez loin après celle de la Californie, mais avant celle du Cap.

Au sud de la zone du vin, se récoltent les fruits des pays tempérés; ainsi la Tasmanie, à la latitude de la Corse.

mais avec un climat plus humide, envoie des navires de *pommes* au marché de Londres.

Au nord des vignes, paraissent, autour de Sydney, des *oranges* et, plus au Nord enfin, les *bananes* et les *ananas* que la Nouvelle-Zélande, plus tempérée, ne produit pas.

Dans cette même bordure nord, l'Australie cultive la

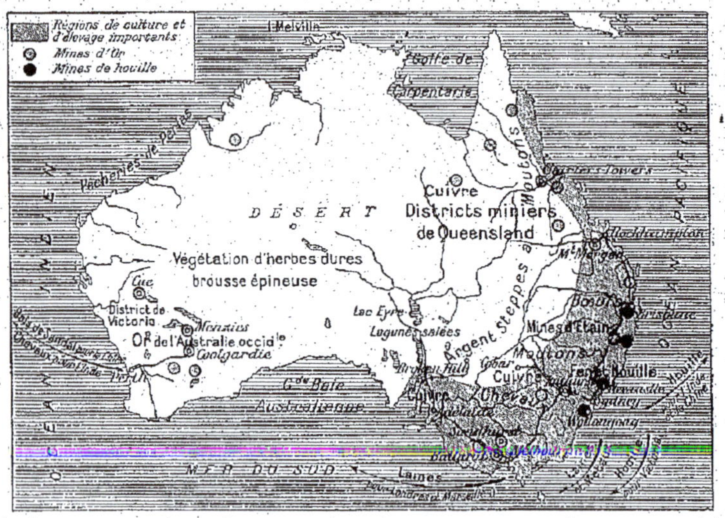

CARTE ÉCONOMIQUE DE L'AUSTRALIE

L'Australie n'a pas un habitant par 2 kilomètres carrés. Seule la région couverte de hachures est véritablement peuplée. Encore sa meilleure partie, l'État de Victoria, capitale Melbourne, ne compte-t-elle pas 6 habitants au kilomètre carré. Le reste, occupé par des steppes et des déserts, serait inhabité si l'on n'y faisait l'élevage des moutons à laine et si l'on n'y avait découvert des mines très riches.

canne à sucre, mais elle ne produit pas assez de sucre pour son usage et doit en importer du dehors.

Les mines. — L'Australie, *troisième* pays producteur d'*or*, après le Transvaal et les États-Unis, fournit environ le cinquième de la production du monde.

Les premières mines, exploitées à partir de 1852, se trouvaient principalement aux environs de Melbourne ; elles ont beaucoup perdu de leur importance.

D'autres ont été découvertes à la fin du XIXe siècle, les

unes dans le Queensland, au Nord-Est (1882), les autres dans
l'Ouest-Australie, à l'extrémité opposée (1892).

Ces dernières sont les plus importantes mais aussi les
moins accessibles. Elles se trouvent, en effet, dans le désert;
il a fallu construire 900 kilomètres de chemins de fer pour
les mettre en communication avec la côte; pour leur fournir
de l'eau, on a dû pomper les sources du littoral et les
refouler dans l'intérieur par une conduite de 600 kilomètres qui a coûté 75 millions de francs.

Aujourd'hui, l'extraction baisse dans toute l'Australie; on
ne découvre plus de nouvelles mines; la production stationne
aux environs de 400 millions de francs par an.

La Nouvelle-Zélande, de son côté, donne 50 millions d'or
par an.

Pour *l'argent*, Australie et Tasmanie réunies viennent
au *cinquième rang* dans le monde; les groupes de mines
se trouvent d'une part, à Broken Hill, dans le désert
australien à plus de 600 kilomètres de la côte, d'autre
part dans les montagnes de Tasmanie. Toutes ces exploitations se relient à la côte par des voies ferrées. La production, en baisse, vaut environ 50 millions de francs par an.

L'Australie et la Tasmanie réunies viennent au *cinquième
rang* dans le monde pour la production du *cuivre*, dont elles
exportent pour 60 millions de francs par an.

L'Australie a de bons gisements *houillers* sur la côte.
Leur capitale s'appelle Newcastle, par analogie avec le port
charbonnier anglais. L'Australie produit plus de 12 millions
de tonnes dont elle exporte une partie; la Nouvelle-Zélande,
pour 1 million 1/2, pas assez pour sa consommation.

L'Australie et la Nouvelle-Zélande *n'ont presque pas
d'industries* en dehors des mines. Aussi, dans leur importation, le premier rang est-il tenu par les produits métal-
urgiques (plus de 250 millions de francs en Australie, de 80
en Nouvelle-Zélande) et par les fils et tissus de coton, laine
et soie (175 millions en Australie, 90 en Nouvelle-Zélande).
Les principaux fournisseurs sont l'Angleterre et l'Allemagne,
puis, pour une partie des machines, les États-Unis.

Voies de communication et commerce. — L'Australie
possède 22.000 kilomètres de chemins de fer; toutes les

Phot. du Gouvernement de Westralie.

UNE EXPLOITATION AURIFÈRE EN AUSTRALIE OCCIDENTALE

Bassins dans lesquels le minerai, après avoir été broyé et transformé en pulpe, est réduit par des procédés chimiques. L'extraction et la réduction ne peuvent être entreprises qu'avec de gros capitaux. La période des chercheurs individuels est passée.

grandes villes sont réunies les unes aux autres, sauf celles d'Ouest-Australie qui ont un réseau à part.

Le chemin de fer pénètre en trois endroits jusqu'à près de 1.000 kilomètres dans l'intérieur pour desservir les mines et les stations où l'on élève les moutons.

Le télégraphe traverse l'Australie du Nord au Sud sur une longueur de 3.000 kilomètres.

La Nouvelle-Zélande possède près de 2.000 kilomètres de chemins de fer.

Les ports sont équipés de la manière la plus moderne.

L'Australie et la Nouvelle-Zélande ont élevé chacune autour d'elles une barrière de *tarifs protecteurs* pour empêcher les produits étrangers de faire concurrence aux leurs qui sont plus chers en raison des hauts salaires.

Le commerce de l'Australie se fait pour moitié avec le Royaume-Uni et ses possessions : la proportion est plus forte pour la Nouvelle-Zélande, qui ne se rattache guère au reste du monde que par des navires britanniques. La *France* ne fait presque pas de commerce avec elle; au contraire, parmi les États trafiquant avec l'Australie, elle vient au quatrième rang, après l'Allemagne, avant les États-Unis. C'est comme grands acheteurs de laines que les Français ont noué des relations avec l'Australie.

Le commerce extérieur de l'Australie approche de 3 milliards, c'est-à-dire qu'il dépasse celui du Japon, avec une population 12 fois moindre.

Le commerce extérieur de la Nouvelle-Zélande est relativement plus important encore, par rapport à la population, puisqu'il approche du milliard, trois fois le commerce de la France, relativement à la population.

On voit par ces chiffres, la différence entre les pays neufs peuplés de blancs, à population rare, mais à exploitation européenne et les pays surpeuplés d'Orient, mêmes soumis à l'influence de l'Europe, comme l'Inde et l'Indo-Chine.

TROISIÈME PARTIE

AFRIQUE

CHAPITRE PREMIER

CARACTÈRES PHYSIQUES GÉNÉRAUX

Dimensions et formes. — Relief. — Région équatoriale. — Les deux
zones tropicales. — Les déserts. — Régions à pluies d'hiver.
Grands fleuves. — Haut-Congo et lac Tanganyika. — Moyen Congo. —
Cours inférieur du Congo. — Régime du Congo. — Le Niger. —
Chari et lac Tchad. — Zambèze et lac Nyassa. — Le Nil. — Lac
Victoria et Nil équatorial. — Le Nil Blanc dans le Soudan égyptien. —
Le Nil Bleu. — Les affluents du Nil. — Le Nil en Égypte.

Dimensions et formes. — L'Afrique est grande trois
fois comme l'Europe et 55 fois comme la France. Sa plus
grande longueur du Nord au Sud égale 8 fois celle de la
France. Sa plus grande largeur n'est guère moindre. Le
centre de l'Afrique, dans l'Ouadaï, au nord de l'Afrique
équatoriale française (p. 259), se trouve à 1.700 kilomètres
de toute côte, tandis qu'en Europe le point de la Russie le
plus éloigné des mers n'en est qu'à 800 kilomètres.

Dans l'ensemble, l'Afrique forme le continent *le plus
massif du monde entier*, après l'Australie ; par là, il contraste
avec l'Europe qui est de beaucoup le plus découpé.

Relief. — On a comparé l'Afrique à une série d'assiettes
posées les unes à l'envers, les autres à l'endroit ; les premières seraient les *plateaux*, les autres, moins nombreuses,
les *bassins*, deux *formes dominantes* du relief africain.

Au Nord, l'*Afrique mineure*, comprenant Maroc, Algérie et Tunisie, est un ensemble de hautes terres orientée du Sud-Ouest au Nord-Est; la structure en plateaux s'y accuse surtout à la hauteur d'Oran. Elle ressemble à deux autres pays méditerranéens, l'Asie mineure (p. 36) et l'Espagne.

Au Sud, le *Sahara* est, lui aussi, un plateau beaucoup plus grand et qui affecte à peu près la forme d'un toit. La ligne de faîte irait depuis le Sahara algérien au Nord-Ouest jusqu'à l'Ouadaï au Sud-Est.

Plus au Sud, le *Soudan* comprend : 1° des plateaux *moins élevés* que le Sahara, comme celui où le Niger trace sa boucle; 2° le *bassin du lac Tchad*, 240 mètres, prolongé au Nord par la dépression saharienne du Bodelé qui s'abaisse à 200 mètres ; 3° le *bassin du Nil moyen*, ayant à peu près la même hauteur.

Toute la partie triangulaire, depuis le Soudan au Cap, ne forme pour ainsi dire qu'un *grand plateau* avec une seule dépression intérieure importante, le *bassin du moyen Congo*, haut de 3 à 500 mètres.

Sur le pourtour de l'Afrique du Sud, la côte est séparée des régions centrales par des gradins parfois multiples. Les principales hauteurs se trouvent à l'Est, entre la mer Rouge et l'équateur, où elles sont formées par des volcans qui dominent de hauts plateaux. Ceux d'*Abyssinie* dépassent 5.000 mètres, ceux du *plateau des Grands Lacs* approchent de 6.000 et l'un d'eux, le Kilimandjaro, *point culminant* de toute l'Afrique, dépasse 6.000.

L'altitude moyenne de l'Afrique dépasse de 200 mètres celle de l'Europe.

Région équatoriale. — Deux tiers de l'Afrique se trouvent au nord de l'équateur: un tiers, toute la partie triangulaire, au sud.

L'Afrique appartient donc aux deux hémisphères ; les saisons s'y correspondent en sens opposé de chaque côté de l'équateur. Ainsi, pendant que la zone tropicale nord a la saison des pluies et l'Algérie l'été, Madagascar subit la saison sèche, le Cap l'hiver, et inversement (1).

---

1. Le détail des climats et des saisons est donné dans le cours de *Première année* (p. 57 et suivantes).

Le *climat équatorial* (au voisinage de « la ligne »), constamment chaud et humide, favorise la végétation. Aussi la *forêt vierge* s'y développe-t-elle, moins pourtant que dans les autres parties équatoriales du monde, parce que les montagnes côtières arrêtent les pluies apportées par les vents de mer, ce qui en prive l'intérieur. Elle s'étend surtout à l'Ouest sur la côte du Congo et sur une partie du golfe de Guinée ; elle reparaît sur le versant occidental des hautes montagnes voisines des grands lacs et du bord du massif abyssin. Sur la côte de l'océan Indien, elle se présente en étroite bande littorale bordant les gradins des plateaux.

Les deux zones tropicales. — De part et d'autre de la région équatoriale, s'étendent les deux zones de *climat tropical*, caractérisées par deux saisons : l'une sèche ; l'autre, l'été, chaude et pluvieuse à la fois. Les pluies diminuent à mesure qu'on s'éloigne soit de l'équateur, soit de la côte.

Ainsi, dans l'Ouest africain, leur limite s'indique, au nord de l'équateur, par le dernier fleuve permanent, savoir le Sénégal et par la dernière nappe d'eau, le lac Tchad.

Au sud de l'équateur, sur le littoral de l'océan Atlantique, le terme de la région tropicale se marque aussi par la disparition des cours d'eau réguliers, à la frontière de l'Angola portugais et du Sud-Ouest allemand.

Sur le versant de l'océan Indien, les zones de pluies et de végétation s'inclinent davantage vers le Sud. Là, dans l'hémisphère nord, la zone sèche sans rivières permanentes s'avance, au sud de l'Abyssinie, presque jusqu'à l'équateur ; par contre, au sud de l'équateur, la zone des pluies s'allonge jusqu'au Natal anglais, à une latitude qui correspond à celle du littoral tripolitain.

Cette disposition tient à deux causes : 1° au Nord-Est, les massifs plateaux d'Asie forment un écran qui ne laisse pas arriver les nuages ; 2° la *mousson* d'été, qui apporte la pluie, se dirige au sud-est de l'Afrique orientale anglaise jusqu'au Natal et à la côte nord-ouest de Madagascar.

Les zones tropicales d'Afrique n'offrent guère de forêts que le long des rivières, et qu'on appelle forêts-galeries. Le reste est couvert de hautes herbes et de *brousse* dans les parties abandonnées, mais de grands espaces se prêtent au travail des hommes; là se pratiquent la plupart des cultures tropicales, canne à sucre, café et coton.

Les déserts. — Au nord et au sud des zones tropicales, s'étendent deux déserts. Le plus grand se trouve dans la massive Afrique du Nord; c'est le *Sahara* qui se prolonge au delà de la mer Rouge par les déserts d'Arabie, de Perse et de l'Asie centrale (p. 8).

Le moins étendu, au Sud, s'appelle le Kalahari; en Océa-

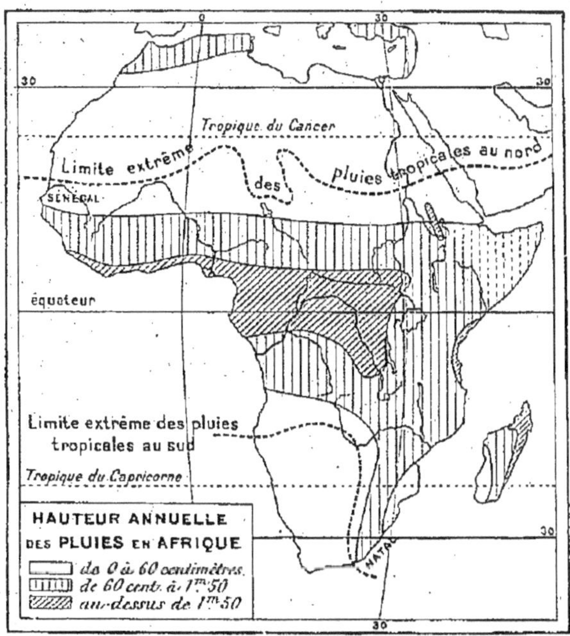

Trois zones de pluies en Afrique : 1° la région équatoriale, qui reçoit très fréquemment des pluies abondantes par averses; 2° les deux régions tropicales, où les pluies tombent dans une seule saison; 3° les deux régions désertiques, à pluies très rares. — La pointe des Somalis (en pointillé) reçoit rarement de l'eau, bien que se trouvant englobée dans la zone des pluies tropicales.

nie, sous la même latitude, le désert d'Australie lui fait pendant (p. 161).

Les zones de désert se poursuivent dans l'univers entier; pour la proportion, l'Afrique vient au second rang, après l'Australie.

Régions à pluies d'hiver. — 1° Le littoral de l'Afrique mineure éprouve le même climat que les régions d'Europe

en bordure de la Méditerranée. Il est plus sec que nos
régions, mais il l'est moins que le Sahara parce qu'il a une
saison de pluies régulières, qui se place pendant les mois
d'hiver. Ses côtes ne connaissent ni la gelée, ni la neige. Les

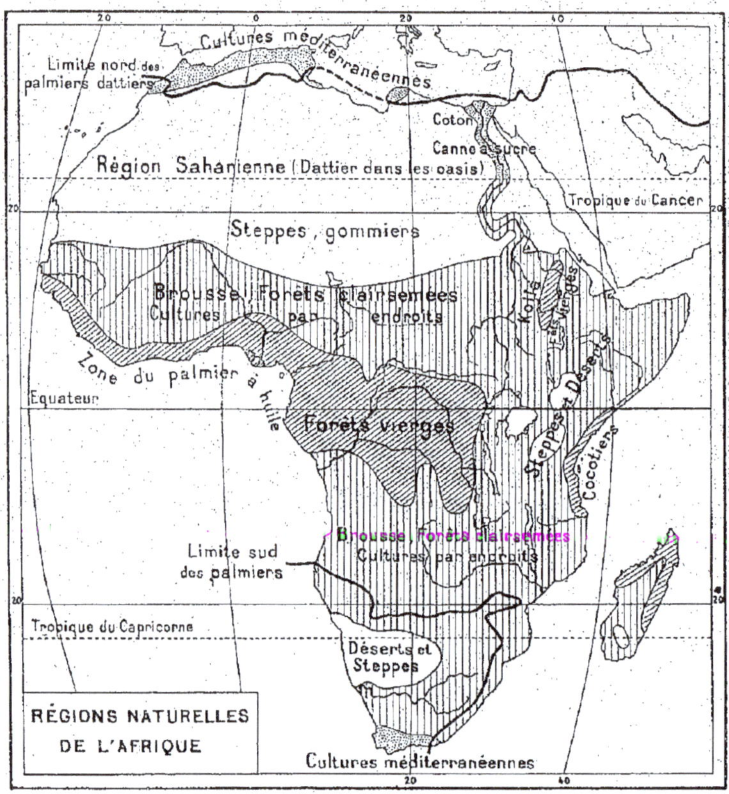

*A la zone des pluies équatoriales correspond la région des forêts vierges. La zone
des pluies tropicales est le domaine de la brousse et des forêts clairsemées, qui
se soude par l'intermédiaire de la steppe aux régions désertiques. Aux deux extrémités, pluies d'hiver peu abondantes et cultures méditerranéennes.*

fruits et les fleurs du Midi, l'olivier, la vigne y mûrissent.

2° Le littoral sud de la colonie du Cap jouit d'un climat
analogue et offre les mêmes productions.

Grands fleuves. — L'Afrique possède quatre grands
fleuves, supérieurs en longueur aux plus longs de l'Europe ;

l'un d'entre eux coule en partie dans la zone des pluies
équatoriales et offre par conséquent le débit le plus abondant : c'est le Congo. Deux autres coulent dans les zones
tropicales à deux saisons tranchées, l'un dans l'hémisphère
nord, le Niger, l'autre dans l'hémisphère sud, le Zambèze.
Enfin, un quatrième traverse toutes les zones de climats de
l'Equateur à la mer Méditerranée : c'est le Nil.

Haut Congo et lac Tanganyika. — Le Congo occupe un
bassin grand quatre fois comme la France ; c'est le deuxième
fleuve d'Afrique par sa longueur qui atteint 4.600 kilomètres,
quatre fois la Loire ; il est le premier de ce continent et le
second du monde entier, après un autre fleuve équatorial,
l'Amazone, pour l'importance du débit.

Le Congo prend sa source dans les *hauts plateaux* de
l'Afrique centrale ; il est formé par trois branches différentes ; l'une, véritable chapelet de petits lacs allongés, vient
d'une zone humide, haute en moyenne de 1.200 mètres,
couverte de marécages qui l'ont fait surnommer le *plateau
des éponges* et dont les eaux s'écoulent au Sud vers le Zambèze, au Nord vers le Congo. Le bras du milieu naît à une
altitude sensiblement égale dans le sud du *plateau des
grands lacs*, où il traverse deux lacs. Le troisième vient de
l'Est et sort du lac Tanganyika.

Situé à 850 mètres de haut sur un plateau, le *lac Tanganyika* s'allonge du nord au sud entre des bords montagneux ;
il mesure 45 kilomètres de long sur 600 de large ; c'est le
second de l'Afrique en étendue. Sa superficie égale
cinquante-cinq fois celle du lac de Genève. L'émissaire
qui amène ses eaux au Congo descend du plateau par une
série de cataractes.

Au point où les trois affluents se réunissent, le Congo
atteint 550 mètres de large. Il franchit ensuite deux séries
de rapides et de cataractes, dont le dernier s'appelle les
chutes de Stanley.

Moyen Congo. — A partir de là, sur plus de 1.600 kilomètres, le Congo coule au fond d'un haut bassin et ne
descend que de 400 à 300 mètres. C'est alors un énorme
fleuve qui se divise en bras nombreux ; il mesure par

endroits, en comptant les îles, près de 50 kilomètres de. large, plus que le Pas de Calais.

C'est dans cette partie qu'il reçoit ses principaux affluents. Sur la rive nord arrive l'*Oubangui*, long de 2.300 kilomètres, rivière navigable, sauf dans quelques sections coupées par des rapides. Sur une grande partie de son cours, il forme la frontière entre le Congo belge et le Congo français.

Sur la rive sud, le *Kassaï*, long de 2.000 kilomètres environ et qui a 650 mètres de large à son confluent, est navigable avec les mêmes exceptions que le précédent.

Cours inférieur du Congo. — La sortie du bassin moyen est barrée par les montagnes côtières. En raison de cet obstacle, l'eau reflue et forme le *bassin de Stanley*, égal aux quatre cinquièmes du lac de Genève. Sur la rive nord de ce lac, a été bâtie Brazzaville, la capitale du Congo français; sur l'autre, celle du Congo belge, Léopoldville.

Dans sa descente à la mer, le Congo se trouve resserré sur 275 kilomètres de long dans des gorges où trente-deux chutes et rapides étranglent son cours. Sa largeur s'y réduit à moins de 300 mètres. Cette section absolument fermée à la navigation est tournée par *un chemin de fer belge* de 400 kilomètres qui unit Léopoldville à l'estuaire.

L'estuaire du Congo donne accès aux grands navires. On y trouve plusieurs ports de mer.

Régime du Congo. — Les saisons pluvieuses se succèdent en sens inverse au nord et au sud de l'équateur qui est traversé par le Congo; aussi, quand les affluents du Nord commencent à baisser, ceux du Sud ont-ils leur crue; il en résulte que le Congo s'enfle deux fois par an et qu'il n'a jamais de très basses eaux. Le Congo débite en moyenne 50.000 mètres cubes à la seconde, soit plus de trois fois le débit du Rhône aux crues les plus fortes. Il transporte une quantité prodigieuse d'alluvions qui se déposent au fond de son estuaire et très loin sur les bords de la mer.

Le Niger. — Le Niger a 4.000 kilomètres de long. Son cours se divise en trois parties : 1° le Haut-Niger; 2° la Boucle, qui s'avance jusqu'au sud du Sahara; ces deux parties en territoire français; 3° le Bas-Niger où le fleuve rentre dans la zone tropicale, appartenant aux Anglais.

1° Le Haut-Niger est formé par des torrents qui descendent du *Fouta-Djalon*, où ils naissent entre 800 et 1.000 mètres de haut. Il descend par une série de rapides jusqu'à Kouli-kouro où il devient *navigable* ; là il est rejoint par la voie ferrée du Sénégal au Niger. Il mesure alors 500 mètres de large et 2 mètres de profondeur.

En aval, le Niger s'étale en une série de faux bras et de lacs temporaires dans une *vallée large à fond plat*. On compte y creuser des canaux *d'irrigation* et faire de cette vallée un pays producteur de riz et de coton.

2° Plus bas, le Niger passe à 20 kilomètres de Tombouc-tou, une des capitales du désert, qui a un port sur le bord du fleuve. Alors il s'engage *dans le Sahara* ; ne recevant plus d'affluent permanent, il s'appauvrit de plus en plus ; les dunes de sable poussées par le vent l'envahissent par-fois son lit et change de place ; s'il continuait ainsi, il se terminerait par un grand marécage comme le lac Tchad. Mais les plateaux du Sahara méridional le rejettent vers le Sud ; il passe alors par des défilés et franchit des rapides qui le rendent impraticable à la grande navigation.

3° Le Niger accomplit les mille kilomètres qui lui restent à parcourir dans une région à *pluies* d'été. Il y reçoit plu-sieurs affluents, dont l'un, la *Bénoué*, sur la rive orientale, est une des rares rivières africaines qui ne soit *pas coupée* par des cataractes. On y navigue sur près de 1.000 kilomè-tres. Dans cette région, le Niger est de nouveau sillonné par des services réguliers de bateaux à vapeur. Le fleuve se termine par un énorme delta qui comprend seize branches et s'étale sur plus de 350 kilomètres.

Chari et lac Tchad. — Le Chari est formé par plusieurs rivières dont les sources sont voisines de celles des affluents septentrionaux de l'*Oubangui*.

Il coule lentement en formant des faux bras et des maré-cages sur le plateau monotone du Soudan extérieur.

Le Chari peut être utilisé presque toute l'année par de petits bateaux à vapeur ; il sert de voie de pénétration du Congo français vers le Soudan central.

Il se termine par le lac *Tchad* ; ce lac offre une superficie supérieure à celle de trois départements français, mais il présente un volume d'eau très inférieur à ceux des grands réservoirs qui donnent naissance au Nil et au Congo. C'est, en effet, une *immense mare*, vaseuse, parsemée de bancs et d'îles et où la plus grande profondeur ne descend pas au-dessous de 8 mètres ; il paraît se dessécher progressivement ; on n'y navigue guère qu'en pirogue.

Zambèze et lac Nyassa. — Le Zambèze est le quatrième fleuve d'Afrique par la longueur, il mesure près de 2.700 kilomètres, deux fois et demie la Loire, et il draine un bassin plus de deux fois grand comme la France.

Le Zambèze a ses sources à plus de 1.500 mètres de haut dans le plateau marécageux des *éponges* où se trouvent également l'une de celles du Congo et celles du Kassaï (p. 180). Son cours supérieur se fait dans un pays humide, peu peuplé, plein de plantes aquatiques où abondent les hippopotames et les crocodiles.

Le fleuve descend sur un plateau inférieur par une série de chutes ; l'une d'elles, nommée Victoria, la plus grandiose du monde, a 140 mètres, soit deux fois et demie la hauteur du Niagara ; à cause du bruit qu'elle fait et de la vapeur qui s'élève au-dessus de la masse d'eau déplacée, les indigènes l'appellent « la Fumée qui tonne ».

Le Zambèze traverse ensuite en plusieurs endroits des gorges profondes et franchit une dernière série de rapides au sortir desquels il devient navigable, en territoire portugais. Il reçoit alors son affluent le plus important, le *Chiré*, qui lui apporte les eaux du lac Nyassa en franchissant lui-même des rapides et des cataractes.

Le lac *Nyassa*, le *moins* élevé des grands lacs, est à 480 mètres ; il se présente sous une forme allongée et se réduit par endroits à 25 kilomètres de large. Sa superficie égale presque celle du Tanganyika. Il vient ainsi au troisième rang par l'étendue en Afrique. Sa profondeur moyenne dépasse 100 mètres.

Le Zambèze se termine par un grand delta. Les navires peuvent pénétrer dans l'une de ses branches, où les Portugais ont établi un port.

Le Nil. — Le Nil est le plus long fleuve du globe ; il me-

sure plus de 6.500 kilomètres, à peu près deux fois la longueur des quatre grands fleuves français mis bout à bout ;
il ne figure pourtant qu'au vingt-septième rang du monde
pour son débit. C'est qu'en effet le Nil déroule tout le
dernier tiers de son cours dans la Nubie, puis dans l'Égypte,
contrées ne *recevant presque jamais d'eau*. Le fleuve y perd
donc sans cesse de l'eau par évaporation.

Pour les anciens, qui ne connaissaient pas les sources du
Nil, c'était un sujet d'étonnement, d'ailleurs fort justifié, de
voir ce fleuve ne tarir jamais dans des pays déserts qui font
suite au Sahara. C'en était un plus grand encore de le voir
tous les ans, dans l'Égypte sans pluie, accuser régulière-
ment une très forte crue qui inondait la vallée. Ce mystère
n'en est plus un pour nous, depuis que les sources ont été
découvertes à la suite d'une série d'explorations commen-
cées il n'y a guère plus de cinquante ans.

Lac Victoria et Nil équatorial. — Nous savons que le
Nil est formé par deux cours d'eau : le plus long, le Nil
blanc, vient du *plateau des grands lacs*. Il sort du lac Victoria
qui se trouve à 1.200 mètres de haut sous l'équateur.

Le *lac Victoria* est le plus grand de l'Afrique; il occupe
une superficie égale à un sixième de celle de la France et
à cent cinquante fois environ celle du lac de Genève. Sa
profondeur descend par endroits à 200 mètres. Dans le
monde entier, seul, le lac Supérieur le dépasse, et de peu,
par le volume de ses eaux et par son étendue.

De ce lac élevé, le Nil s'échappe par une chute, puis il se
précipite dans une gorge du plateau, de rapide en rapide
et de cascade en cascade jusqu'au *lac Albert*, situé à 733 mètres. Il a ainsi parcouru, en 300 kilomètres, la moitié de sa
pente totale.

Le lac Albert reçoit lui-même par une rivière les eaux du
lac Albert-Édouard, placé à près de 750 mètres.

Chacun de ces deux lacs est grand environ huit fois
comme le lac de Genève; chacun est alimenté par les pluies
équatoriales, comme le lac Victoria, et aussi par les torrents
issus de hautes montagnes *neigeuses*, de 5.000 mètres, entre
lesquelles leurs eaux s'allongent du Nord au Sud.

Le Nil sert de déversoir à tous ces réservoirs. Grossi de

leur appoint, il descend le dernier gradin du plateau des grands lacs.

Le Nil Blanc dans le Soudan égyptien. — A Lado, ville du Soudan égyptien (460 mètres), le Nil commence un cours plus lent dans lequel il est navigable, au moins pendant les hautes eaux.

De Lado à Khartoum, sur près de 2.000 kilomètres, le Nil suit une pente d'une centaine de mètres, presque insensible, au milieu d'un *grand bassin plat*. Dans cette partie, il décrit de nombreux méandres, s'étale en *marécages*, se divise en faux bras, comme le Niger ou le Chari, à l'autre extrémité du Soudan.

Il en est de même de ses affluents, dont le principal vient de l'Ouest; c'est le *Bahr-el-Ghazal*, ou « fleuve des gazelles », formé par la réunion d'une foule de cours d'eau en éventail qui ont valu à la région le nom de *pays des rivières*.

Dans la saison des pluies, les parties basses se couvrent d'eau, les marécages deviennent des lacs: c'est le moment où les bateaux peuvent remonter jusqu'à Lado.

Dans la saison sèche, au contraire, le Nil et ses affluents, au cours de plus en plus réduit, s'embarrassent de papyrus et de roseaux formant un fourré, à travers lequel même les pirogues des indigènes trouvent difficilement leur voie. En 1880, une flottille de bateaux à vapeur, engagée au début de la saison sèche dans le *sedd*, ainsi appelle-t-on ce fouillis, y demeura pendant trois mois; les 500 Égyptiens qui la montaient moururent presque tous de fièvre ou de faim.

Sans les réservoirs inépuisables des grands lacs, le Nil se terminerait à la limite du Sahara en une immense mare, comparable au lac Tchad dans lequel meurt le Chari (p. 182). Ce sont donc les grands lacs, et, par conséquent, les pluies équatoriales, qui permettent au Nil de ne jamais se tarir.

Le Nil Bleu. — D'autre part, c'est l'autre bras, le Nil Bleu, venu d'Abyssinie, qui occasionne la crue annuelle.

Le Nil Bleu sort du *lac Tana*, situé à 1.750 mètres, parmi les hauts volcans de l'Abyssinie. Sa superficie égale environ cinq fois celle du lac de Genève.

Sorti du lac, le Nil Bleu serpente, tortueux et rapide, dans les gorges des montagnes de l'Abyssinie qui l'obligent à décrire un vaste circuit. Quand il en est sorti, la dernière partie de son cours se fait sur le même bassin plat où coule le Nil blanc ; tous deux confluent à Khartoum.

Pendant la saison sèche, le Nil Bleu a beaucoup moins d'eau que le Nil Blanc ; il est parsemé de bancs de sable, on le traverse à pied. Mais vers la fin de l'été, la chaleur fait

DEUXIÈME CATARACTE DU NIL.

Un des rapides par lesquels le Nil descend du plateau nubien dans la Basse Égypte. C'est la plus grande des six cataractes, en amont de Ouadi-Halfa ; elle s'étend sur une longueur de 15 kilomètres.

fondre les neiges et les glaciers des sommets d'Abyssinie; les pluies tropicales, qui tombent dans la même région, accélèrent la fusion. Le Nil Bleu monte alors brusquement de plusieurs mètres et apporte à Khartoum une vague énorme qui cause la première crue.

Le niveau du fleuve est ensuite soutenu par l'effet des pluies tropicales d'été qui se font sentir sur le Nil Blanc et sur ses affluents, quoique d'une manière moins brusque que sur le Nil Bleu.

Les cataractes du Nil. — Une fois formé à Khartoum, le Nil offre un débit égal à sept fois celui de la Seine ; il ne recevra plus dès lors qu'un seul affluent permanent envoyé par les montagnes d'Abyssinie ; c'est l'Atbara, souvent à sec, mais transformé pendant la crue en un cours d'eau large de 500 mètres, profond de 5 à 6 mètres et vers lequel tous les animaux de la steppe, domestiques ou sauvages, se précipitent pour boire l'eau bienfaisante.

LE NIL A BEDRECHEIN

Paysage caractéristique des bords du Nil en Égypte. Rive plate que le fleuve couvre en temps de crue. Des bouquets de dattiers, autour des villages, mirent dans les eaux du fleuve leur tronc, surmonté d'un bouquet de palmes.

Le Nil traverse ensuite le *plateau de Nubie*, par une vallée étroite, tortueuse ; en *six* endroits, le lit est barré par des éperons de roches particulièrement résistantes que le fleuve n'a pu user complètement ; il les franchit par ce que l'on appelle les cataractes et qui, en réalité, devraient se nommer *rapides*. C'est la partie de son parcours la plus sauvage et la moins peuplée.

Le Nil en Égypte. — Après les cataractes, le Nil entre en

Égypte, à Assouan, la Syène des Anciens. Il lui reste 1.200 kilomètres à parcourir avec moins de 100 mètres de pente.

En Égypte, la vallée du fleuve est *large* de 10 à 16 kilomètres et taillée entre deux plateaux de roche nue.

En aval du Caire, commence le *Delta*, qui s'élargit sur une superficie grande à peu près comme trois départements français, et qui occupe 600 kilomètres de front sur la mer. Les eaux du Nil roulent pendant la crue 400 grammes de limon par mètre cube d'eau. Une partie de ces dépôts s'entasse dans la vallée égyptienne où l'épaisseur des alluvions fluviales est d'au moins 10 mètres, dans le Delta, où elle va jusqu'à 16, et enfin sur le bord de la mer, où la terre gagne environ 1 mètre par an.

Le débit du Nil avant le Delta, bien que réduit par une évaporation continuelle, égale au moins le débit moyen de la Seine, pendant les plus basses eaux, et, en crue, il atteint presque celui du Rhône aux eaux les plus fortes.

La hauteur ordinaire de la crue est de 10 mètres à Assouan, de 7 m. 50 au Caire.

Sans le Nil, l'Égypte ne pourrait être cultivée. Sans les Égyptiens, la vallée serait demeurée marécageuse et sauvage, comme entre Lado et Khartoum et comme le restent celles des autres grands fleuves africains.

CHAPITRE II

LES POPULATIONS DE L'AFRIQUE

Primitifs et Nègres. — Peuls. — Races du bassin du Nil. — Populations
du Nord. — La religion musulmane.
Les Européens sur le littoral. — Exploration de l'intérieur. — Partage
de l'Afrique. — Positions occupées par les Européens.

L'Afrique est peu peuplé ; on n'y compte guère plus de
4 habitants au kilomètre
carré, densité dix fois inférieure à celle de l'Eu-
rope.

Primitifs et Nègres. —
L'Afrique est appelée le
« continent noir », parce
qu'elle renferme la plus
grande partie des popu-
lations noires de notre
globe.

Dans la forêt équato-
riale de l'intérieur, vivent
des noirs de très petite
taille appelés les *pygmées*
ou encore les négritos ou
petits nègres ; ce sont les
débris de populations
primitives qu'on re-
trouve aussi dans les
forêts de l'Asie méridio-
nale et de la Malaisie.

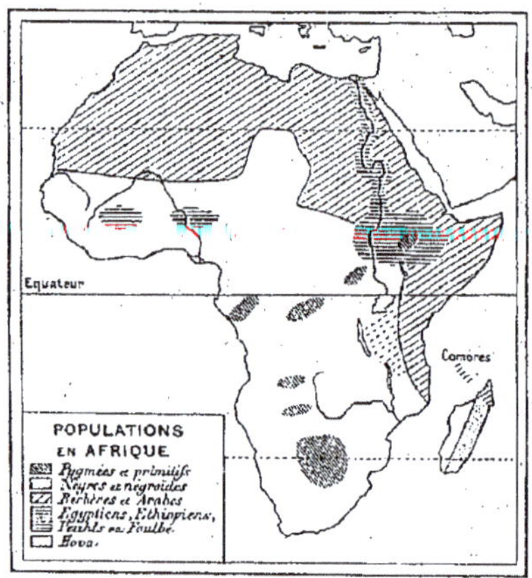

*La grande masse du « continent noir » est
occupée par les Nègres et les Négroïdes, au
milieu desquels apparaissent par taches les
Pygmées et Primitifs. Toute l'Afrique septentrionale et orientale est peuplée par les
Arabes venus d'Asie, sauf la vallée du Nil,
qui est restée le domaine des Égyptiens.
Madagascar se partage entre les Noirs et
les Hovas.*

Ne connaissant ni l'élevage des animaux domestiques, ni la

culture, ils vivent uniquement de chasse et de la cueillette
des fruits sauvages ; ils paraissent avoir été rejetés dans la
forêt par les populations noires plus vigoureuses qui ont
pris les bonnes terres.

Les nègres habitent, dans l'hémisphère nord, le Soudan,
nom arabe qui veut dire « pays des nègres » et que les
anciens géographes traduisaient par Nigritie. Dans l'hémisphère sud, ils s'étendent, sous le nom de Cafres, jusque
dans la colonie du Cap, à l'extrême limite du continent.

Là, ils ont refoulé une population primitive, formée de
gens à peau jaune et à formes lourdes, les *Hottentots*, plus
ou moins civilisés, et les « Hommes des bois », aussi primitifs que les pygmées ; réduits à vivre dans le désert,
pourchassés par les colons, ceux-ci diminuent de jour en jour.

Peuls. — Les Peuls ou Foulbés, au teint brun, se montrent
en général supérieurs aux noirs ; ce sont des guerriers et des
éleveurs de bestiaux. On les trouve répandus dans tout le
Soudan jusqu'au Sénégal ; les possessions françaises d'Afrique occidentale en renferment un grand nombre. Ils semblent
être venus des pays du Nil et présenter quelque parenté avec
les habitants de l'Égypte ou de l'Abyssinie. Ils se sont d'ailleurs *très fortement mélangés aux noirs* soudanais. Aussi,
dans le Soudan, y a-t-il très peu de gens de race pure.

Races du bassin du Nil. — L'Égypte et les pays du Nil
possèdent depuis très longtemps des populations spéciales,
qui paraissent avoir une origine asiatique.

Les *Égyptiens* aux formes trapues, au teint brun, aux cheveux plats, rappellent d'une manière frappante ceux qui
sont figurés sur les plus anciens monuments du pays. Ainsi
l'une des statues déterrées dans les tombeaux datant de trois
mille ans, porte le nom de « chef du village » qui lui a été
donné par les ouvriers indigènes, à cause de sa ressemblance avec un Égyptien d'aujourd'hui.

Les *Abyssins* et les populations voisines, comme les *Somalis*, paraissent apparentés aux Arabes, mais se sont fortement mélangés de sang noir, au cours d'un séjour en
Afrique dont le début date de fort longtemps.

Populations du Nord. — L'Afrique mineure possède
comme habitants les plus anciens des *Berbères*, par exemple

les Kabyles des montagnes algériennes, les Touareg, nomades du désert, et les habitants de plusieurs oasis. Le gros de cette race se rencontre au Maroc. Les Berbères sont des blancs apparentés aux populations de l'Europe

CASES PEULS

Les Peuls ou Foulbés (p. 190) forment, dans toute l'Afrique occidentale, des groupes importants et influents. Ces cases, de forme arrondie, couvertes de paille, et à toit bombé pour laisser couler l'eau des pluies équatoriales, se distinguent des cases cubiques, à toit plat en terrasse, de l'intérieur du Soudan et des oasis sahariennes.

méridionale et qu'on croit venus par le détroit de Gibraltar, à l'époque préhistorique. Ils sont parfois mélangés de sang africain. Certains ont gardé leur ancienne langue. Tous professent *l'islamisme.*

Un second groupe de populations a été formé par les *Arabes,* conquérants venus de l'Asie, dans le siècle qui suivit la mort de Mahomet. Les Arabes sont nombreux surtout en Algérie.

La religion musulmane. — Les Arabes ont apporté avec eux l'Islam ; convertis de gré ou de force, toute l'Afrique du Nord, le Sahara et le Soudan sont aujourd'hui musulmans.

D'autre part, les marchands et les conquérants arabes ont su depuis longtemps utiliser les moussons pour venir d'Asie sur les côtes africaines de l'océan Indien ; ils s'y sont établis et, de là, ont répandu l'Islam dans l'intérieur.

La religion musulmane continue à être propagée ; son domaine s'étend actuellement au nord d'une ligne qui part du Sénégal et aboutit à l'océan Indien, sur la côte de Zanzibar.

Malgré les efforts des missionnaires, les diverses confessions chrétiennes progressent infiniment moins vite que l'Islam.

Les populations musulmanes emploient comme langue religieuse l'arabe et plusieurs d'entre elles se mettent à le parler. Aussi l'*arabe* est-il devenu la *langue de l'Afrique du Nord*, depuis l'Égypte au Maroc ; dans l'ensemble de l'Afrique, il occupe un domaine plus étendu qu'en Asie.

Les populations islamisées d'Afrique présentent, en général, un commencement d'organisation politique, commerciale, industrielle qui les met au-dessus de célles qui n'ont subi aucune influence extérieure ; mais, par contre, elles croient que leur religion est la seule vraie et qu'elle leur ordonne d'empêcher la pénétration des infidèles ; c'est dans les pays musulmans qu'ont eu lieu le plus de massacres d'explorateurs, et c'est avec eux qu'il a fallu engager les guerres les plus longues et les plus terribles.

Les Européens sur le littoral. — Les marchands de Dieppe vinrent acheter l'ivoire, l'or, les esclaves sur les côtes du Sénégal et de la Guinée, dès le xive siècle ; ils durent ensuite céder la place aux Portugais qui firent des entreprises plus hardies encore. A partir de l'année 1420, les rois de Portugal envoyèrent, le long de la côte atlantique, des navires qui s'avancèrent toujours plus loin vers le Sud. En 1450, les Portugais franchirent l'équateur ; en 1492, ils découvrirent le cap de Bonne-Espérance ; en 1497, ils le

AMPHITHÉÂTRE ROMAIN A EL-DJEM (TUNISIE)

La Tunisie, l'Algérie et le Maroc, jadis colonisés par les Romains, renferment des ruines imposantes de villes antiques. La petite ville tunisienne d'El-Djem est bâtie sur l'emplacement et en partie avec les matériaux d'une cité romaine, dont l'amphithéâtre majestueux a subsisté.

doublèrent pour aller aux Indes, puis ils étendirent leurs explorations sur tout le littoral africain, de l'océan Indien jusqu'en Abyssinie.

Au xvie siècle, le Portugal était le grand pays à colonies africaines ; mais il ne put garder toutes ses possessions.

Dès le xviie siècle, les Français et les Hollandais lui en enlevèrent une partie ; les Anglais vinrent ensuite, au xviiie siècle, s'établir en Afrique.

Toutes ces puissances n'avaient d'abord que des maisons de commerce ou comptoirs sur la côte.

Exploration de l'intérieur. — Pendant longtemps, nul ne songera à pénétrer dans l'intérieur, sauf les explorateurs. Leurs voyages offraient de grandes difficultés ; en effet, les fleuves sont coupés par de nombreuses cataractes ne permettant pas une navigation facile ; en outre, dans une grande partie de la région tropicale, vit une mouche, la tsé-tsé, qui tue les bêtes de somme.

Il fallait donc employer des *porteurs* par dizaines, parfois par centaines, et les faire escorter par des hommes en armes pour empêcher qu'on ne les dévalisât.

Les premiers explorateurs furent des curieux et des naturalistes, dirigés ou inspirés par les sociétés scientifiques de France, d'Angleterre et plus tard d'Allemagne. Ils cherchèrent en général à remonter les fleuves ou, dans les pays sans eau, à suivre les routes de caravanes.

Beaucoup moururent de fatigue ou furent tués par les indigènes, surtout dans les pays musulmans. L'exploration de l'Afrique a coûté *plus de victimes* que celle des autres continents. Aussi a-t-elle demandé plus de temps. Nous ne connaissons tous les grands traits de la géographie africaine que depuis peu d'années.

Dans les premières années du xixe siècle, un explorateur anglais reconnaissait la plus grande partie du cours du *Niger*. De 1850 à 1873, le missionnaire anglais Livingstone explorait le *Zambèze*, au sud du plateau des grands lacs ; il fit en 1854 la première traversée de l'Afrique. De 1858 à 1864, plusieurs explorateurs anglais venus, trois de Zanzibar et un d'Égypte, découvrirent les principaux *grands lacs* et les *sources du Nil*.

De 1874 à 1877, l'explorateur Stanley partit de l'océan Indien, découvrit et reconnut le cours du *Congo*.

Partage de l'Afrique. — A cette époque commencent les explorations militaires et le partage de l'Afrique.

Le premier acte de partage a été conclu entre toutes les puissances à Berlin en 1884; c'est lui qui a donné naissance au Congo belge et au Congo français. Les autres ont été faits par arrangement entre les États directement intéressés, sans intervention des autres, sauf en ce qui concerne le Maroc. Pour ce dernier pays, la Conférence internationale d'Algésiras, en 1906, a donné à l'Espagne et à la France une situation spéciale qu'ont précisée les accords de 1911-1912.

Les Européens se sont ainsi distribué sur la carte d'immenses étendues de pays dont beaucoup restent encore aujourd'hui inoccupées, même parfois inexplorées. Ainsi le travail de reconnaissance et les expéditions militaires se continuent encore de nos jours dans les pays éloignés.

Mais déjà la plupart des régions africaines sont pour-

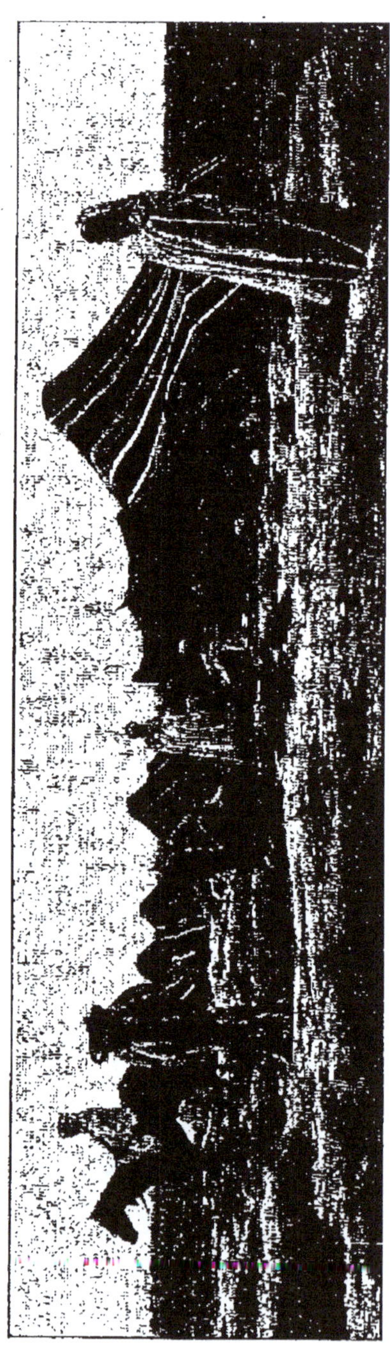

CAMPEMENT DE NOMADES ARABES SUR LES HAUTS-PLATEAUX D'ALGÉRIE

vues de *chemins de fer;* les fleuves et les lacs portent des bateaux à vapeur. L'Afrique est devenue infiniment plus facile à pénétrer.

D'autre part, des missions médicales ont entrepris de lutter *contre les maladies* qui décimaient à la fois les Européens et les indigènes, de sorte que l'Afrique deviendra plus habitable.

Enfin la *traite,* c'est-à-dire la vente des esclaves, a été réprimée partout où les Européens entretiennent une force armée.

Positions occupées par les Européens. — L'une des grandes puissances africaines est la *France,* qui détient un énorme morceau du continent allant depuis l'Algérie et la Tunisie à travers le Sahara et le Soudan jusqu'aux bouches du Congo. La France possède, en outre, la grande île de Madagascar et plusieurs dépendances moindres.

L'*Angleterre* a un domaine égal en étendue, mais plus peuplé, surtout depuis qu'elle occupe l'Égypte et a fait passer sous son influence cette province turque. Les possessions anglaises dessinent une large croix à travers l'Afrique; dans la direction sud-nord, elles s'étendraient du Cap au Caire, si elles n'étaient interrompues par le Congo belge et l'Afrique orientale allemande qui se font face de chaque côté du lac Tanganyika. De l'Est à l'Ouest, la Nigéria anglaise bordant l'Atlantique et le Soudan anglo-égyptien qui touche à la mer Rouge ne sont séparés que par le territoire français du Tchad. Les Anglais possèdent ainsi les deux meilleures voies naturelles d'accès au Soudan, le Niger inférieur et le Nil, doublés d'ailleurs par des voies ferrées.

Trois États n'ont commencé à coloniser qu'en 1884 : la *Belgique,* propriétaire du Congo; l'*Allemagne,* qui possède quatre colonies; l'*Italie,* qui en a deux peu importantes.

Il ne reste plus en Afrique qu'un seul État indépendant, l'*Empire d'Abyssinie.*

La *République de Libéria,* sur la côte de Guinée, fondée par des esclaves noirs libérés et rapatriés des États-Unis, subit, en fait, la tutelle des États-Unis.

Pour l'Afrique, le xixe siècle a été le siècle du partage ; le xxe est celui de la mise en valeur.

CHAPITRE III

L'ÉGYPTE ET LES PAYS DU NIL

I. — ÉGYPTE

Pays et population. — L'Égypte proprement dite occupe une superficie grande deux fois comme la France, mais presque toute sa population, 10 millions d'habitants, s'entasse dans le couloir du Nil, large au maximum de 16 kilomètres, et dans le Delta ; à cause de leur forme, on a appelé ces deux parties peuplées, qui constituent une oasis, la plus longue du monde, la *tête* et *la queue du serpent*.

Leur superficie n'égale pas tout à fait celle de la petite Belgique ; la densité de la population approche de celle de la Belgique industrielle, près de 300 habitants au kilomètre carré, bien que l'Égypte demeure à peu près exclusivement agricole. Le reste du pays ne compte que 200.000 Bédouins nomades, 1 par 5 kilomètres carrés.

La population augmente avec une rapidité très grande. Les indigènes, composés principalement de paysans appelés Fellahs, soumis, il y a douze siècles, par les Arabes, ont appris à parler arabe et se sont convertis à l'Islam. Les neuf dixièmes de la population sont *musulmans*; il reste environ 6 à 700.000 chrétiens indigènes.

Situation politique.— En Égypte, le chef de l'État, appelé *khédive*, est vassal du sultan de Constantinople, auquel il paye une redevance chaque année, mais le pouvoir est *héréditaire* dans la famille du khédive et le sultan s'est enlevé le droit de le remplacer par un fonctionnaire turc.

Dans le cours du xixᵉ siècle, les khédives ont transformé le pays et lui ont donné un ordre et une prospérité très supérieurs à ce que connaissait alors la Turquie, en employant des Européens, parmi lesquels les Français jouaient un rôle de premier ordre.

A la suite d'émeutes musulmanes contre les Européens, le Gouvernement anglais débarqua des troupes dans le pays en 1882 ; l'*occupation* anglaise dure toujours. Aujourd'hui, les principaux commandements sont exercés par des Anglais, et les Anglais ont remplacé les Français et autres Européens à la tête de la plupart des services.

Les finances égyptiennes sont prospères sous cette administration et tous les frais occasionnés à l'Angleterre, y compris les frais militaires, sont payés par l'Égypte.

La France a perdu la direction des écoles publiques, qui a passé à un Anglais ; néanmoins le français est encore la langue européenne la plus répandue en Égypte, comme d'ailleurs dans le reste de l'Orient. La France ne conserve plus guère que la direction des musées et des fouilles. Elle vient encore au premier rang parmi les pays qui ont placé des capitaux en Égypte, mais les entreprises anglaises augmentent plus rapidement que les siennes.

Elle dispute encore le second rang à la Turquie pour le commerce extérieur, le premier appartenant à l'Angleterre et aux colonies anglaises.

La France n'a donc pas conquis en Égypte la situation qui lui semblait assurée, vers le milieu du xixᵉ siècle. En 1904, elle a reconnu l'occupation anglaise ; elle doit maintenant s'occuper à sauvegarder le reste de son influence.

Parmi les étrangers résidant en Égypte, les plus nombreux sont les Grecs, près de 40.000, surtout commerçants et entrepreneurs. Viennent ensuite les Italiens, au nombre de 25.000. Les Anglais sont en Égypte au nombre de 19.500, en y comptant 6.000 soldats et marins et en comprenant dans le total les Maltais de langue italienne et de nationalité anglaise. Les Français, plus de 14.000, forment, si l'on fait la déduction de ces deux éléments, un groupe plus nombreux que les Anglais.

Climat et irrigation. — L'Égypte ne reçoit pour ainsi dire pas de pluie ; elle a le climat sec du Sahara. La moyenne du Caire est de 21°. Le climat est extrême en raison de la

PALMIERS AUX ENVIRONS DE THÈBES

Paysage de la Haute-Égypte. Palmier doum à feuilles disposées comme une main ouverte, au lieu des longues palmes, en forme de plumes d'oiseau, du dattier, d'où sont tirés nos emblèmes décoratifs.

sécheresse ; on a vu le thermomètre tomber à 2° et s'élever à 46°. Dans *la même journée*, on a observé une variation de près de 17°. Les oscillations s'accentuent encore à mesure qu'on s'avance dans l'intérieur.

La chaleur devient insupportable de mars à juin. Le Nil se réduit alors à un filet d'eau tiède, malodorant, dont il faut se contenter, puisque l'Égypte n'a point de sources. La terre, dépouillée des récoltes, reste nue, sauf dans les régions irriguées en permanence. Les vents brûlants du désert arrivent en rafale et soulèvent des tourbillons de poussière qui causent des maladies d'yeux.

En juin, l'Égypte et le Sahara surchauffés deviennent un foyer d'appel pour les vents du Nord qui arrivent après s'être rafraîchis sur la Méditerranée et qui rendent le climat un peu plus tolérable.

Vers la fin de juin, le télégraphe annonce la *crue du Nil* (p. 186-188) qui met six semaines à arriver au Caire. Elle se montre d'abord sous la forme d'un flot qui balaye tous les végétaux accumulés dans les eaux dormantes de la précédente saison. C'est le *Nil vert* qui dure quelques jours seulement et dont les eaux sont dangereuses à boire. Ensuite, apparaît le *Nil rouge*, qui doit sa couleur pourpre au limon des roches volcaniques d'Abyssinie et du plateau des grands lacs. Malgré sa teinte, l'eau est bonne. La crue dure jusque vers le 15 octobre; elle commence alors à baisser et, en décembre, le Nil est rentré dans son lit.

Dans la plus grande partie de la vallée, on laisse le fleuve s'étendre sur la partie plate; tout est submergé, sauf les villages entourés de bouquets de palmiers et les digues de terre sur lesquelles circulent hommes et animaux.

Ce système présente l'inconvénient de laisser pendant trois mois sous l'eau des terres qu'on pourrait mettre en rapport, si elles n'étaient submergées. L'Égypte, en effet, *ne connaît pas l'hiver* et, si on lui fournit l'eau et l'engrais, la terre peut recommencer à produire dès qu'une moisson est faite et fournir ainsi plusieurs récoltes par an.

C'est pourquoi on cherche à introduire partout *l'irrigation méthodique* qui consiste à retenir l'eau sous forme de grands lacs artificiels derrière des barrages coupant la vallée, à la conserver en quantité suffisante pour pouvoir l'envoyer au moyen de canaux dans les terres situées en aval pendant toute la durée qui s'étend entre deux crues.

L'irrigation méthodique a remplacé l'inondation dans tout le delta depuis des travaux qui ont été commencés, dès 1840, par un ingénieur français au service du khédive. Depuis l'occupation britannique, les Anglais font des travaux plus considérables encore pour introduire le même système dans toute la vallée. Le plus formidable de leurs ouvrages est la grande digue en granit et en acier d'*Assouan*, qui barre toute la première cataracte sur une largeur de 2 kilomètres et qui forme en arrière un bassin occupant toute la vallée sur une longueur de 160 kilomètres.

Le coton et la canne à sucre. — L'Égypte a toujours été un pays agricole ; jadis elle produisait surtout les céréales

ROUTE AUX ENVIRONS DU CAIRE

Route bordée par deux sortes d'arbres acclimatés dans la basse Égypte : les acacias, au tronc gros et noueux ; les sycomores, portant un feuillage épais et dont le bois, très dur, est très recherché. En dehors des palmiers, l'Égypte ne possède guère d'arbres indigènes.

et les légumes, ainsi que le trèfle et les fourrages artificiels.

Avec l'irrigation méthodique, elle remplace de plus en plus les cultures d'alimentation par les *cultures industrielles* dont les produits rapportent davantage.

Le *coton* fournit les neuf dixièmes des exportations de l'Égypte. Il est cultivé surtout dans le Delta. L'Égypte est le *troisième pays* producteur après les États-Unis et l'Inde et le rang qu'elle occupe ne lui est disputé que par la Chine.

L'Égypte ne travaille pas son coton, elle l'exporte en balles. Le principal marché se trouve à Alexandrie.

L'Égypte cultive la *canne à sucre* dans la Haute-Égypte, c'est-à-dire dans la vallée en amont du Caire. Elle produit la meilleure espèce connue, elle la travaille avec les procédés les plus perfectionnés dans des sucreries et raffineries fondées par les Français, mais concurrencées de plus en plus par les établissements anglais et indigènes. Le sucre donne la seconde exportation par ordre d'importance.

Par contre, l'Égypte est obligée d'importer des céréales, des farines et des légumes secs.

Trafic. — Le Nil est desservi par des bateaux à vapeur. L'Égypte possède, en outre, 2.300 kilomètres de voies ferrées. Le réseau est serré, surtout dans la partie la plus peuplée et la mieux cultivée, c'est-à-dire le Delta. Le rail remonte jusqu'à Assouan.

Le commerce représente 8 à 900 millions de francs, un peu moins que celui de l'Algérie; il est en progrès continu; l'Angleterre en fait 53 p. 100, la France et la Turquie, chacune de 8 à 9 p. 100, l'Allemagne et la Russie presque autant.

Canal de Suez. — Le canal de Suez met en communication la Méditerranée et l'océan Indien. Il a été creusé de 1859 à 1869 par une Compagnie d'actionnaires dont le fondateur était un Français, M. de Lesseps, et où la majorité des actions appartiennent à des Français. Le canal appartient toujours à la Compagnie dont les actions sont en hausse continue. Le canal ne comporte pas d'écluses, il est donc facile à franchir, mais ses dimensions ne suffisent plus pour les navires que l'on construit à notre époque. On devra donc l'élargir et l'approfondir. Le canal a besoin d'être dragué et entretenu constamment.

Par cette voie, la distance par mer, de Marseille à Bombay, n'est que de 2.370 kilomètres, tandis que par l'ancienne route de mer, qui doublait le cap de Bonne-Espérance, elle était de 6.000 kilomètres. Aussi le trafic du canal est-il intense. Il s'est multiplié par 100 depuis l'année de l'ouverture. Parmi les navires qui passent, 63 p. 100 sont anglais, 16 p. 100 allemands et 6 p. 100 français.

II. — SOUDAN ANGLO-ÉGYPTIEN

L'Égypte et l'Angleterre possèdent en commun toute la région qui s'étend au sud de la deuxième cataracte du Nil, jusqu'au plateau des grands lacs, entre l'Abyssinie à l'Est et le Congo français à l'Ouest. Elle s'étend sur près de 2 millions de kilomètres carrés, plus de trois fois la France ; elle a pour capitale Khartoum, au confluent des deux Nils.

La partie la plus peuplée comprend le bassin plat sur lequel coulent le Nil moyen et ses affluents (p. 185), ainsi que les gorges du Nil en Nubie. La population au sud de Khartoum se compose principalement de *noirs*.

La colonie renferme, en outre, à l'Ouest, sur les confins du Soudan et du Sahara, des massifs montagneux isolés, au milieu de steppes avec des oasis groupés autour de sources. Là se sont établis, comme dans tout le reste du Soudan, des *sultans musulmans*, régnant sur une population noire ; ils vivaient surtout, avant l'arrivée des Européens, du commerce des esclaves. Dans ces régions, les transports se font à dos de chameau. La brousse y est dominée par les arbres des steppes sèches, comme le *baobab* ; on y rencontre des *acacias* à gomme analogues à ceux du nord du Sénégal.

Refoulés par l'homme, les *animaux sauvages* africains se sont réfugiés dans ces régions peu peuplées. Aux confins du Sahara et du Soudan, les hautes herbes et les broussailles nourrissent et protègent des troupeaux d'antilopes et de gazelles. La girafe y broute les feuilles des arbres. Le lion, la panthère et le léopard s'y rencontrent fréquemment. La zone d'habitation de l'éléphant s'étend jusque-là. Dans les eaux du Haut-Nil, survivent l'hippopotame et le crocodile qui jadis descendaient jusqu'en Égypte.

Mise en valeur et commerce. — Le pays a été dépeuplé par des guerres et par la traite des nègres ; il ne semble pas compter plus de 10 millions d'habitants au maximum.

Les Anglais espèrent étendre les cultures du *coton* au sud de Khartoum, dans la vallée des deux Nils. Ils ont projeté à ce sujet de grands barrages et des travaux d'*irrigation* qui n'ont pu encore être réalisés.

Le chemin de fer égyptien s'arrête à Assouan, première

cataracte. De ce point à la deuxième cataracte, on n'a pas posé le rail, parce que les travaux nécessaires auraient été trop coûteux. Les communications se font donc par bateaux à vapeur, mais depuis la seconde cataracte, une voie ferrée remonte jusqu'à Khartoum ; elle a un embranchement qui aboutit sur la mer Rouge à *Souakim*, dont les Anglais veulent faire le port de sortie du Soudan. Les 541 kilomètres entre le Nil et Souakim se franchissent maintenant en une journée, alors qu'il fallait plus de deux semaines au temps des caravanes de chameaux.

Malgré tous ces travaux, le commerce entre l'Égypte et le Soudan n'atteint même pas 40 millions de francs dont plus des deux tiers en importations. L'exportation ne comporte guère que de la gomme arabique, de l'ivoire, des plumes d'autruches et des peaux brutes.

Le Soudan anglo-égyptien est encore un pays d'occupation militaire, ou les chefs musulmans ne sont pas tous soumis ; il coûte plus qu'il ne rapporte, mais le déficit est comblé par l'Égypte, sans que l'Angleterre débourse rien.

III. — ABYSSINIE. — SOMALIE

Relief. — L'Abyssinie ou Éthiopie forme une des régions les plus sauvages d'Afrique ; elle comprend de hauts plateaux surmontés par des montagnes volcaniques, couvertes de neiges éternelles et dont le point culminant dépasse 4.600 mètres. Ce pays s'élève brusquement par une falaise à pic coupée de défilés creusés par des torrents, à l'Est au-dessus de la mer Rouge, à l'Ouest au-dessus de la vallée moyenne du Nil. Des gorges profondes séparent les plateaux. L'une de ces déchirures du massif abyssin s'abaisse à 60 mètres au-dessous du niveau de la mer.

Climat et végétation. — Le versant tourné vers la mer Rouge forme une muraille sèche et nue ; au contraire, sur le versant qui fait face au Nil, arrivent pendant l'été les vents réguliers humides de l'Atlantique qui ont traversé l'Afrique sans trouver de hauteurs capables de condenser leur humidité. Elle se précipite sur les sommets d'Abyssinie, engendrant des torrents qui descendent vers le Nil.

L'influence combinée de l'eau et de la chaleur ont fait naître sur les pentes de cette région une des forêts vierges de l'Afrique, la *Kolla* où se mêlent les mimosas de la steppe soudanaise, les palmiers et les bambous de l'Afrique équatoriale. Elle s'arrête vers 1.800 mètres de haut.

Au-dessus et jusqu'à 2.400 mètres, se trouve une région moyenne tempérée ayant à peu près le climat du Tell algérien et où les fruits méditerranéens mûrissent. Les Abyssins l'appellent la *pente de la vigne*. En réalité, ils y cultivent surtout le *café* qui en est originaire.

Plus haut, vient la montagne qui est froide, avec de fortes gelées pendant l'hiver. C'est la région des pâturages et des *troupeaux*. La capitale actuelle de l'Abyssinie, Addis-Ababa (la Nouvelle Fleur), se trouve au Sud-Ouest, à 2.400 mètres, entre la zone des cultures et celle des pâturages.

Population. — Les Abyssins ont la peau claire, le nez aquilin, les cheveux et la barbe bouclés : ils semblent apparentés aux Arabes et aux anciens Égyptiens; ils sont au nombre de 3 millions environ. Convertis au *christianisme* dans les premiers siècles de notre ère, ils ont, seuls avec les Coptes d'Égypte, conservé leur ancienne foi après la conquête de l'Afrique du Nord par les Arabes. Défendus par leurs montagnes, ils sont toujours restés indépendants.

Les Abyssins obéissent à un empereur ou *négous*; au-dessous du souverain, viennent les ras, chefs féodaux analogues à ceux du Moyen Age. Les guerres civiles sont fréquentes; comme nos chevaliers d'autrefois, les Abyssins n'aiment que la chasse et les combats. Les travaux sont exécutés par des serfs appartenant à la population voisine des Gallas, que les Abyssins ont soumise par force.

Développement économique. — L'Abyssinie fait un commerce peu important à cause de la difficulté des communications; elle vend du café, son principal article d'exportation, ensuite la cire des abeilles élevées en quantité sur les plateaux, de la gomme arabique, de l'ivoire et des peaux.

Colonie italienne de l'Érythrée. — L'Italie est venue s'établir en 1884, à l'endroit où le plateau abyssin tombe à pic sur la mer Rouge. Elle a essayé de placer l'Abyssinie

sous son protectorat, mais elle y a renoncé, après une défaite
infligée à ses troupes par l'armée du Négous (1896).

Elle se borne aujourd'hui à occuper tout le littoral entre
le Soudan anglo-égyptien et la côte française des Somalis.
L'ensemble du pays occupé est grand comme la moitié de
l'Italie; mais il ne compte guère que 450.000 habitants,
pour la plupart des nomades éleveurs de chameaux. La
capitale est le port de *Massaouah*, 7.000 habitants, qui sert
de débouché au plateau septentrional de l'Abyssinie. Un
chemin de fer de pénétration est projeté.

Côte française des Somalis. — La côte française des
Somalis s'étend sur un littoral désert qui est le prolongement du Sahara jusqu'à la mer. Le climat est sec, sans
autre pluie que de rares ondées d'orage. Il est chaud, sans
hiver. La population, rare, consiste en quelques groupes
d'indigènes dont les principaux sont les Somalis, apparentés
aux Abyssins, qui vivent en élevant des *chameaux* et en
faisant avec eux les transports vers l'intérieur.

La France s'est établie dans ce pays, en 1862, après l'occupation de la Cochinchine. Elle s'y est installée définitivement, en 1884, au moment de la conquête du Tonkin. Son
but était d'y créer un dépôt de charbon pour ravitailler
les navires de guerre sur la route de la Méditerranée vers
nos possessions d'Extrême-Orient. C'est le rôle que remplit
encore aujourd'hui le port de *Djibouti*, seule ville de la
colonie avec 500 Européens et environ 10.000 indigènes.

Djibouti est devenu le point de départ d'un *chemin de fer*
qui se dirige vers l'Abyssinie à travers le désert pour remplacer l'ancienne route que suivaient les chameaux des
Somalis. Les 290 premiers kilomètres sont construits et
déjà cette voie inachevée amène à Djibouti un trafic important. Le commerce de la colonie approche de 40 millions de
francs et consiste presque uniquement en produits venant
d'Abyssinie ou allant en Abyssinie.

Pointe orientale de l'Afrique. — La pointe orientale de
l'Afrique, sur une superficie égale à la moitié de la France,
est un pays de plateaux secs, couverts de rocailles ou de
brousse, sans rivières permanentes, *désert* semblable à l'Érythrée et à la côte française des Somalis.

Le pays est occupé par des populations nomades analogues à celles qu'on a décrites plus haut, et, comme elles, *musulmanes*.

Le commerce est fait par des traitants *arabes*, qui achètent la gomme arabique récoltée dans l'intérieur, les peaux d'animaux et quand ils le peuvent, les esclaves noirs ou gallas amenés à travers le désert.

La partie de la côte qui fait face à l'Arabie forme la *Somalie britannique*, faisant suite à la Somalie française et acquise par les Anglais en 1884. Le principal port est Zeïla, que les Anglais voudraient rattacher par un embranchement à la ligne française de Harrar, afin de détourner par cette voie le commerce de l'Abyssinie méridionale.

Toute la côte sud-est, entre les limites de la Somalie anglaise et celles de l'Afrique orientale est placée sous le protectorat nominal de l'*Italie*.

IV. — PLATEAU DES GRANDS LACS

Description physique. — Le plateau des grands lacs semble faire suite à la zone élevée de l'Abyssinie. A la hauteur du lac Victoria, il est bordé par des montagnes volcaniques très élevées alignées du Nord au Sud.

Du côté de l'Est se dressent les plus hautes de l'Afrique; le massif du Kénia s'élève à 5.600 mètres, et celui du Kilimandjaro à 6.130. Ces montagnes, bien que la seconde se trouve sous l'équateur, apparaissent couronnées de neiges qui persistent toute l'année; mais leur limite inférieure reste beaucoup plus élevée qu'en Europe. Les pentes se couvrent de forêts vierges semblables à celles d'Abyssinie; à leur pied, enfin, profitant des eaux courantes, et de la fertilité des débris et alluvions volcaniques, se sont établis de nombreux villages noirs, dont les habitants vivent de culture.

Ces massifs, pittoresques et peuplés, contrastent avec le plateau proprement dit qui souffre de la sécheresse et présente assez souvent l'aspect de steppe, sauf autour des grands lacs : là se pressent de nouveau les habitations et les cultures au produit desquelles s'ajoutent les ressources de la pêche.

A l'ouest du lac Victoria, la bordure est formée par

d'autres montagnes volcaniques alignées du Nord au Sud et s'élevant jusqu'à 5.500 mètres; elles présentent le même aspect que celles de l'Est, mais, exposées aux vents humides de l'Atlantique dans les mêmes conditions que la Kolla (p. 205), elles reçoivent plus de pluie et souvent des brumes en dérobent l'aspect et en rendent l'exploration difficile. Elles forment une des parties de l'Afrique les moins connues.

A leur revers occidental et parallèlement à elles, s'allonge une sorte de gigantesque fossé de plus de 1.000 kilomètres, occupé par une série de lacs allongés du Nord au Sud. Les deux septentrionaux se jettent dans le Nil (p. 184); les deux méridionaux envoient leurs eaux au Congo (p. 180).

La partie méridionale du plateau est moins accidentée. A la hauteur de Zanzibar, le rebord s'approche du littoral qu'il suit à courte distance et se dirige ensuite vers le lac Nyassa. Ces gradins, exposés aux moussons de l'océan Indien, portent les dernières forêts de l'Afrique du Sud et toute la côte est bordée de *cocotiers* et de cultures de *canne à sucre*.

Parmi les lacs de la partie méridionale, le plus important, le *Nyassa*, s'écoule dans le bas Zambèze (p. 183).

Population et colonisation. — Les indigènes appartiennent à la race noire, mais la côte, grâce au régime des moussons, est depuis longtemps fréquentée par des *Arabes* et par des Hindous. Elle appartenait au sultan de Zanzibar, originaire d'Arabie, et avait pour capitale un port bâti dans l'île qui a donné son nom à l'État. Les marchands arabes montaient de la côte jusque dans la région des grands lacs et même dans celle du Congo. Ils en ramenaient des caravanes d'esclaves portant des charges d'ivoire. Tout le trafic était fait par *porteurs*, ce qui le rendait très coûteux; d'autre part, la traite dépeuplait complètement l'intérieur.

L'Allemagne et l'Angleterre ont toutes deux cherché à s'emparer des États du sultan de Zanzibar; elles ont fini par se les partager : un arrangement conclu en 1891 laisse à l'Angleterre la partie nord ainsi que l'île de Zanzibar et son port et donne à l'Allemagne la partie sud jusqu'aux possessions portugaises.

Afrique orientale anglaise. — Les Anglais ont construit un chemin de fer de 935 kilomètres qui part du port de

Mombaz, capitale de leur protectorat et aboutit au lac Victoria. Il permet de transporter les marchandises pour un prix six fois moindre qu'avec le système du portage, mais il a coûté plus de 160 millions de francs.

Sur le lac Victoria, des bateaux à vapeur anglais assurent les communications.

L'*Ouganda*, région située entre ce lac et le Soudan anglo-égyptien, appartient à l'Angleterre.

L'ensemble de ces diverses possessions anglaises n'est pas encore mis en rapport.

Afrique orientale allemande. — L'étendue de la colonie allemande est égale à deux fois l'Allemagne ; sa population comprend approximativement 6 millions et demi de noirs, 1.500 marchands arabes et indiens et 1.300 Européens. Les Allemands ont commencé trois chemins de fer de pénétration ; le plus long part du principal port, *Dar-es-Salam*, qui sert de capitale et s'avance à près de 500 kilomètres dans la direction du Tanganyika.

Les Allemands ont cherché à développer les cultures, surtout celle du *coton*, dont l'exportation a doublé en trois ans. Ils tirent encore de cette colonie le caoutchouc, le café et l'ivoire.

L'Afrique orientale ne vend cependant que pour 20 millions de francs au dehors ; elle importe, il est vrai, des marchandises pour une valeur double mais le fait vient des travaux publics entrepris et pour lesquels les matériaux ne peuvent être fournis que par l'Europe.

Cette colonie, bien qu'elle soit en progrès, coûte encore chaque année 5 à 6 millions de francs à l'Allemagne.

CHAPITRE IV

L'AFRIQUE MINEURE (ALGÉRIE, TUNISIE, MAROC)

I. — ALGÉRIE : La côte et le Tell. — Atlas, Kabylie et Hauts-Plateaux. — Climat. — Cours d'eau. — Le Sahara algérien. — Administration. — Population. — Le liège et l'alfa. — Élevage. — Céréales. — Vins, fruits et primeurs. — Mines et industrie. — Voies de communication.

II. — TUNISIE : Relief. — Climat et rivières. — Population. — Géographie politique. — Agriculture. — Mines. — Communications, pêche et commerce.

III. — MAROC : Relief. — Climat et cours d'eau. — Populations. — Situation politique. — Ressources.

I. — ALGÉRIE

L'Algérie occupe une superficie grande une fois et demie comme la *France*, mais les régions propres à la colonisation *égalent* à peine les deux tiers de notre pays.

L'Algérie se présente comme un grand plateau compris entre deux systèmes de montagnes : 1° L'*Atlas méditerranéen* qui borde la mer, vers laquelle il descend par une série de collines appelées le Tell ; 2° L'*Atlas saharien*, qui s'élève entre le plateau et le Sahara.

La côte et le Tell. — Le Tell et la région côtière s'étendent du Maroc à la Tunisie avec une largeur moyenne de 80 kilomètres. Ils couvrent une surface d'environ 14 millions d'hectares, c'est-à-dire à peu près un quart de la France. C'est la partie la plus fertile, la plus agréable à habiter et la plus peuplée de l'Algérie.

Presque partout, les montagnes sont parallèles au rivage et tombent à pic sur la mer.

La côte, longue de 1.100 kilomètres en ligne droite, est, pour ainsi dire, bornée par l'Atlas qui la longe : elle n'offre

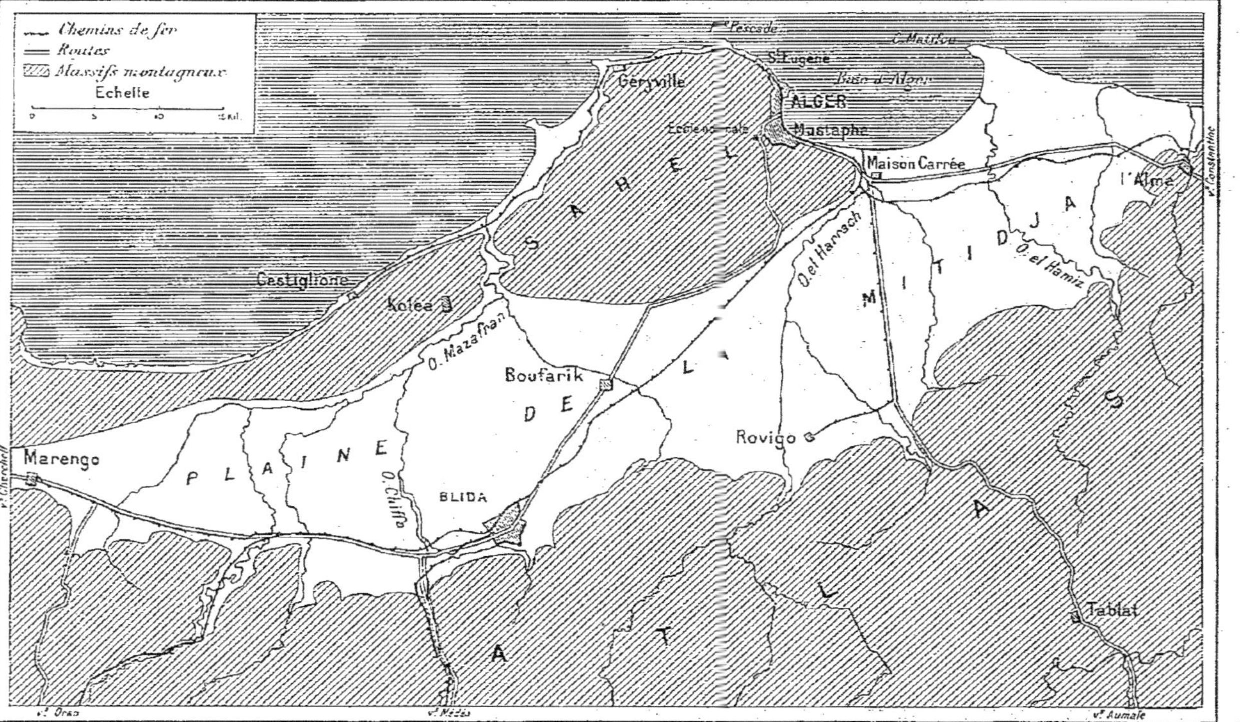

ENVIRONS D'ALGER

La ville est bâtie en amphithéâtre sur les collines du Sahel qui s'élèvent jusqu'à 407 mètres. Entre le Sahel et l'Atlas, s'étend la plaine colonisée de la Mitidja, décrite p. 212.

d'autres abris que les rades protégées par les contreforts des chaînons *côtiers*. La navigation est rendue plus difficile encore par un courant marin, venu de l'Atlantique, et par des vents du Nord-Ouest qui causent des tempêtes et rendent les traversées pénibles. « Mer farouche, rivage inhospitalier », disaient les Romains. Les Français ont dû exécuter de grands et coûteux travaux pour aménager des ports.

Plusieurs petites plaines, constituées par les alluvions des fleuves et entourées de collines, coupent la muraille littorale :

1° La plus grande est la *plaine du Sig* ou *d'Oran*, en partie marécageuse et inculte. Elle se prolonge dans l'intérieur par les vallées de quatre cours d'eau ; tout cet ensemble forme la principale région ouverte de l'Algérie.

2° La *plaine de la Mitidja*, entre les collines côtières d'Alger et l'Atlas proprement dit, n'a que 100 kilomètres de longueur sur 25 de largeur, mais ses marécages ont été desséchés, et elle est assainie, couverte de villes et de villages, au milieu des champs, des vignes, des vergers d'orangers. On y trouve un quart de la population européenne de l'Algérie. C'est la *région la plus française de l'Afrique*.

3° La *plaine de Bône* (100.000 hectares) deviendra, si l'on parvient à la drainer, semblable à la Mitidja ; elle se prolonge à travers l'Atlas par une haute vallée fertile.

Atlas, Kabylie et Hauts-Plateaux. — 1° Les différents massifs qui forment l'*Atlas méditerranéen* présentent des altitudes de 1.100 à 2.000 mètres. Les parties élevées apparaissent sous forme de rochers aux teintes claires, que couvre une maigre végétation d'épines et de plantes grasses. L'Atlas se *compose* en général de gradins et de chaînons parallèles à la côte ; des ravins transversaux les coupent, suivis par des torrents qui ne roulent d'eau qu'à la saison des pluies. Leurs noms sont significatifs : *Portes de fer, Défilé de l'agonie*. Beaucoup rappellent de sanglants combats livrés aux indigènes qui essayaient de barrer l'entrée de l'intérieur aux troupes françaises. Depuis la conquête, sur les flancs de ces ravins, ont été taillées des routes en corniche, parfois des voies ferrées, qui s'élèvent du littoral vers les plateaux.

2° Entre Alger et Philippeville, la grande et la petite

DANS LES MASSIFS DE KABYLIE

La route de la Corniche contourne les massifs de la Kabylie : montant de Tizi-Ouzou à Fort-National et de Fort-National à Michelet ; elle redescend vers Sétif, par le col de Tirourda, après s'être élevée jusqu'à 2.000 mètres.

DANS LES MASSIFS DE KABYLIE

La route de la Corniche contourne les massifs de la Kabylie : montant de Tizi-Ouzou à Fort-National et de Fort-National à Michelet ; elle redescend vers Sétif, par le col de Tirourda, après s'être élevée jusqu'à 2.000 mètres.

DANS LES MASSIFS DE KABYLIE

*La route de la Corniche contourne les massifs de la Kabylie : montant de Tizi-Ouzou à Fort-National et de Fort-National à Michelet ;
elle redescend vers Sétif, par le col de Tirourda, après s'être élevée jusqu'à 2.000 mètres.*

Kabylie forment des massifs distincts de l'Atlas et plus hauts que lui : leur point culminant dépasse 2.300 mètres et conserve à son sommet des traînées de neige fort avant dans l'été ; les eaux courantes y abondent plus que dans le reste du pays, et la nature s'y montre plus grandiose. On a surnommé la Kabylie « la Suisse de l'Algérie ».

3° En arrière des crêtes et des défilés de l'Atlas, les *Hauts-Plateaux* occupent une superficie de 11 millions d'hectares, près d'un cinquième de la France. Dans la province d'Oran, ces plateaux atteignent une largeur d'environ 200 kilomètres et leur hauteur varie de 700 à 1.000 mètres ; ce sont de grandes étendues sèches et nues. À mesure qu'on s'avance vers l'Ouest, leur largeur diminue. Dans la province de Constantine, ils se réduisent à des bassins fermés, entourés de hauteurs ; le centre en est occupé par les restes d'anciens lacs qui ont de l'eau au moment des pluies, mais qui, le reste du temps, apparaissent sous forme de grandes poches de vase, fendillées par le soleil et recouvertes d'une couche de sel. La dépression la moins élevée descend dans sa partie centrale à 400 mètres et elle est encadrée de sommets allant de 12 à 1.800 mètres.

4° Les massifs de *l'Atlas saharien*, quoique un peu plus hauts, forment une barrière moins continue que ceux de l'Atlas méditerranéen ; ils s'en rapprochent de plus en plus à mesure que l'on va du Maroc vers la Tunisie. Leur partie la plus élevée se trouve au sud de Constantine, dans l'*Aurès*, dont le point culminant, avec 2.329 mètres, est celui de toute l'Algérie et de la Tunisie. Ces hauteurs sont plus sèches encore que l'Atlas méditerranéen ; cependant elles possèdent des sources donnant naissance à des ruisseaux qui se perdent, au Nord sur les Hauts-Plateaux, au Sud dans le Sahara ; leurs vallées renferment de maigres pâturages ; pour ces diverses raisons, elles possèdent quelques bourgs, marchés et capitales des tribus nomades.

Climat. — Le climat de l'Algérie est comme l'exagération du climat de la France méditerranéenne. La saison des pluies, très *brève*, se place pendant le *court* hiver entre septembre et mars. L'été dure longtemps et se montre excessivement sec.

Le littoral reçoit en moyenne 60 centimètres d'eau par an,
à peu près autant que la côte de Provence ; les Hauts-Plateaux,

VÉGÉTATION D'OASIS

Palmiers dattiers et canal d'arrosage. Murs en terre battue des maisons.

40 seulement, moins que les régions les plus déshéritées
de France ; le versant saharien, pas plus de 20. Plus au Sud,

la pluie ne tombe que par exception ; le désert commence.

Seule, la côte ne connait ni la neige, ni les gelées qui deviennent habituelles dès l'Atlas méditerranéen. Aussi, Alger est-il, comme Nice, un séjour d'hiver, où le thermomètre ne descend pas au-dessous de 5°. Mais, en été, sous l'influence du vent chaud ou *sirocco*, on l'a vu monter à 45°.

En raison de la sécheresse de l'air et de l'altitude, le climat devient de plus en plus extrême, à mesure qu'on s'avance dans l'intérieur. Sur les Hauts-Plateaux, l'écart des températures entre les deux saisons accuse plus de 50°.

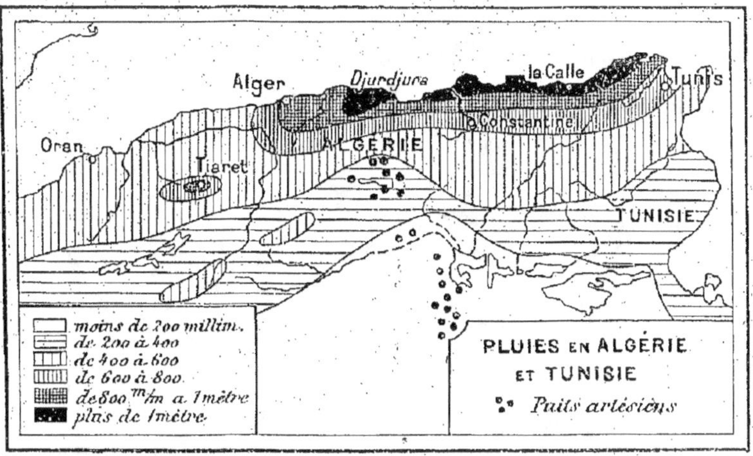

Sécheresse croissante du littoral vers l'intérieur. Le long de la côte ouest, l'eau tombe en quantité plus grande sur les montagnes de la Kabylie à la Khroumirie tunisienne.

Dans une même journée, on a observé une différence de 35°, entre la nuit où il gelait et l'après-midi très chaude. En bordure du Sahara, la variation annuelle approche de 60°.

Cours d'eau. — *Aucun* cours d'eau algérien *n'est navigable.* Tous sont sujets à des crues brusques et peu durables à la suite des orages. Pendant la plus grande partie de l'année, on peut employer comme piste leur fond desséché ; mais il arrive que les pluies remplissent tout d'un coup le lit et que la caravane ou le détachement engagé ne s'en échappe pas sans perdre des animaux, parfois des hommes, dans le torrent furieux qui dure quelques jours seulement.

UN VILLAGE SAHARIEN : SIDI-OKBA, PRÈS DE BISKRA

Cases de terre, à toits plats en terrasse ; au milieu, coupole d'une petite mosquée. Au fond, les vergers de palmiers de l'oasis.

Le plus long fleuve d'Algérie, *le Chéliff*, mesure 100 kilomètres de plus que la Garonne ; son débit tombe en été à 1 mètre cube par seconde ; par contre, il peut s'élever, dans de courtes crues, jusqu'à 1.200 mètres cubes.

Les cours d'eau algériens ne peuvent donc servir qu'à *l'irrigation*.

Le Sahara algérien. — Le Sahara français comprend : 1° Une partie de *plateaux* élevés, au sud d'Oran ; 2° Une région de *bassins* et de bas-fonds, avec nombreuses *oasis* au sud de Constantine et de la Tunisie.

1° La région où les Français se sont le plus avancés vers le Sud est celle d'Oran. On trouve là, après le terminus du chemin de fer, une ligne d'oasis qui rejoignent *Touat*, l'un des centres des Touareg, à 1.500 kilomètres d'Oran. Le Touat a été occupé par la France en 1901.

Au sud d'Alger, les cinq oasis du *Mzab* comptent 3.300 puits, 170.000 palmiers et 26.000 habitants. Ils ont été occupés en 1852. Plus au Sud se dressent des plateaux rocheux, absolument secs, qui ne permettent pas les communications avec le Soudan.

2° Au sud de Constantine et de la Tunisie, s'étend la région plus basse ; elle est occupée par de grandes dépressions, débris d'anciens lacs, recouvertes d'une route de sel sur laquelle passent les caravanes. C'est ce qu'on appelle les *chotts*. L'un d'entre eux s'abaisse à 21 mètres au-dessous du niveau de la mer.

De là, on pénètre plus avant en remontant le lit de fleuves morts, qui se jetaient dans les chotts, lorsque ces derniers étaient des lacs ; l'eau n'a disparu que de la surface ; elle coule encore, à l'abri de l'évaporation, sous l'ancien cours. aussi les indigènes ont-ils pu créer des oasis en forant des *puits*. Les Français en ont considérablement augmenté le nombre ; ils ont atteint des couches d'eau plus profondes en creusant des puits artésiens. Dans cette région, dont le principal centre est Touggourt, à 77 mètres d'altitude seulement, le nombre des villages a augmenté d'un tiers, le nombre des palmiers a triplé, la valeur des cultures s'est multipliée par 8 : c'est la région où notre occupation a le plus profité aux indigènes.

UN VILLAGE KABYLE

Petites maisons de paysans, couvertes de tuiles, serrées l'une contre l'autre et groupées au sommet d'une colline.

Administration. — Le Sahara est gouverné par des *militaires ;* on n'y fait pas de colonisation proprement dite.

L'Algérie, au contraire, s'administre à la française ; elle forme, non une colonie, mais trois *départements*, organisés sur le modèle métropolitain, chacun par un préfet assisté d'un conseil général. L'ensemble du pays est placé sous l'autorité centrale d'un gouverneur général, assisté de trois *délégations*, dont l'une indigène, assemblées en partie élues, qui votent le budget.

Population. — L'Algérie compte 5 millions 1/2 d'habitants, dont 88 p. 100 d'indigènes et 12 p. 100 d'Européens, Français, naturalisés ou étrangers.

La densité moyenne est de 32 habitants au kilomètre carré dans le Tell, moins de 2 dans l'Atlas et sur les Hauts-Plateaux, enfin, 11 au kilomètre carré, près de *sept fois moins qu'en France* pour l'ensemble du pays.

Les indigènes sont en majorité, au nombre de 4 millions et demi. Nous les appelons Arabes, parce qu'ils parlent la langue arabe apportée par les conquérants du pays, mais ils ne sont pas tous d'origine arabe.

On appelle *Berbères* les descendants des anciens habitants ; ils paraissent être apparentés aux Européens. Ils ont presque tous été refoulés dans les montagnes. En Algérie, leur principal groupe comprend les Kabyles, qui habitent les hautes montagnes de la région côtière, entre Alger et Bougie. Ce sont des paysans groupés en villages fortifiés, perchés sur les hauteurs. Comme tous les montagnards, ils s'expatrient pour trouver ailleurs les ressources que ne leur fournit pas un sol ingrat. Ils se placent dans les villes comme ouvriers ; ils s'engagent aussi en grand nombre dans des régiments indigènes d'Algérie.

D'autres montagnards berbères habitent l'Aurès, massif de l'Atlas saharien, où ils vivent surtout de l'élevage.

Les *juifs algériens* sont au nombre d'environ 60.000 ; ils résident dans les villes, où ils se livrent surtout au commerce et aux affaires de banque. Venus d'Orient, ils portent le costume oriental et ils parlent arabe. Seuls entre tous les indigènes, ils ont été naturalisés en bloc.

Les *Européens* sont venus s'établir après la conquête du

ÉCORÇAGE DES CHÊNES-LIÈGE EN ALGÉRIE

Armés d'une hache bien tranchante, les ouvriers fendent l'écorce dans le sens longitudinal, puis ils l'incisent circulairement, de mètre en mètre, à partir du pied de l'arbre. Ils détachent ensuite les bandes ainsi délimitées, mais jamais en une seule fois, afin de ne pas exposer tout entier le tronc dénudé au contact de l'air.

pays par la France (1830-1848). Une partie d'entre eux ont été attirés par la colonisation officielle, qui consiste à créer des villages français en donnant des terres. C'est ainsi qu'on procédait autrefois, mais cette méthode se pratique de moins en moins, parce que l'État ne possède presque plus de bonnes terres et aussi parce qu'il consacre ses ressources de préférence aux travaux publics.

Beaucoup d'Européens sont des colons libres, qui viennent chercher fortune dans le pays. Ces émigrants arrivent, pour la plupart, des pays pauvres du sud de l'Europe où la population est dense et où les salaires sont peu élevés. La plus grande partie se compose de paysans espagnols venus du sud de la péninsule Ibérique.

Les *Français* sont au nombre de près de 360.000 en Algérie, mais près de la moitié sont des naturalisés d'origine étrangère, surtout espagnole.

Sur 230.000 *étrangers* vivant en Algérie, les trois cinquièmes sont Espagnols. Dans la province d'Oran, les *Espagnols* forment la *majorité* au chef-lieu et dans 42 communes.

Les catégories d'étrangers les plus nombreuses sont ensuite les *Italiens*, au nombre de plus de 40.000, surtout dans la province de Constantine, et les *Maltais*, sujets anglais de langue italienne, au nombre d'environ 15.000.

Ainsi se forme en Algérie une *population méditerranéenne*, composée de méridionaux ; une partie ne parle pas français, mais on peut espérer la franciser en créant partout des écoles, comme en France. Cette population tend à se considérer comme algérienne avant tout.

Le liège et l'alfa. — L'Algérie, en raison de la sécheresse de son climat, possède peu de bois. Le seul produit forestier important qu'on tire de l'Algérie, c'est le *liège*, écorce d'un chêne qui forme des forêts sur la *côte ouest* de l'Algérie et sur celle de Tunisie. Pour la production du liège, l'Algérie vient immédiatement après le Portugal et l'Espagne.

Un autre produit naturel du sol, c'est l'*alfa*, sorte de jonc de haute taille, qui croît sur les *Hauts-Plateaux* de la province d'Oran. On l'emploie depuis longtemps sur place pour la confection des nattes ; on l'exporte aussi en Angleterre où on le transforme en pâte à papier. L'alfa est exploité

DOMAINE D'UN COLON EN TUNISIE

Partie défrichée pour la culture. Au fond, la maison avec vérandah; à gauche, dépendances.

par des indigènes et des Espagnols travaillant pour le compte
de colons algériens.

Élevage. — L'élevage principal d'Algérie est celui du *mouton*. On compte près de 9 millions de moutons en Algérie, à
peu près la moitié de ce que possède la France. L'Algérie
envoie en France, par Marseille, une grande quantité de moutons vivants, qui forment, par ordre de valeur, la troisième
des exportations. La laine vient au cinquième rang; mais
les moutons algériens appartiennent à des races médiocres et mélangées, de sorte que leur viande et leur laine
n'atteignent pas un prix comparable à celles que fournissent
les espèces sélectionnées de l'Australie ou de l'Argentine.
L'élevage reste encore trop primitif.

Céréales. — L'Algérie a toujours été un pays producteur
de grains, cultivés dans les plaines côtières et dans les
hauts bassins ou vallées de l'Atlas méditerranéen et du bord
des plateaux. Les céréales fournissent la première exportation, par ordre de valeur, près de 90 millions de francs.
En tête vient l'*orge*, ensuite le *blé*.

Vins, fruits et primeurs. — L'Algérie, grâce à son climat,
est un pays de fruits. Les colons français y ont introduit la
production du *vin*, qui se fait *dans le Tell* et dont la quantité
augmente chaque année. L'exportation de vin, la deuxième
d'Algérie par ordre de valeur, se dirige presque entièrement
vers la France. Elle vaut plus de 60 millions de francs;
l'Algérie, qui ne fournissait guère que des vins ordinaires,
commence à s'orienter vers la production des vins de choix.

Les fruits sont expédiés en abondance vers la France et
les pays du Nord, surtout l'Angleterre. L'Algérie est une
grande productrice d'oranges, comme l'Espagne et l'Italie;
elle exporte aussi des fruits secs : figues, amandes et raisins.

L'Algérie envoie également en France et en Angleterre
des quantités toujours croissantes de *légumes de primeur*,
comme les artichauts, les haricots, les petits pois. Enfin
elle produit deux fois plus d'*huile d'olive* que la France.

On peut dire qu'elle est un *complément méridional de notre
pays*, fournissant à sa consommation ce que la Provence et
la Corse ne suffisent pas à produire.

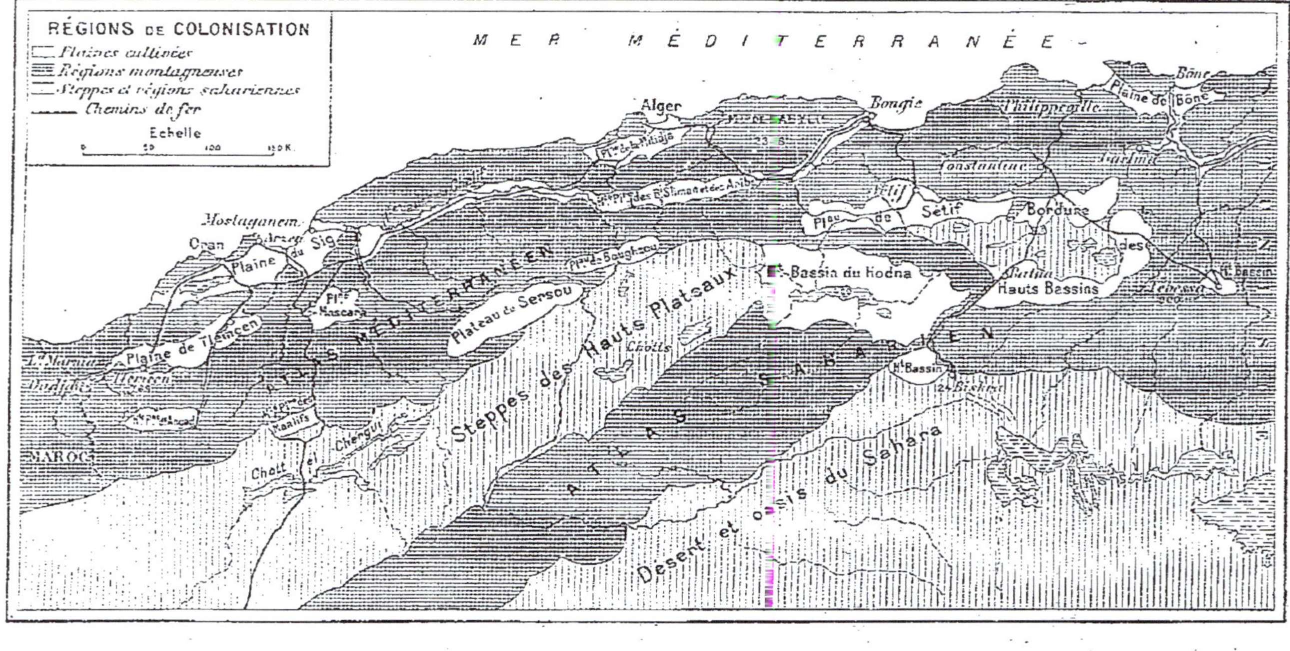

RÉGIONS DE COLONISATION EN ALGÉRIE

La colonisation a pénétré dans la Mitidja et les plaines littorales à partir de 1835; dans les vallées de l'Atlas saharien, à partir de 1842; dans celles de Kabylie, à partir de 1872; sur les Hauts-Plateaux, à partir de 1881.

Mines et Industrie. — La principale richesse géologique consiste en *phosphates* qui sont exportés pour amender les terres de culture intensive de l'Europe. Les gisements se trouvent surtout dans l'intérieur de la *province de Constantine* et au voisinage des gisements beaucoup plus riches de Tunisie (p. 231). Ils fournissent à l'exportation une valeur de 10 millions de francs par an.

L'Algérie est riche en métaux de tous genres, mais les mines les plus importantes sont celles de *fer*. On en trouve deux groupes principaux : l'un sur le *littoral* de la province d'*Oran*, dans les montagnes de l'Atlas méditerranéen ; l'autre, beaucoup plus riche, dans l'Atlas méditerranéen et dans les plateaux de la province de Constantine, notamment dans l'*Ouenza*, d'où il débouche dans la région de Bône.

L'Algérie ne possède pas de mines de combustibles ; la houille qu'elle emploie lui vient d'Angleterre et lui coûte un prix assez élevé ; aussi l'Algérie ne réduit-elle pas ses minerais, mais les vend-elle aux pays étrangers, notamment à l'*Angleterre* ; avant tout pays agricole, en second lieu pays minier, elle n'a pas de grande industrie.

Voies de communication. — L'Algérie se rattache à la France par plusieurs services réguliers de navigation. Le principal, de Marseille à Alger, parcourt en un peu plus de 24 heures les 750 kilomètres séparant les deux villes.

Le port d'Alger, muni d'un outillage moderne, a pris une grande importance. Il est, par le mouvement des bateaux, le second français de la Méditerranée après Marseille.

L'Algérie possède un réseau ferré important. On l'a créé d'abord pour des raisons militaires ; puis plusieurs lignes ont été construites pour desservir des centres de colonisation et surtout pour atteindre les mines de phosphates et de fer. L'Algérie possède aujourd'hui près de 6.000 kilomètres de chemins de fer, dix fois plus qu'en 1861. Oran communique par rail avec Alger, Constantine et Tunis. Parmi les voies de pénétration vers l'intérieur, la plus longue est celle qui met en communication le littoral d'Oran avec le Sahara. Elle se prolonge jusqu'à Colomb Béchar, à 700 kilomètres de la Méditerranée.

Le *commerce* algérien se développe de plus en plus. L'Algérie importe pour près de 800 millions de francs, dont cinq huitièmes viennent de France. Elle exporte pour près de 350 millions de francs, dont les deux tiers vont en France.

II. — TUNISIE

La Tunisie occupe une superficie de 130.000 kilomètres carrés, c'est-à-dire moins d'un quart de la France.

Relief. — La Tunisie fait suite à l'Algérie, mais sans hauts plateaux secs et avec une moindre hauteur.

Au Nord, l'Atlas se prolonge le long de la mer par des collines qui ne dépassent pas 850 mètres et qui tombent directement sur les flots; elles s'étendent jusqu'au cap Blanc, au pied duquel se creuse le bassin ou lac maritime ,dans lequel a été établi le port militaire de Bizerte.

Au sud de cette chaine, et parallèlement à elle, s'étend la vallée du principal fleuve tunisien, la *Medjerda*, qui forme la partie la moins élevée, la mieux cultivée et la plus peuplée de Tunisie. Elle aboutit sur le golfe de Tunis, lequel pénètre fort avant dans les terres entre les deux caps par lesquels se terminent les montagnes tunisiennes.

A la bordure sud de la vallée de la Medjerda, paraît un autre prolongement de l'Atlas qui s'incline progressivement vers le Nord-Ouest. On l'a appelé la *dorsale tunisienne*, parce qu'il sépare comme une sorte de diagonale la Tunisie en deux parties; c'est la chaine la plus élevée du pays; son point culminant approche de 1.600 mètres.

Au sud de la Dorsale, s'étend un éventail de petits plateaux et d'ondulations qui s'abaissent à l'Est lentement sur le golfe de Gabès et au Sud plus brusquement, par un gradin appelé « la lèvre », sur la région creuse des chotts.

Enfin, le Sahara tunisien comprend des plateaux de 500 à 800 mètres, des grottes où s'abritent les indigènes; aussi, les appelle-t-on « montagnes des troglodytes », c'est-à-dire des habitants des cavernes.

La côte sud-est, correspondant à une mer peu profonde, est plus basse et moins découpée que celle du Nord : elle n'offre pas d'abris naturels.

Climat et rivières. — La côte nord, sorte de Tell tunisien, est la région la mieux arrosée; plusieurs parties y reçoivent plus d'un mètre d'eau. Aussi trouve-t-on par endroits des forêts ; parmi les plus importantes figure celle qui continue en Tunisie la *zone des chênes-liège*, commençant dans les collines du littoral de la province de Constantine.

En arrière, la pluie devient de plus en plus rare ; aussi les cours d'eau présentent-ils la même irrégularité qu'en Algérie ; la *Medjerda*, 450 kilomètres, tombe en période de sécheresse à moins de 2 mètres cubes par seconde et s'élève dans les crues brusques, dues aux orages de la courte saison des pluies, à près de 1.000 mètres ; elle charrie de la boue et du sable qui comblent peu à peu le golfe de Tunis.

Les montagnes élevées de la Dorsale portent moins d'arbres et sont plus sèches que les collines du Tell.

Au sud de la Dorsale, le pays ne reçoit plus que 30 centimètres de pluies par an. Il prend l'aspect d'une *steppe* aride avec des broussailles partout, *sauf sur le bord de la mer*, où se trouvent les villes et la plupart des villages entourés d'oliviers et dont les habitants vivent en partie de la pêche.

Enfin, l'extrême sud de la Tunisie est une partie du Sahara. Même au bord de la mer, on n'y trouve d'habitants que dans des *oasis isolées*, ombragées de palmiers-dattiers, dont la principale est celle de *Gabès*, qui compte 10.000 habitants et qui abrite un port dont le nom a été donné au golfe le plus méridional de la Tunisie.

Population. — La Tunisie compte 1.600.000 indigènes, en très grande majorité *musulmans*. Les gens du pays ressemblent aux Algériens, mais la proportion des sédentaires est plus considérable. Les juifs indigènes sont nombreux dans les villes, comme en Algérie. La densité, plus forte d'un tiers, s'élève à 16 habitants au kilomètre carré.

Les Européens résident en assez grand nombre dans le pays ; les plus nombreux sont les Italiens, au nombre de plus de 80.000 ; on compte parmi eux surtout des ouvriers agricoles pauvres de Sicile qui *viennent* là comme ceux du sud de l'Espagne *se rendent* dans la province algérienne d'Oran ou au Maroc. La partie riche de la colonie italienne se compose de commerçants habitant la capitale.

Les Français sont au nombre de 35.000, non *compris* l'armée d'occupation forte de 10.000 hommes. Ce sont surtout des fonctionnaires, des ingénieurs et de gros propriétaires. La colonie française est plus riche et plus influente que l'italienne; elle diffère de la population franco-algérienne, plus démocratique, dans laquelle les ouvriers tiennent une place importante et où dominent les petits propriétaires.

Géographie politique. — La Tunisie est gouvernée par un *bey*, souverain musulman, d'origine turque. La France a placé ce bey sous son protectorat en 1881. Il faut entendre par là que la Tunisie reste un État ayant son drapeau, son

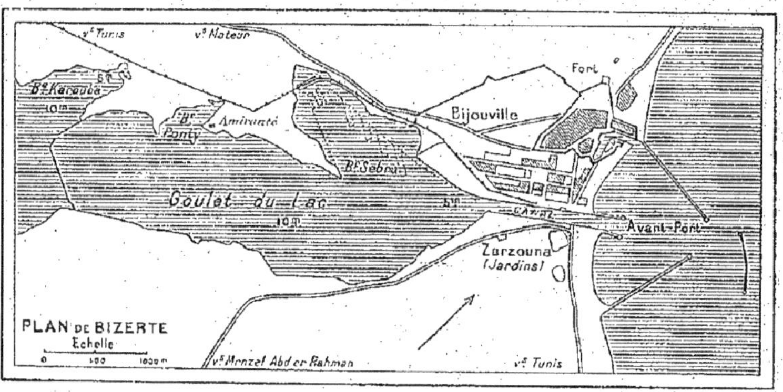

Ville neuve et port militaire créés par les Français. Tout au fond du lac, dans la partie qui ne figure pas ici, à 16 km. du port, se trouve l'arsenal maritime de Sidi-Abdalla, près du village neuf de Ferryville.

armée à elle, ses douanes, mais que, d'autre part, sa politique est dirigée par un haut fonctionnaire du corps diplomatique français, appelé Résident général. Ce Résident dépend du ministre des Affaires Étrangères de France.

L'administration se fait au nom du bey de Tunis, mais les chefs des services publics sont des Français au service du bey et les administrations emploient beaucoup de Français. Enfin, à côté de l'armée tunisienne, se trouve un corps d'occupation français dont les dépenses sont payées par la France. D'autre part, *Bizerte* est un port militaire français également à la charge de la France.

Agriculture. — La Tunisie fournit du *liège* (p. 221), mais en moins grande quantité que l'Algérie.

Par contre, elle est plus riche en plantations d'*oli-*

viers; les vergers de cet arbre se trouvent principalement sur la côte sud-est, dans la région de Sfax; ils étaient, semble-t-il, plus étendus encore à l'époque des Romains, où le sud-est de la Tunisie apparaissait comme une véritable forêt d'oliviers. Les colons français, en utilisant les travailleurs indigènes, cherchent à reconstituer cette forêt.

Les autres productions de la Tunisie, céréales, vignes, fruits, ressemblent à celles de l'Algérie; la proportion des terres fertiles est plus grande, mais comme le pays est plus petit, la production et l'exportation demeurent inférieures.

UNE EXPLOITATION DE PHOSPHATES DE CHAUX, PRÈS DE GAFSA

Ces dépôts, où l'acide phosphorique est combiné à la chaux, sont exploités pour amender les terres cultivées. Les phosphates leur donnent, sous une forme assimilable, le phosphore, indispensable à la vie des plantes.

Mines. — La Tunisie possède les mêmes produits minéraux que l'Algérie, principalement le fer et les phosphates.

Le *fer* s'exploite dans les collines côtières et surtout dans les contreforts de la Dorsale, tout près des gisements de l'Atlas constantinien. Le minerai ne se traite pas en Tunisie. Il est conduit aux ports par voies ferrées.

Les *phosphates* occupent eux aussi des gisements voisins

de ceux des plateaux de la province de Constantine en Algérie, mais beaucoup plus considérables; le principal a

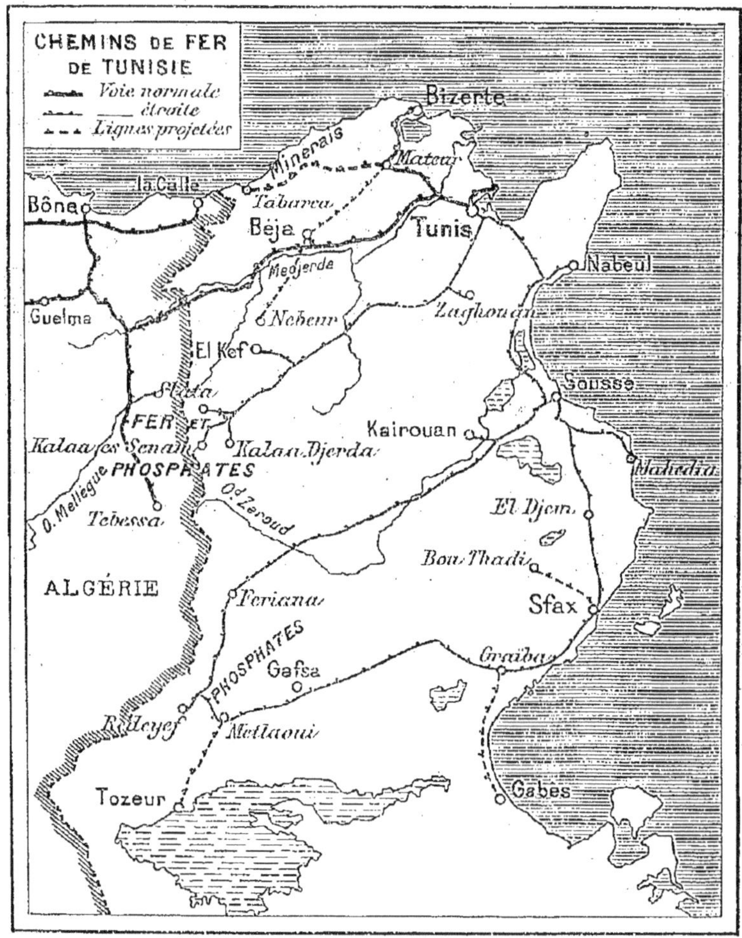

Près de 2.000 kilomètres de voies ferrées. Toutes les mines sont desservies. Tunis et Bizerte sont reliés à l'Algérie. Le rail va atteindre l'oasis de Tozeur.

pour centre l'oasis de Gafsa, dans le Sud tunisien. Les mines de *Gafsa* sont parmi *les plus importantes du monde;* elles fournissent une valeur de plus de 30 millions de francs et alimentent plus du quart de l'exportation tunisienne. Ces phosphates sortent par un chemin de fer qui les amène au port de *Sfax*.

Communications, pêche et commerce. — La Tunisie est pourvue de voies de pénétration dirigées vers l'intérieur pour desservir les mines; le réseau de Sfax est isolé, les

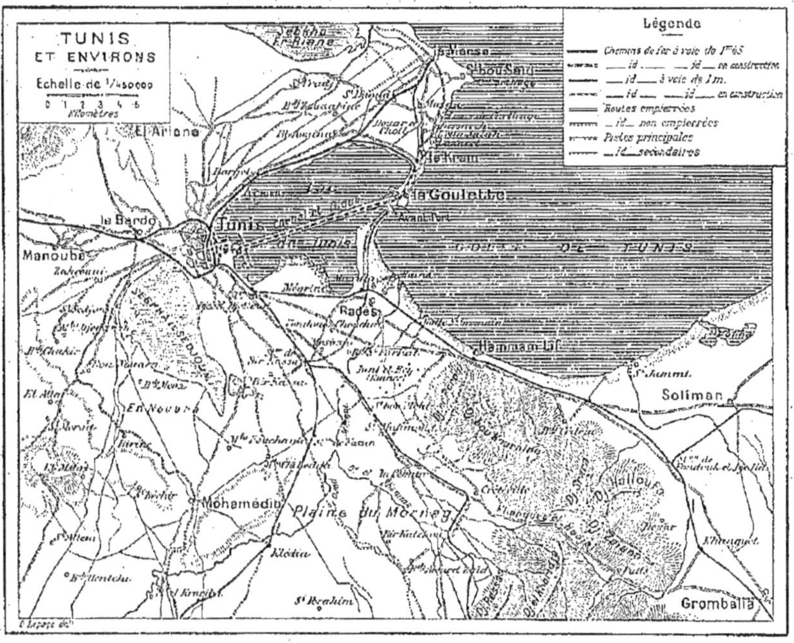

Au bord d'un lac marin, comme Bizerte (plan de la page 229), mais ce lac est peu profond; un chenal creusé en 1893 permet aux paquebots d'arriver aux quais de Tunis. La Goulette est l'avant-port pour les minerais et marchandises; au nord, à l'abri du cap Carthage, emplacement de l'ancienne Carthage.

autres ont pour centre Tunis. Une voie, desservant la vallée peuplée du fleuve Medjerda, met Tunis en communication avec le réseau algérien.

Les populations du littoral sont plus maritimes que celles d'Algérie; la *pêche* occupe 60.000 personnes et fournit un revenu beaucoup plus important qu'en Algérie.

Le principal port est Tunis, pourvu d'aménagements modernes depuis l'installation du protectorat. Tunis, la plus grande ville de l'Afrique française, compte 204.000 habitants. Tunis se trouve à 875 kilomètres de Marseille; il est uni à ce port par un service de navigation régulier, qui met 35 heures à franchir la Méditerranée.

Le commerce tunisien dépasse le chiffre de 200 millions de francs; il se fait surtout avec la France, moins cependant que celui de l'Algérie, parce que la Tunisie reste séparée de notre pays par une barrière de douane.

Dans l'ensemble, la Tunisie est, comme l'Algérie, un pays agricole et minier dont la situation économique s'améliore de jour en jour.

III. — MAROC

Le Maroc occupe une superficie d'environ 450.000 kilomètres carrés, sensiblement égale à celle de l'Algérie et de la Tunisie réunies; plus élevé, plus varié d'aspect, il renferme une plus grande proportion de terres arrosées et cultivables, mais il est beaucoup moins accessible en raison de son organisation politique aussi bien que de sa nature accidentée. C'est une des régions d'Afrique où beaucoup de parties nous restent inconnues.

Relief. — La côte méditerranéenne du Maroc est bordée par une chaîne escarpée, le *Rif*, qui s'élève jusqu'à 2.000 mètres environ. Le Rif ressemble à la Kabylie; il est peuplé de montagnards groupés en villages indépendants comme l'étaient les Kabyles d'Algérie avant notre occupation.

Au pied du Rif, la côte est rocheuse, parsemée d'écueils et d'un accès difficile; les *Espagnols* y ont établi quelques *presidios*, petites villes fortifiées où ils envoient leurs condamnés. Ces villes sont isolées l'une de l'autre; les Européens ne peuvent s'aventurer en dehors de leurs remparts.

Sur le versant intérieur du Rif, se trouve une dépression qui ouvre une route naturelle entre le Tell algérien, Fez et l'Ouest marocain.

L'Ouest marocain est formé par des plateaux et des plaines qui s'étendent jusqu'à la côte Atlantique; cette côte, basse, bordée de lagunes, n'offre pas un seul bon port. En partant de l'Océan, les terrasses s'élèvent lentement jusqu'aux chaînes de l'Atlas qui occupent le sud du Maroc.

Ces hauteurs se dirigent vers le Nord-Est du côté de

l'Algérie. Elles comprennent au Maroc des massifs parallèles, entre lesquels s'étendent de hautes vallées arrosées et qui paraissent peuplées. La chaîne la plus élevée atteint 4.000 mètres; c'est la seule de l'Afrique du Nord qui possède des *neiges perpétuelles*, des glaciers et qui ait ainsi une réserve d'eau, chose très importante dans un pays de climat sec, parce qu'elle permet de développer l'irrigation.

Climat et cours d'eau. — Quoique sec, le climat est plus égal que celui de l'Algérie sur la côte ouest, à cause de l'influence de l'Océan. Il est *plus varié* dans l'intérieur, où l'on trouve toutes les températures à mesure qu'on s'élève de la plaine aux divers étages d'altitude.

Les principaux cours d'eau prennent leur source dans les hautes montagnes de l'Atlas et descendent dans le sens où la pente est le mieux ménagée, c'est-à-dire du côté de l'Atlantique. Ce sont des torrents de débit très inégal, qu'on passe à gué en temps ordinaire et qui grossissent brusquement lors de la fonte des neiges et après les orages.

Populations. — Les habitants du Maroc paraissent être au nombre de 9 à 10 millions, ce qui donnerait au pays une densité supérieure à celle de l'Algérie et de la Tunisie. La proportion des *Berbères* paraît plus grande que dans ces deux derniers pays; ils formeraient *près de la moitié* de la population; ils occupent surtout les montagnes du Rif et de l'Atlas. Les *Arabes* venus au moment des invasions, et pour la plupart nomades, constitueraient moins des deux cinquièmes de la population. Les *juifs* indigènes, habitant les villes, sont au nombre d'environ 150.000, proportion plus forte encore qu'en Algérie.

Enfin le Maroc compte environ 200.000 noirs, descendants d'esclaves, amenés du Soudan et vendus dans le pays.

Le sultan, ou chérif, du Maroc réside habituellement à Fez, ville de l'intérieur, dans la région des terrasses, sur l'affluent d'un fleuve descendant de l'Atlas à l'Atlantique. Tous les Marocains le reconnaissent comme chef religieux, mais beaucoup d'entre eux ne veulent pas lui obéir comme à un souverain. Aussi le sultan est-il obligé de faire sans cesse des expéditions militaires pour contraindre les tribus indépendantes à lui prêter hommage et à lui payer l'impôt.

Le Maroc est donc un pays de guerres civiles continuelles. Toutes les villes s'entourent de murailles et ferment leurs portes le soir ; tous les habitants sortent en armes.

La plupart des Européens résidant au Maroc vivent à Tanger, sur le détroit de Gibraltar. *Tanger* est une des grandes villes du Maroc (50.000 hab.) et c'est elle qui fait presque tout le commerce extérieur ; elle n'a pourtant pas de port digne de ce nom ; les navires doivent mouiller en rade et ils ne peuvent communiquer avec la terre qu'au moyen de canots. La principale colonie européenne est espagnole; les Français viennent ensuite, inférieurs en nombre, mais supérieurs en richesse et en influence.

Situation politique. — Depuis 1902, la France s'est fait reconnaître le droit de réprimer le brigandage à la frontière algéro-marocaine, à défaut du sultan impuissant.

Les puissances européennes se sont préoccupées de permettre à leurs commerçants et à leurs industriels de pénétrer dans le Maroc et d'y faire des entreprises avec sécurité. Elles se sont entendues à cet effet dans la conférence d'*Algésiras*, tenue en 1906 sur la demande de l'Allemagne.

A la suite de l'accord conclu à cette époque, la *France* et l'*Espagne* ont été chargées d'assurer la police, soit isolément, soit de compagnie dans un certain nombre de ports.

Il a été entendu en outre que les citoyens de toutes les nations pourraient participer aux travaux à exécuter pour créer des ports, des chemins de fer, exploiter les mines, pour donner l'activité économique au pays. Le tout doit être fait sans porter atteinte au pouvoir du sultan.

La France a envoyé auprès de lui une mission militaire destinée à instruire son armée. Elle a occupé, à la suite de troubles, la capitale et plusieurs villes du Maroc (1909-1911).

Les accords de 1911-1912 lui reconnaissent le *protectorat du Maroc*, mais laissent à l'Espagne le littoral nord et une partie du littoral saharien.

Ressources. — Le Maroc reste jusqu'à présent un pays d'élevage et de culture. Les pâturages des montagnes permettent d'élever du bétail en grande quantité. Les Marocains savent pratiquer l'*irrigation* ; ils paraissent plus travailleurs et meilleurs cultivateurs que les Algériens ; ils produisent comme eux les céréales, les fruits, les olives.

Le Maroc n'a ni fleuves navigables, ni routes, ni ponts, ni chemins de fer. Il n'exporte guère que les produits pouvant supporter le trajet par caravanes, le seul permis par les *pistes* qui servent aux communications. Il vend au dehors des fruits secs, des peaux, de la laine, de la cire ; il achète des cotonnades, de la quincaillerie, des armes, du sucre et du thé dont il fait une grande consommation.

Parmi les pays qui commercent avec le Maroc, le premier rang est occupé par l'Angleterre ; vient ensuite la France, à cause des relations entre l'Algérie et le Maroc. Le trafic du Maroc est encore infiniment modique par rapport à son étendue et à sa population ; il ne dépasse guère 100 millions, soit la *moitié* du commerce de la petite Tunisie.

On peut juger par là du progrès économique que l'Algérie et la Tunisie ont réalisé sous le régime français.

CHAPITRE V

LE SAHARA ET LA TRIPOLITAINE

I. — LE SAHARA

Aspects divers du désert. — Le Sahara constitue le plus grand désert du monde ; sa superficie égale celle de l'Europe ; c'est un pays élevé dont l'altitude moyenne s'élève à 450 mètres, supérieure d'un tiers à celle de l'Europe.

L'aspect qui domine est celui de plateaux dont les bords prennent l'aspect de falaises, découpées par des gorges profondes à fond sec.

Le Sahara a ses *montagnes* qui le coupent en écharpe sur 1.000 kilomètres, formant une *dorsale* de 2 à 3.000 mètres, depuis le Sahara algérien jusqu'au massif du Tibesti, vers le Sud-Ouest, près du Soudan égyptien.

Le soleil et la gelée font éclater la surface des rochers et les réduisent en sable. Les vents, très violents dans le Sahara, amoncellent ce sable en *dunes* qui s'entassent en rangées parallèles analogues à celles des bords de l'Océan. Elles forment les parties les plus désolées et les plus difficiles à franchir, par exemple celle qui avoisine l'Égypte. Elles ne constituent d'ailleurs pas plus d'un dixième du désert.

Climat du désert. — D'après les Arabes, certaines régions du Sahara resteraient dix-huit ans sans une ondée. Le désert a pour caractère général de ne *recevoir la pluie* que d'une manière tout à fait *exceptionnelle*. C'est la seule raison qui en explique la pauvreté, car dans les vallées et les bassins, beaucoup de terres seraient fertiles si elles étaient arrosées.

La sécheresse du Sahara est extrême et ses effets sont les mêmes que dans les déserts d'Asie (p. 8); l'atmosphère reste lumineuse, le ciel clair, la vue porte à des distances extraordinaires.

Comme dans tous les climats secs, les variations de température sont considérables. L'été, on a observé des chaleurs de 70°, qui faisaient éclater les thermomètres, fondre et volatiliser des bougies enfermées dans des caisses. Dans une même journée d'hiver, on voit l'eau se congeler aux heures froides de la nuit et le soleil faire monter le thermomètre à plus de 30° aux heures chaudes de l'après-midi.

Aussi, pour se protéger contre les brusques refroidissements, les nomades arabes ou touareg s'enveloppent-ils toujours de laine des pieds à la tête.

Les oasis. — Des ruisseaux coulent sur les flancs des montagnes sahariennes, mais ils disparaissent rapidement dans le sol; l'eau s'accumule sous les couches souterraines et va reparaître en sources aux points les plus bas, généralement le long de longues vallées dont chacune porte le nom d'*Oued* ou fleuve et qui paraissent marquer le trajet d'anciens cours d'eau aujourd'hui desséchés.

Ces sources sahariennes offrent une eau peu appétissante, rarement fraîche, souvent chargée de matières étrangères qui la troublent. Telle qu'elle est, elle fait la richesse de l'endroit où elle apparaît.

On s'efforce d'en trouver d'autres en creusant soit des puits ordinaires, soit des puits artésiens, art dans lequel les Sahariens sont très habiles.

Tous ces points d'eau, les uns isolés, les autres groupés, forment, surtout dans le nord-ouest du Sahara, des taches isolées de grandeur variable qu'un poète arabe compare aux mouchetures d'une peau de panthère. On les appelle les *oasis*. Les plus grandes constituent un véritable canton avec plusieurs villages, les plus petites ne sont que des hameaux avec quelques dizaines d'habitants. Leur aspect a été décrit. *Cours de 1re année*, p. 77-78.

Populations. — Le désert compte deux espèces d'habitants : les *sédentaires* des oasis, cultivateurs et marchands;

les *nomades*, qui élèvent des chameaux et des moutons et qui vivent en transportant des marchandises au moyen de caravanes. Les uns et les autres pratiquent la religion musulmane. Les sédentaires sont souvent des Berbères.

Dans les oasis, la population est très serrée, bien que l'humidité rende le séjour malsain. Les habitations, de petits cubes en pisé, s'entassent autour de ruelles étroites,

MONTAGNES DU TIBESTI

Massif de montagnes nues s'élevant à 2.500 mètres, avec quelques sources autour desquelles vivent de rares habitants. Le Tibesti est englobé dans la zone d'influence française, mais n'est pas encore occupé à cause de son éloignement et de l'étendue déserte qui l'entoure.

derrière d'énormes remparts de terre élevés pour la défense.

Comme, en effet, on ne saurait trouver de vivres et d'eau en dehors des oasis, ceux qui veulent être maîtres des routes du Sahara ont cherché à les posséder. Les nomades ont tenté bien des fois de s'en emparer; enfin, les puissances qui se partagent l'Afrique du Nord les ont à leur tour soumises et les occupent de façon à imposer leur volonté aux nomades.

Les nomades sont, sur le bord de l'Algérie, des Arabes, et dans l'intérieur, des *Touareg* d'origine berbère.

Les Touareg ont leurs principaux lieux d'habitation dans les montagnes du centre, où se trouvent quelques sources. Ils se divisent en quatre groupes qui comptent au maximum 200.000 personnes vivant péniblement de l'élevage du chameau et du mouton, ainsi que du commerce. Ils parlent une langue berbère, mais ont été depuis longtemps convertis à l'islamisme; ils se montrent habituellement vêtus d'étoffes sombres, au lieu du burnous blanc des Arabes; ils se distinguent aussi des autres populations par un voile qu'ils portent sur le bas du visage, probablement pour se garantir les narines et la bouche contre la poussière.

Leur influence s'étend au Sud jusqu'à Tombouctou et à la boucle du Niger.

II. — LA TRIPOLITAINE

La Tripolitaine occupe une superficie d'environ 175.000 kilomètres carrés, à peu près un tiers de la France.

La Tripolitaine est la façade du Sahara sur la Méditerranée.

1° Si l'on part du Sud tunisien (p. 227), on y retrouve la même plaine côtière basse bordée d'*oasis*. La principale est celle de la ville de Tripoli, qui compte avec ses faubourgs 30.000 habitants;

2° Vient ensuite un désert bordant le fond d'un golfe profond qui fait pendant au golfe tunisien de Gabès;

3° A l'Est, enfin, entre la grande Syrte et la frontière égyptienne, se dresse le plateau massif de Barca, que l'on désigne aussi sous le nom de *Cyrénaïque*, dû à la colonie grecque de Cyrène, qui en fut la capitale dans l'antiquité. Il s'élève jusqu'à l'altitude de 500 mètres; on y trouve des sources et on y pratique l'irrigation. La Cyrénaïque produit de l'orge qu'elle expédie en Europe, du bétail et du beurre que l'on envoie en Égypte et en Turquie.

La Tripolitaine resta jusqu'en 1911 un gouvernement *turc*, administré par un pacha envoyé de Constantinople et gardé par des garnisons turques. Elle est aujourd'hui occupée par l'Italie.

UN COIN DU SAHARA : OGROUD TORBA

La plus grande partie du Sahara se compose d'alluvions et de terrains calcaires et qui se couvriraient de végétation s'ils recevaient assez de pluie. Les seuls végétaux qui y vivent sont des buissons de plantes épineuses, presque dépourvues de feuilles, et des herbes dures et tranchantes qui n'ont pas besoin de beaucoup d'eau et qui souffrent peu de l'évaporation intense sous ce ciel toujours transparent.

UN COIN DU SAHARA : OGROUD TORBA

La plus grande partie du Sahara se compose d'alluvions et de terrains calcaires et qui se couvriraient de végétation s'ils recevaient assez de pluie. Les seuls végétaux qui y vivent sont des buissons de plantes épineuses, presque dépourvues de feuilles, et des herbes dures et tranchantes qui n'ont pas besoin de beaucoup d'eau et qui souffrent peu de l'évaporation intense sous ce ciel toujours transparent.

Commerce transsaharien. — La Tripolitaine doit son importance surtout à ce qu'elle sert de débouché au commerce du Sahara ou plutôt au commerce qui vient du Soudan en traversant le Sahara.

Les *caravanes* de chameaux partent les unes de Tripoli, les autres de Benghazi, capitale de la Cyrénaïque; elles suivent diverses routes, traversant des oasis, où l'on se ravitaille en eau et en vivres.

Après une marche qui se prolonge pendant deux et parfois trois mois avec les arrêts, elles arrivent aux marchés

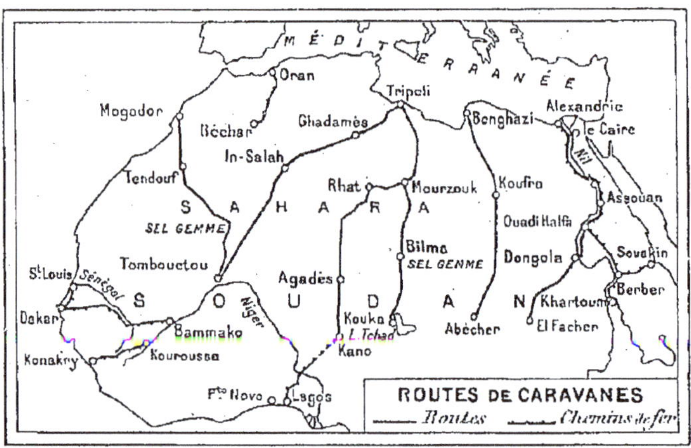

Les principales routes sont celles de Tripolitaine au Soudan. Les chemins de fer, français de l'Atlantique au Niger, anglais de Lagos à Kano, en voie d'achèvement, vont détourner à leur profit le trafic du Soudan.

du Soudan avec du sel, des cotonnades, de la quincaillerie, du thé, des armes et des munitions; elles échangent ces marchandises contre les plumes d'autruche, l'ivoire et les esclaves, puis elles reviennent avec leur chargement.

C'est pour pouvoir faire en sécurité la contrebande des armes et la traite des *nègres* que le commerce par caravanes prenait son point d'attache dans un pays musulman turc et négligeait l'Algérie et la Tunisie. Ce trafic devant être empêché et le transport par chameaux coûtant très cher, les chemins de fer de pénétration de l'Atlantique vers le Soudan feront probablement abandonner la voie du Sahara.

CHAPITRE VI

UDAN — AFRIQUE OCCIDENTALE FRANÇAISE COLONIES ÉTRANGÈRES

— Soudan : Les diverses régions. — Cours d'eau. — Populations. —
Exploration et colonisation.
— Afrique occidentale française : Sénégal. — Haut-Sénégal et
Niger. — Mauritanie. — Côte d'Ivoire. — Guinée française. — Daho-
mey. — Vue d'ensemble sur l'Afrique occidentale française.
— Colonies étrangères : Colonies anglaises. — Colonie allemande
de Togo. — Guinée portugaise et République de Libéria.

I. — SOUDAN

Les diverses régions. — L'Afrique occidentale présente
littoral peu élevé, souvent bordé de lagunes qui commu-
quent avec la mer.
1° La côte, basse, droite, est rendue encore moins hos-
alière par la présence d'une *barre*, sorte de bas-fond
ntinu, qui la borde à une distance variable et sur laquelle
vagues viennent se briser, même par les temps les plus
mes. Les navires doivent mouiller en dehors de la barre,
i ne peut être franchie que par des embarcations indi-
nes (p. 255). Dans les principaux ports occupés par les
ropéens, on a remédié, dans une certaine mesure, aux
ficultés de l'atterrissage en construisant des *wharfs*, ou
ais en acier, qui s'avancent du littoral dans les flots et
vent à débarquer les passagers et les marchandises ;
2° En arrière, s'étend la région la plus habitée et la
eux cultivée ; elle a comme principal produit les *palmiers*
huile, et comme principale culture le *maïs* ;
3° A peu de distance commence la *forêt* qui s'étend paral-
ement au littoral et avec une longueur variable ; cette
e atteint son maximum dans la colonie française de la

Côte d'Ivoire et dans la république voisine de Libéria. On y trouve les plantes à *caoutchouc* et les arbres précieux, comme l'acajou. Mais à côté d'avantages, elle offre de nombreux inconvénients ; elle est très difficile à pénétrer, elle est le domaine de la mouche *tsé-tsé* dont la piqûre tue les animaux domestiques et donne aux hommes la maladie du sommeil. Elle gêne donc les communications entre l'intérieur et la côte ;

4° L'*intérieur* est une région de plateaux bas couverts

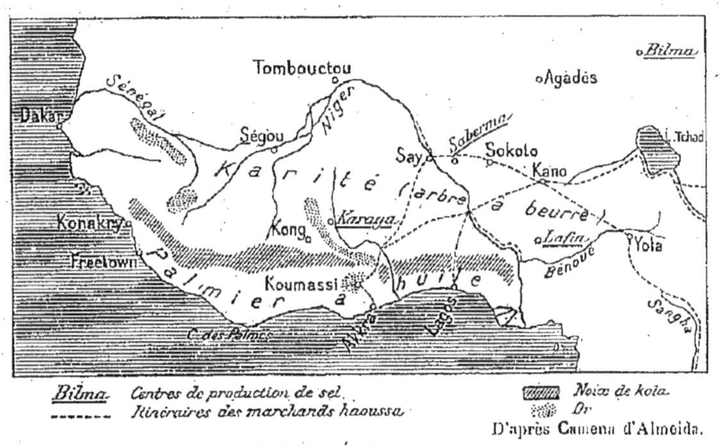

Les exportations de noix et huile de palmes, produit d'un arbre spécial à la côte, représentent 1/4 du total des ventes au dehors. La noix de kola, excitant recherché par les populations de l'intérieur, leur est apportée par des colporteurs noirs haoussas. Les voies ferrées ont permis de commencer l'exportation du beurre végétal (Karité).

de *brousse* qui consiste principalement en grandes herbes. La saison sèche y dure longtemps. Les arbres y sont rares ; ils appartiennent à des espèces qui ont peu de feuilles pour pouvoir résister à l'évaporation ; tel est, par exemple, le *baobab* au tronc énorme, mais dont les branches ressemblent à des balais (p. 262). Le climat est tropical, à deux saisons tranchées, été pluvieux, période fraîche et sèche.

Cette région possède deux richesses appelées à se développer : d'une part, les *troupeaux* de bétail et de moutons, d'autre part, les arbres à *coton*.

Cours d'eau. — Le principal fleuve, le *Niger*, est décrit

p. 181. Le fleuve *Sénégal* mesure 1.700 kilomètres, à peu près la longueur de la Loire.

Il vient de deux branches qui descendent du Fouta-Djalon par une série de rapides. Le Sénégal, une fois formé, franchit un dernier étage de chutes qui se terminent à Kayes.

Il n'est plus alors qu'à 60 mètres de haut, et il lui reste encore 1.000 kilomètres à parcourir. Dans cette partie, il se subdivise en faux bras; il ne reçoit d'affluents que sur la rive sud; la rive nord borde, en effet, le Sahara. Le Sénégal est la *dernière rivière permanente;* il faut remonter à 2.200 kilomètres plus au Nord pour en trouver d'autres, à la limite nord du Sahara, dans le Maroc.

Le Sénégal se termine par un delta au milieu de sables et d'alluvions; l'entrée en est très difficile et le port de Saint-Louis ne donne accès qu'aux navires de faible tonnage.

Dans la saison sèche, le débit du Sénégal tombe à 50 mètres cubes par seconde, un cinquième du débit de la Seine; alors, ce fleuve est à peine *navigable* sur le tiers environ de sa longueur.

Populations. — La plus grande partie des habitants appartiennent à diverses variétés de la race *noire*. Ceux de la côte de Guinée sont restés *fétichistes*.

Ceux de l'intérieur et ceux du Sénégal jusqu'à la côte ont été convertis et conquis par des *Musulmans*. L'Islam se répand toujours de plus en plus dans l'Afrique noire.

Cette religion a été apportée par deux sortes de populations : 1° les *Peuls* ou *Foulbés* (p. 190), qui sont surtout des éleveurs de bestiaux; 2° des marchands et des conquérants musulmans, les uns Arabes, les autres Berbères, venus du nord de l'Afrique, qui *s'avancent* jusque dans la boucle du Niger et dans la région du lac Tchad.

La plupart des États indigènes du Sénégal et de l'intérieur avaient pour chefs, soit des Peuls musulmans, soit des musulmans du nord de l'Afrique. Leurs sultanats étaient beaucoup plus fortement centralisés que les petits royaumes nègres du littoral et l'on peut dire que l'Islam a préparé les noirs à une organisation supérieure. Mais les sultans musulmans se procuraient des ressources en allant prendre chez leurs voisins des noirs qu'ils vendaient comme esclaves.

Toute l'Afrique était ainsi ravagée par la *traite*, que les Européens répriment aujourd'hui dans les régions côtières et une grande partie de l'intérieur.

Exploration et colonisation. — Les Dieppois, puis les Portugais (p. 192) sont venus dans le pays par la voie de mer.

Les Français reparurent en 1582 ; c'étaient à cette époque des marchands de Rouen. La colonie du Sénégal et la ville de Saint-Louis furent fondées définitivement sous le ministère de Richelieu. Durant deux siècles, les Européens se bornèrent à posséder des maisons de commerce, des *comptoirs* sur la côte. L'intérieur leur restait inconnu.

Au xixᵉ siècle seulement, commencèrent les explorations scientifiques, faites par des gens de toutes nationalités. Le fleuve Niger a été connu, sur toute la longueur de son cours, vers 1820. En 1828, un Français, René Caillé, déguisé en Arabe, allait du Sénégal à la ville de Tombouctou, sur les confins du Soudan et du Sahara, et revenait en Europe par le désert et par le Maroc.

Personne ne réussit ensuite à pénétrer dans ces régions et à en revenir vivant, avant l'explorateur allemand Barth, qui partit de Tripoli et voyagea de 1850 à 1855. Il mérite d'être cité parmi les meilleurs explorateurs de l'Afrique, avec son compatriote Nachtigall, parti du même point, qui visita surtout la région du lac Tchad (1869-72).

A la période des savants succéda celle des conquérants, qui commence peu après 1870.

Déjà, avant cette époque, le colonel, plus tard général, Faidherbe, qui fut gouverneur du Sénégal sous Napoléon III, avait établi des forts dans le Haut-Sénégal et étendu la domination française sur toute la partie navigable du fleuve.

Arrêtés par la guerre de 1870 et par la période de réorganisation qui suivit, les Français reprirent la marche en avant, à partir de 1880. En 1883, ils fondèrent un poste militaire sur le *Haut-Niger*, puis ils descendirent le fleuve. En 1887, ils parurent pour la *première fois* devant la ville de Tombouctou. En 1893, cette ville fut occupée.

A la même époque, des explorateurs militaires partaient des comptoirs situés sur la côte de Guinée et pénétraient dans l'intérieur. En 1892, le royaume nègre du Dahomey,

qui faisait la traite et célébrait des fêtes en massacrant
des prisonniers, fut détruit par une expédition militaire
française et annexé à nos possessions du littoral.

TISSERAND SOUDANAIS

*Métier très primitif, fait de trois pieux en faisceau qui soutiennent l'armature
actionnée par une planchette qui sert de pédale. Remarquer la case ronde, du
type des cases Peuls (p. 191).*

En 1898, le dernier chef musulman indépendant, un Noir,
Samory, qui ravageait le Sénégal et la Guinée pour se procurer des esclaves, fut pris et son royaume anéanti.

Les autres Européens établis sur la côte, et principalement les Anglais, avaient fait des expéditions analogues aux nôtres, mais dirigées vers le Niger ou vers le lac Tchad. La France a dû partager avec eux la Guinée et le Soudan. C'est ce qui résulte de deux *traités franco-anglais*.

Le premier, celui de 1890, très favorable aux Anglais, leur laissa toute la région du Bas Niger, appelée Nigéria, pays énorme, peuplé et fertile.

Le second, celui de 1898, plus favorable aux Français, leur permit de réunir toutes leurs possessions en une sorte de main gigantesque dont la paume occuperait la boucle du Niger et dont les doigts s'allongeraient jusqu'au littoral, depuis le Sénégal jusqu'au Dahomey.

II. — AFRIQUE OCCIDENTALE FRANÇAISE

Depuis 1899, les diverses possessions françaises conservent chacune un lieutenant-gouverneur, mais elles sont réunies sous l'autorité d'un gouverneur général qui réside dans le port le meilleur, celui de *Dakar*, au Sénégal. Dakar est en relations régulières avec Marseille et Bordeaux.

Nous allons énumérer successivement, en indiquant leurs caractères importants, les diverses parties de l'Afrique occidentale française.

Sénégal. — Le Sénégal est notre plus ancienne colonie en Afrique. Elle comprend deux parties bien distinctes : 1° une zone côtière, où les communes, dont les principales sont Dakar et Saint-Louis, s'administrent comme en France et dont les habitants envoient un député au Parlement ; 2° l'intérieur beaucoup plus étendu, où les noirs vivent à la manière indigène, administrés par leurs chefs sous le contrôle de fonctionnaires français.

Le Sénégal occupe en tout près de 200.000 kilomètres carrés avec 3 millions d'habitants environ ; sa capitale est Saint-Louis (20.000 hab.), à l'embouchure du Sénégal ; son port est loin d'avoir l'importance de celui de Dakar.

La principale production d'exportation est celle de l'*arachide* ou cacaouette, sorte de pois souterrain. Elle s'envoie principalement à Marseille, où l'on en fait de l'huile. La colonie en vend pour près de 20 millions par an.

UNE VILLE DU NIGER : DJENNÉ

Maisons à toits plats et murailles en briques ou en terre. Peu de fenêtres; toutes ces maisons prennent jour sur des cours intérieures. Placée dans une île, Djenné a été autrefois aussi importante que Tombouctou. Comme cette dernière ville, c'est un centre musulman important.

Le Sénégal possède la plus ancienne ligne de *chemin de fer* de l'Afrique noire, celle de Dakar à Saint-Louis (264 kilom.), terminée en 1885.

Dans la saison des pluies, qui ne dure guère que de juillet à octobre, le Sénégal noie ses faux bras et remplit sa vallée; il peut alors être remonté jusqu'à Kayes; c'est, en somme, une voie très médiocre de communication.

Jusqu'à présent, on pénétrait dans l'intérieur en le remontant. Il va être remplacé par un chemin de fer, en construction, qui joindra le port de Dakar à Kayes, sur une longueur de 300 kilomètres. Les cultures, surtout celle des arachides, se développent déjà dans le voisinage de la section posée.

Haut-Sénégal et Niger. — Kayes, à l'endroit où le Sénégal cesse d'être navigable, est mise en communication avec Koulikoro où commence une section navigable du Haut Niger par un chemin de fer long de plus de 500 kilomètres.

La capitale a été jusqu'ici Kayes, qui va probablement céder son rang à Bammako, sur le Niger.

Le territoire, qui mesure environ 2 millions de kilomètres carrés, englobe la région de Tombouctou et le pays celle qui s'étend, depuis la boucle du Niger, jusqu'au nord-est du lac Tchad. Il est peu peuplé parce qu'il comprend principalement des *steppes herbeuses* qui s'étendent entre le Soudan et le désert. Dans la partie nord, la population ou du moins les chefs sont des Arabes ou des Touareg, semblables à ceux du Sahara.

L'administration y est presque entièrement assurée par des commandants *militaires*.

Les derniers postes au nord de Tombouctou et du lac Tchad, sont occupés par des *méharistes*, sortes de gendarmes indigènes montés à dos de chameau, qui font la chasse aux pillards du désert. Ils communiquent avec les méharistes algériens, qui occupent, à 1.000 kilomètres plus au Nord, le Touat et les diverses oasis du Sahara algérien. D'autre part, l'Afrique occidentale et l'Afrique équatoriale françaises se touchent sur la rive nord du Tchad.

Tout ce pays n'offre actuellement que de maigres ressources. On espère y développer l'*élevage* du gros bétail et

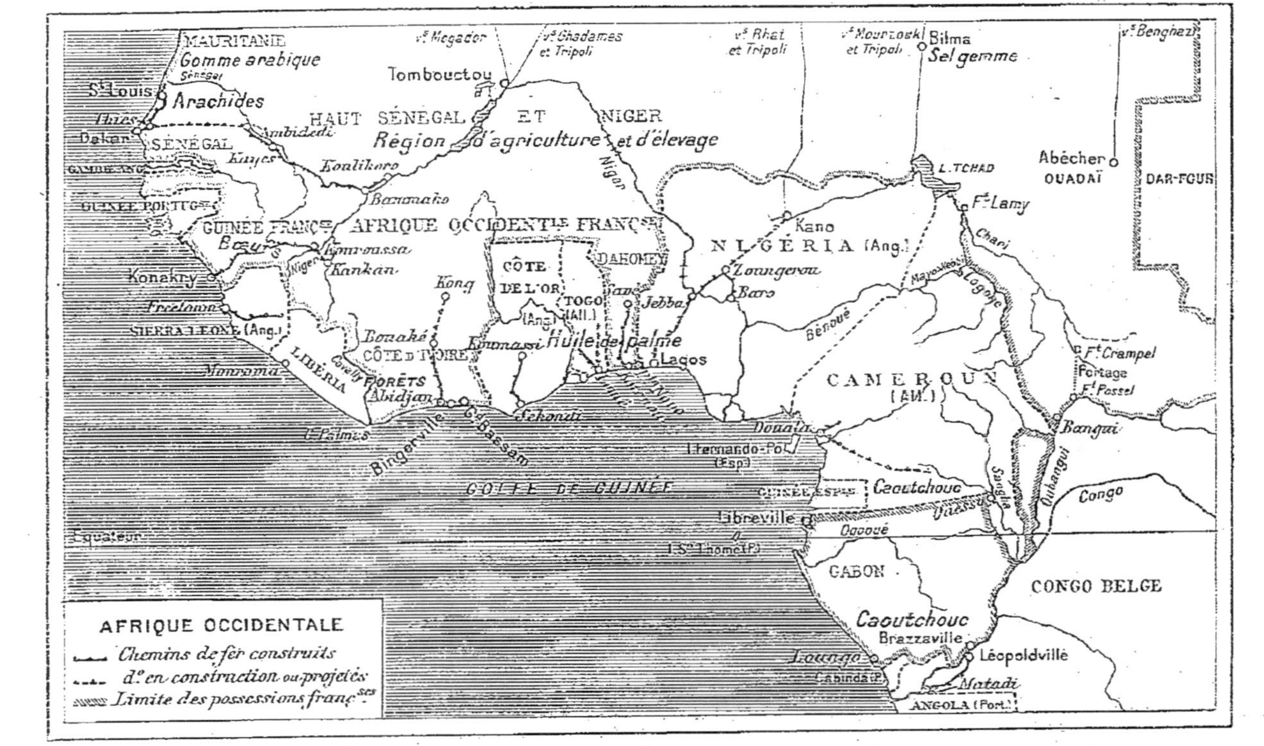

AFRIQUE OCCIDENTALE
Chemins de fer construits
d° en construction ou projetés
Limite des possessions franç.ses
MAURITANIE
Gomme arabique
Sénégal
St Louis
Arachides
Thiès
Dakar
SÉNÉGAL
Ambidédi
Kayes
GAMBIE Ang.
GUINÉE PORTUG.se
GUINÉE FRANÇ.se
Bœufs
Konakry
Niger
Kankan
Koulikoro
Bammako
Kouroussa
HAUT SÉNÉGAL ET NIGER
Région d'agriculture et d'élevage
Tombouctou
Niger
AFRIQUE OCCIDENTLE FRANÇ.se
Kong
CÔTE DE L'OR
(Ang.)
TOGO
(All.)
DAHOMEY
KOumassi
Bonaké
CÔTE D'IVOIRE
Huile de palme
Jebba
Loungevou
Baro
Kano
NIGÉRIA (Ang.)
Freetown
SIERRA LEONE (Ang.)
Monrovia
LIBERIA
FORÊTS
Abidjan
C.Palmes
Bingerville
Bassam
Sekondi
Lagos
GOLFE DE GUINÉE
Douala
Fernando-Po
(Esp)
GUINÉE ESP.le
Caoutchouc
Bénoué
CAMEROUN
(All.)
L. TCHAD
F.t Lamy
Chari
Abécher
OUADAÏ
DAR-FOUR
Mayouméba
Logone
F.t Crampel
Portage
F.t Possel
Bangui
Équateur
I. S.t Thomé (P.)
Libreville
Ogooué
Ivindo
Sangha
Oubangui
Congo
GABON
Caoutchouc
Brazzaville
Loango
Cabinda (P.)
Matadi
Léopoldville
CONGO BELGE
ANGOLA (Port.)
v.s Mogador
v.s Ghadamès et Tripoli
v.s Rhat et Tripoli
v.s Mourzouk et Tripoli
Bilma
Sel gemme
v.s Benghazi

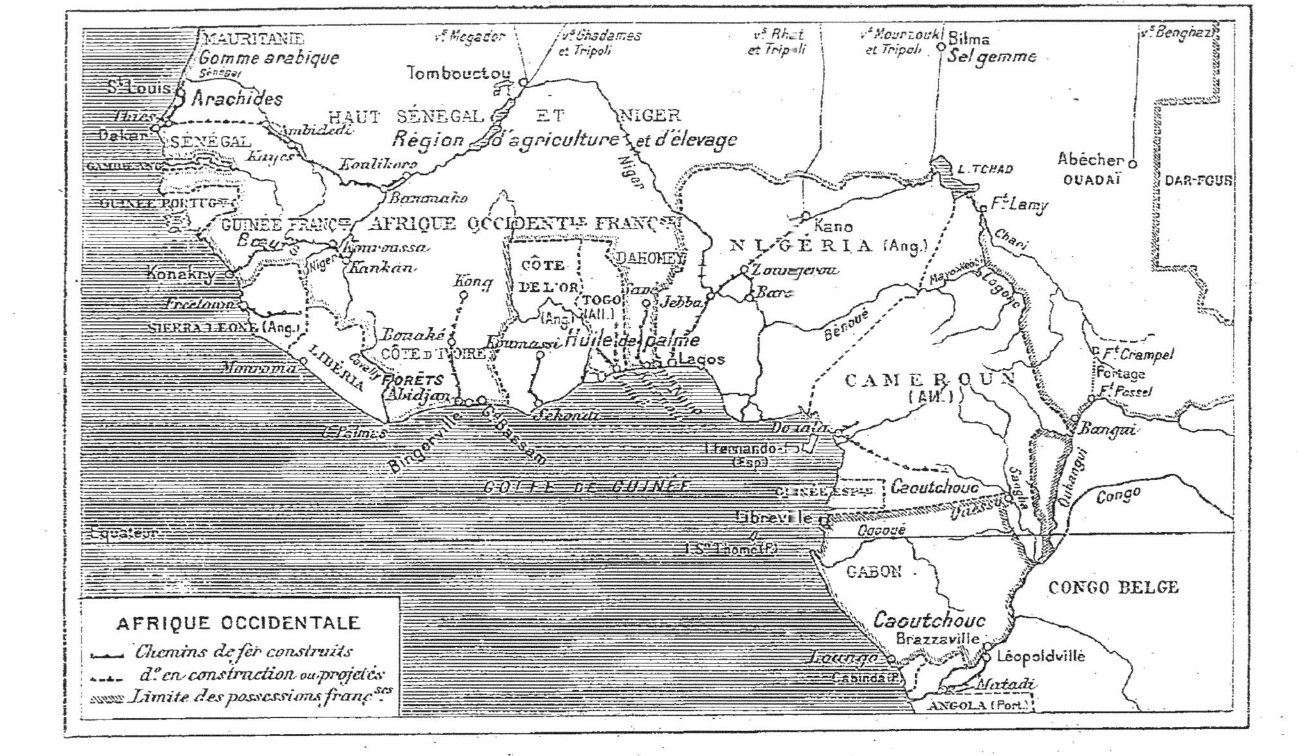

MAURITANIE
Gomme arabique
S¹ Louis
Arachides
Thiès
Dakar
SÉNÉGAL
GAMBIE
GUINÉE PORTG
GUINÉE FRANÇ
Bœuf
Konakry
Freetown
SIERRA LEONE (Ang.)
LIBERIA
Monrovia
Kayes
Mbidedi
Banamako
Koulikoro
Kankan
Tomvoussa
Niger
Corelly
FORÊTS
Abidjan
Bingerville
C Palmes
Kong
Bonaké
CÔTE D'IVOIRE
Bassam
Sekondi
Tombouctou
HAUT SÉNÉGAL ET NIGER
Région d'agriculture et d'élevage
Niger
AFRIQUE OCCIDENTLE FRANÇ
CÔTE
DE L'OR
(Ang.)
TOGO
(All.)
DAHOMEY
Coomassi
Huile de palme
Jebba
Lagos
GOLFE DE GUINÉE
L Fernando-P
(Esp)
Équateur
I. S¹ Thomé(P.)
Doala
v⁵ Mogador
v⁵ Ghadames
et Tripoli
v⁵ Rhat
et Tripoli
v⁵ Mourzouki
et Tripoli
Bilma
Sel gemme
v⁵ Benghazi
L. TCHAD
Kano
NIGERIA (Ang.)
Zoungerou
Baro
Bénoué
Abécher
OUADAÏ
DAR-FOUR
F¹ Lamy
Chari
Mayo-Kebi
Logone
CAMEROUN
(All.)
Caoutchouc
GUINÉE ESP
Libreville
Ogooué
GABON
Caoutchouc
Brazzaville
Loango
Cabinda (P.)
Matadi
ANGOLA (Port.)
F¹ Crampel
Portage
F¹ Fossel
Bangui
Sangha
Ouhangui
Congo
Léopoldville
CONGO BELGE
AFRIQUE OCCIDENTALE
Chemins de fer construits
d° en construction ou projetés
Limite des possessions franç ses

du mouton qui se fait déjà dans la brousse soudanaise; on compte aussi pratiquer l'irrigation dans la vallée du Niger, qui occupe un large couloir, entre Koulikoro et Tombouctou ; dans cette région, la seule qui soit relativement peuplée, on voudrait pratiquer en grand la culture du riz et surtout celle du *coton*, à l'exemple de l'Égypte (p. 201), mais on n'en est encore qu'à la période d'essai.

Mauritanie. — La rive nord du Sénégal appartient déjà au Sahara, elle borde un pays rocheux, sec, à végétation maigre ; cette région est occupée par des Maures nomades qui sont un mélange de Marocains et de noirs, pratiquant la religion musulmane. La Mauritanie a été récemment occupée par les Français ; c'est une partie peu peuplée, qui compte à peine 1 habitant par 5 kilomètres carrés. Sa principale exportation consiste en *gomme arabique*, récoltée sur une variété d'acacias qui forment des fourrés aux confins de la steppe et du désert.

Côte d'Ivoire. — La Côte d'Ivoire commence par un littoral de lagunes sur l'une desquelles est bâtie la capitale, *Bingerville*, rappelant le nom du capitaine Binger, qui explora et annexa l'intérieur du pays (1887-1889).

La Côte d'Ivoire est celle de nos colonies où la *zone forestière* est la plus large et la plus difficile à franchir ; elle occupe 60.000 kilomètres carrés. Les produits de cette colonie viennent surtout de la forêt : ce sont en premier lieu le *caoutchouc*, ensuite l'*acajou* et les bois précieux.

Un *chemin de fer* part d'Abidjan sur la côte, traverse la forêt et débouche à près de 200 kilomètres au Nord dans la région découverte, relativement peuplée et cultivée, du Soudan, qui se poursuit dans la Guinée et le Niger français.

La Côte d'Ivoire occupe environ 325.000 kilomètres carrés.

Guinée française. — La Guinée française, environ 240.000 kilomètres carrés, compte 1 million 1/2 d'habitants. C'est une des régions les mieux douées de l'Afrique occidentale française. Là commencent les cultures de *palmiers à huile* dont les fruits sont achetés par les fabricants de Marseille. Là commencent également les forêts avec les plantes *à caoutchouc*. Enfin, les montagnes du Fouta-Djalon, qui se trouvent en arrière de la côte et s'élèvent à plus de 1.800 mètres, avec des pâturages nourrissent des *troupeaux* de bétail. C'est un des centres d'élevage les plus importants du Soudan.

La capitale, *Konakry*, est un port sur la côte, ville toute

VILLAGE SUR LA LAGUNE D'ASSINIE (CÔTE D'IVOIRE)

A 40 kilomètres environ de Grand-Bassam s'étend la lagune d'Assinie, où viennent aboutir deux rivières puissantes et tortueuses. Sur le bord de la lagune a été construit le poste d'Assinie, autour duquel s'abritent, sous les palmiers à huile, plusieurs villages indigènes dont les habitants vivent de la culture et de la pêche.

neuve qui se développe. Konakry est le point de départ d'un *chemin de fer* qui traverse le Fouta-Djalon par un col à plus de 700 mètres et qui arrive sur le haut Niger, à 600 kilomètres de la côte. C'est actuellement *la plus longue* des voies de pénétration française en Afrique occidentale.

Dahomey. — Le Dahomey est une longue et étroite bande de terre qui va de la côte vers le moyen Niger, la plus étroite de nos possessions. Sa superficie totale n'est que de 96.000 kilomètres carrés. Mais on y trouve la population la plus dense de l'Afrique occidentale française : 8 habitants au kilomètre carré, neuf fois moins qu'en France.

Le littoral est occupé par des lagunes comme celui des colonies voisines. Sur l'une d'elles, se trouve *Pórto-Novo*, la capitale; immédiatement après commence une zone peuplée et fertile. On y cultive surtout le *palmier à huile* et le *maïs*, qui fournissent tous deux d'importantes exportations. Plus avant dans l'intérieur, on compte développer les plantations indigènes de *coton* déjà existantes.

Le principal port du Dahomey est Kotonou, où nous avons construit un wharf important. De Kotonou part un *chemin de fer* qui s'avance vers le Nord sur 250 kilomètres environ jusque dans la région du coton. Une autre ligne de 40 kilomètres aboutit à la capitale Porto-Novo et dessert la région du maïs, la mieux cultivée de la colonie.

Vue d'ensemble sur l'Afrique occidentale française. — L'Afrique occidentale française s'étend sur près de 4 millions de kilomètres carrés, sept fois la superficie de la France. Sa population ne peut être exactement évaluée; elle ne paraît guère dépasser 10 millions d'habitants, un quart de la population française. La majorité se compose de noirs. Comme la plupart des régions d'Afrique, ce pays *manque de main-d'œuvre*, c'est-à-dire de travailleurs.

Un autre inconvénient, c'est que la plupart des transports s'y font encore à dos d'hommes, et que les fleuves mêmes n'y sont navigables que par sections et pas dans la saison sèche. Depuis l'occupation française, on a construit des voies ferrées dont le total dépasse 2.000 kilomètres. Le prix des transports en a été dans l'ensemble *cinq fois diminué* et le commerce s'est considérablement accru.

L'ensemble de nos colonies compte aujourd'hui 2 millions 1/2 de *bœufs* et *vaches* et plusieurs millions de moutons; la qualité de ces animaux a besoin d'être améliorée.

Parmi les produits forestiers, vient au premier rang le *caoutchouc* qui fournit 30 p. 100 de l'exportation. On a pu dire que la Guinée et surtout la Côte d'Ivoire vivaient presque uniquement du caoutchouc.

LA BARRE SUR LES CÔTES DE GUINÉE

L'accès des côtes de Guinée, que les cordons littoraux, les bancs de boue et de sable, le fouillis des palétuviers rendent souvent difficile, est en outre gêné par la « barre », décrite à la page 243. Bateaux mouillés au large. Débarquement des passagers et marchandises dans des chaloupes manœuvrées par des Noirs, qui franchissent avec audace et adresse la houle causée par la barre.

Parmi les produits de culture, les principaux au point de vue du commerce, sont ceux qui fournissent l'*huile*; ainsi les arachides paraissent pour 40 p. 100 dans l'exportation, l'huile et les amandes de palme pour 18 p. 100.

Il reste à développer d'autres cultures d'exportation, par exemple, sur la côte, le cacao déjà introduit dans les colonies étrangères voisines et, dans l'intérieur, le coton.

Déjà aujourd'hui, le *commerce* comprend près de 200 millions de francs d'exportations et plus de 100 millions de francs d'importations. Il progresse chaque année d'environ 15 millions de francs. La part de la France représente trois cinquièmes des exportations et un peu plus de la moitié des importations. Elle augmente parce que, sauf au Dahomey, les produits étrangers ont à payer des droits d'entrée doubles de ceux qui frappent les Français.

Dans l'ensemble, l'Afrique occidentale française représente, étant donnés le petit nombre de ses habitants et le faible degré de leur civilisation, l'une des colonies françaises qui ont atteint la plus grande prospérité.

III. — COLONIES ÉTRANGÈRES

Dans cette région, les autres colonies européennes montrent également de grands progrès.

1° Les **colonies anglaises** forment le principal groupe, après les colonies françaises.

La plus considérable d'entre elles est la *Nigéria* ou pays du Niger inférieur, grand 2 fois 1/2 comme la France, depuis le delta du Niger jusqu'au lac Tchad. Ce pays possède comme voie de pénétration le fleuve et, de plus, un *chemin de fer* en construction qui pénétrera jusqu'au cœur du Soudan sur une longueur de près de 1.000 kilomètres. La Nigéria exporte du caoutchouc et du coton.

La *Côte de l'Or* exploite des mines d'or desservies par un chemin de fer.

Sierra-Leone, desservie également par une voie ferrée, exporte de l'huile de palme, du caoutchouc, de la noix de kola.

La *Gambie*, voisine de notre Sénégal, cultive comme lui l'arachide.

2° La **colonie allemande de Togo**, voisine de notre Dahomey, allongée en bande comme lui, équivaut à un huitième de la France; elle exporte de l'huile de palme et devient, proportionnellement aux autres, la possession la plus riche en coton.

3° et 4° Seules la **Guinée portugaise** et la **République de Libéria**, que les Américains ont créée pour rapatrier les anciens esclaves amenés d'Afrique aux États-Unis et qui est administrée par des noirs, ne semblent pas participer au progrès général.

CHAPITRE VII

LA RÉGION DU CONGO

I. — COLONIES DU NORD-OUEST

Cameroun allemand. — La colonie allemande du Cameroun doit son nom à un massif volcanique isolé, haut de près de 4.000 mètres, qui se dresse au bord de l'Océan.

Elle s'étend sur une superficie presque égale à celle de la France, jusqu'au lac Tchad, en plein Soudan.

Par son climat, ses productions, sa population de noirs peu nombreux, primitifs, anthropophages dans certaines régions, elle se rattache à l'Afrique équatoriale.

Des plantations de *cacao* ont été créées sur les pentes du mont Cameroun. Un *chemin de fer* de pénétration est en construction.

On y recueille dans l'intérieur le *caoutchouc* et l'*ivoire*, que les commerçants allemands allaient chercher jusque dans les parties insuffisamment occupées du territoire français.

La France a accordé à l'Allemagne en 1911 une rectification qui lui abandonne des terrains à caoutchouc et lui permet d'arriver sur deux points, d'une part au fleuve Congo, de l'autre à son affluent l'Oubangui, en coupant le territoire français (carte, p. 251).

Iles. — L'ile de Fernando-Po, en face du mont Cameroun, appartient à l'*Espagne*; les iles de Porto-Principe et de Saint-Thomas au large, au *Portugal*.

Ce sont des sommets de massifs volcaniques déchiquetés et couverts de bois. On y cultive le *cacao* avec des ouvriers noirs importés de la côte. Saint-Thomas est, en Afrique, le *principal centre* de production de cette plante, importée de l'Amérique équatoriale.

II. — L'AFRIQUE ÉQUATORIALE FRANÇAISE

Les possessions françaises comprennent trois régions différentes :

Partie équatoriale. — La côte ou *Gabon* est bordée par de larges massifs montagneux qui la séparent de l'intérieur et que les rivières franchissent par des *cataractes*. Cette région, placée sous le climat équatorial, subit une chaleur qui se maintient pendant toute l'année aux environs de 32° et des pluies abondantes de toutes saisons. La chaleur et l'humidité développent une forêt vierge magnifique où croissent en grand nombre les plantes à *caoutchouc*, mais cette végétation oppose aux communications des obstacles qui s'ajoutent à ceux qu'offre la montagne. Les transports ne se font que par *portage*. D'autre part, le climat, très déprimant, anémie et fatigue les Européens.

Région soudanaise. — L'intérieur est moins humide, et, comme la partie occupée par la France se dirige toujours vers le Nord, à mesure qu'on y pénètre, on voit paraître de plus en plus de grandes étendues de *brousse* qui tiennent à celles du *Soudan*. Les arbres n'existent plus qu'en galeries, le long des rivières.

Quand on quitte le bassin du Congo pour entrer dans celui du Tchad, décrit p. 183, et dont la rive nord-ouest appartient à l'Afrique occidentale française (p. 250), on rencontre de grandes étendues plates, couvertes de roseaux, marécages dans la saison sèche et lacs au moment des pluies. Ces fourrés de plantes aquatiques gênent la navigation sur les affluents du lac Tchad.

Le *bétail* et les chevaux vivent dans cette région.

Région de steppes. — Enfin, au nord-est du lac Tchad, les pays qui dépendent du Congo français se trouvent sur la *limite du Sahara ;* on y rencontre de petits États musulmans groupés dans les massifs montagneux possédant des sources ; le plus septentrional et le plus important est l'*Ouadaï,* qui touche au Soudan anglo-égyptien à l'Est, et au Sahara turco-tripolitain au Nord.

Ces centres musulmans sont souvent d'assez misérables villages fortifiés. Pour se rendre de l'un à l'autre, il faut faire plusieurs jours de route dans une steppe sèche où l'on doit apporter l'eau et les aliments, car on n'y trouve aucune ressource. La bête de somme est le *chameau.*

Ces régions sont tout à fait semblables à celles de la boucle du Niger dont elles forment le prolongement à l'est du Tchad ; si on les a rattachées au Congo, c'est que c'est par lui qu'elles communiquent avec la France, au prix d'un voyage qui dure d'ailleurs deux à trois mois (p. 263).

Population. — La partie côtière et équatoriale est occupée par de petites tribus noires composées d'hommes plus sauvages et plus *primitifs* que ceux de l'Afrique occidentale. Ils connaissent à peine la culture, et sous sa forme la plus grossière. Ils n'ont point de bêtes de somme ni d'animaux domestiques car la mouche tsé-tsé empêche l'acclimatation du bétail ; plusieurs tribus mangent les prisonniers.

Dans la région du lac Tchad, apparaissent les *Musulmans* qui formaient des États guerriers et pratiquaient la *traite des noirs,* comme dans le reste du Soudan. Le dernier de ces souverains négriers du Tchad, un ancien esclave noir, a été tué par une expédition française, en 1900, sur les bords du Chari. D'autres existent encore dans la région du Ouadaï où les troupes noires françaises leur donnent la chasse.

Colonisation. — Les Français sont venus s'établir dans l'estuaire du fleuve Gabon en 1839. Il s'agissait alors de créer un point de relâche pour les navires qui empêchaient les marchands d'esclaves de transporter des noirs dans les États d'Amérique.

Pendant longtemps, les Français restèrent sur la côte. L'occupation de l'intérieur ne commença qu'après 1875.

Depuis cette année jusqu'en 1882, de Brazza remonta du Gabon jusqu'au Congo et décida, dans le pays intermédiaire, les chefs à accepter le protectorat français.

DANS LA FORÊT VIERGE

Il est difficile de se frayer un chemin à travers l'épaisse forêt équatoriale, avec son enchevêtrement de troncs élancés et de lianes, et son sous-bois épais.

En même temps, l'explorateur Stanley, qui avait découvert la partie inconnue du cours du Congo, fondait le long de ce fleuve des postes pour le roi des Belges.

Des difficultés s'élevèrent entre les Français et Stanley, elles furent tranchées par une *Conférence internationale réunie à Berlin en 1884-1885*. Cette assemblée donna au roi des

UN BAOBAB

Arbre des steppes de l'Afrique tropicale, à feuillage rare, le baobab atteint une grosseur incroyable. Si la hauteur n'excède pas 9 mètres, le tronc a quelquefois jusqu'à 22 mètres de circonférence. Cette masse énorme est couronnée de branches non moins gigantesques, longues de 20 à 25 mètres.

Belges les bouches du fleuve dont les Français se trouvèrent écartés et elle lui attribua la plus grande part du bassin du Congo. Les Français obtinrent le pays au nord de ce fleuve, puis au nord de son principal affluent septentrional, l'Oubangui (p. 181), qui les sépare des Belges.

Dans les années suivantes, les Français s'étendirent jusqu'au lac Tchad, vers le sud duquel ils durent laisser un accès aux Allemands du Cameroun (1894). Puis, en 1898, ils remontèrent l'Oubangui, passèrent de son bassin dans celui du Nil, et occupèrent Fachoda sur ce fleuve, mais ils durent céder aux revendications de l'Égypte appuyée par

l'Angleterre, et *un arrangement de 1899* donna comme
limite entre les possessions françaises et les possessions
anglo-égytiennes la *ligne de partage* qui sépare les sources
des affluents du *Congo* de ceux des affluents du Nil.

On a vu, p. 258, les concessions faites en 1911 par la
France à l'Allemagne.

L'ensemble des territoires attribués aux Français couvre
une superficie trois fois grande au moins comme celle
de la France. Elle se divise en quatre parties : le *Gabon*,
capitale Libreville, sur la côte, — le *Moyen-Congo*, capitale
Brazzaville, sur le fleuve du Congo. — L'*Oubangui-Chari*,
capitale Bangui, sur la rivière Oubangui, — enfin le *Territoire militaire du Tchad*, capitale Fort-Lamy. Le tout forme
un gouvernement général, dont la capitale est à Brazzaville.

Voies de communication. — Les voyageurs et les marchandises arrivant de France ne peuvent pénétrer dans
l'intérieur par territoire français; ils débarquent dans
l'estuaire du Congo, tournent les rapides de ce fleuve par
le chemin de fer construit par les Belges sur leur territoire
(p. 181), puis ils remontent par bateau le Congo, puis
l'Oubangui. Ensuite, il faut prendre des *porteurs* pour
franchir un espace d'environ 200 kilomètres, entre le terme
de la navigation sur le versant de l'Oubangui et le commencement de la navigation sur celui du Tchad. Puis on
emploie de nouveau le bateau sur le Chari. Enfin, depuis le
Tchad, on se sert de *chameaux*. Toutes ces opérations, com-
pliquées par les transbordements, sont longues et extrêmement coûteuses.

On a projeté de construire un chemin de fer allant en
territoire français, du port de Libreville sur l'Océan à celui
de Brazzaville sur le Congo, et un autre qui mettrait en
communication Bangui, sur l'Oubangui, avec les affluents
navigables du Tchad, permettant de supprimer le portage
dans cette région; mais les ressources de la colonie ne
l'ont pas permis. Seul, parmi les possessions européennes,
le Congo français demeure privé de voies ferrées.

Mise en valeur. — Dans ce pays immense, peu peuplé
et si dépourvu de voies de communication, les Européens
sont réduits à recueillir les produits naturels. En beaucoup

de points, l'État a concédé ce soin pour plusieurs années à de grandes compagnies qui doivent veiller au ravitaillement et à la sécurité de leurs agents. On se plaint que ces sociétés exploitent les indigènes en l'absence de tout contrôle effectif, et qu'elles se préoccupent uniquement de ramasser ce qui peut être vendu, sans créer aucune plantation, ni aucune œuvre utile à la colonie dans l'avenir. Aussi tend-on à réduire leur nombre et leurs pouvoirs.

Jusqu'à présent, les deux principaux articles de sortie sont le *caoutchouc*, qui représente 8 à 10 millions de francs, et l'*ivoire*, qui représente 3 millions.

Le commerce de l'Afrique équatoriale française (importations et exportations) atteint à peine 30 millions. Les frais d'occupation militaire, d'expéditions, très coûteux en raison des distances, sont supportés par la France.

L'Afrique équatoriale est donc une de nos colonies les moins riches; elle contraste avec l'Afrique occidentale.

III. — LE CONGO BELGE

La population et les productions du Congo belge ressemblent à celles du Congo français; mais cette possession n'a pas de dépendances soudaniennes et sahariennes : la région des éléphants et la zone du caoutchouc y sont beaucoup plus considérables.

Le Congo belge occupe plus de 2.300.000 kilomètres carrés. Il est desservi par le Congo (p. 180) et par ses affluents qui forment de longs biefs navigables séparés par des rapides. Les Belges ont établi des services de *bateaux à vapeur* sur les biefs et ils ont tourné les rapides au moyen de tronçons de *voies ferrées* qui sont presque tous terminés. La capitale du pays se trouve à Léopoldville, en face de Brazzaville.

Le commerce du Congo belge dépasse 100 millions de francs, dont les deux tiers en exportations. En tête des sorties vient le *caoutchouc*, qui figure pour plus de 40 millions de francs. Le Congo belge est le *premier pays à caoutchouc de l'Afrique* et le second du monde après le Brésil.

Vient ensuite l'ivoire, qui représente 6 à 7 millions de francs. Le Congo est le premier pays du monde pour la production *de l'ivoire*; mais l'exportation de cette mar-

chandise diminue parce qu'on a épuisé les réserves qui
provenaient des animaux tués au cours de longues années

LIANE A CAOUTCHOUC

*Le caoutchouc n'est autre chose que le suc ou latex de certains végétaux,
tantôt des arbres, tantôt, comme ici, des lianes, qui poussent dans les pays
chauds. Les forêts de l'Afrique occidentale et du Congo sont riches en
lianes à caoutchouc.*

par les indigènes, parce qu'on est obligé de s'en procurer
en chassant les éléphants et les hippopotames et que ces

animaux diminuent rapidement et que les derniers survivants se réfugient dans des régions inaccessibles.

Le Congo belge exporte aussi de l'huile et des amandes de palme, du cacao et du café provenant de plantations qu'on s'efforce de développer.

Enfin, des gisements de *cuivre* très importants ont été découverts dans l'extrême-sud de la colonie, près des sources du Congo, dans le plateau du Katanga. Ces mines sont rattachées par un embranchement au réseau ferré du cap de Bonne-Espérance (p. 276).

La région élevée du Katanga, où les Européens paraissent pouvoir vivre et où la principale richesse vient des mines semble, par la nature comme par les chemins de fer, *se ranger dans l'Afrique australe* plutôt que dans l'Afrique équatoriale, à qui appartient le reste du Congo.

IV. — COLONIE PORTUGAISE DE L'ANGOLA

L'Angola occupe une superficie égale au double de la France et sa côte a un développement de 2.000 kilomètres. On y distingue, de l'Est à l'Ouest, trois régions :

1° La région littorale commence à l'embouchure du Congo dans la zone équatoriale des *forêts* et se prolonge au Sud jusqu'au dernier fleuve permanent à l'endroit où commencent les *déserts* du Sud-Ouest allemand;

2° En arrière, un plateau élevé, suite des montagnes du Gabon français, sépare la côte du bassin intérieur;

3° Une partie du bassin du Kassaï, affluent du Congo, rive sud, appartient au Portugal; il lui fournit d'importantes récoltes de caoutchouc.

La population comprend approximativement 10 millions d'habitants, pour la plupart noirs.

Le commerce se fait par *portage*.

Cette colonie est restée pendant longtemps un pays de traite où l'on achetait des esclaves pour le Brésil et le reste de l'Amérique. On cherche à en faire aujourd'hui un pays de commerce et de plantations. Sur la côte, on cultive la *canne à sucre*, dont le produit est en grande partie transformé en eau-de-vie, destinée à être vendue aux noirs. On cherche à y développer la culture du coton.

La principale exportation est celle du *caoutchouc*, qui vient immédiatement par importance après celle du Congo belge. Elle forme plus des deux tiers de l'exportation totale qui s'élève à environ 35 millions. L'importation est à peu

LE PALÉTUVIER

Les palétuviers croissent sur les rivages des pays tropicaux où ils vivent malgré la salure de l'eau. A marée basse, leurs racines multiples apparaissent sortant de la vase; à marée haute, l'eau arrive jusqu'à leur tronc. La vue est prise ici au moment où la mer commence à monter.

près de valeur égale ; elle consiste surtout en cotonnades et quincaillerie qui viennent d'Angleterre.

Des compagnies anglaises ont commencé à construire deux *voies ferrées* partant des deux principaux ports, Saint-Paul et Saint-Philippe, et se dirigeant vers l'intérieur.

Cette colonie, longtemps négligée, paraît ainsi devoir participer au mouvement général de progrès qui se fait sentir en Afrique.

CHAPITRE VIII

L'AFRIQUE AUSTRALE

Relief. — Climat. — Plantes et animaux.
Populations. — Colonisation. — Élevage. — Culture. — Les mines.
— Voies de communication. — Commerce. — Le Sud-Ouest alle-
mand. — Le Mozambique portugais.

Relief. — L'Afrique australe est un ensemble de plateaux.

Sa partie sud, occupée par la Colonie du Cap, ressemble,
par le relief comme par le climat, à l'*Algérie*. La côte y est
bordée par des montagnes élevées dont l'une, le plateau de
la Table, haut d'un millier de mètres, domine la baie sur
laquelle a été bâtie la ville du Cap.

En arrière de la chaîne côtière, s'étendent des *plateaux*
semblables à ceux de l'Algérie et, comme eux, nus, couverts tantôt de limon, tantôt de cailloutis, avec des mares
salines et gypseuses. Leur altitude va de 600 à 1.000 mètres.

La pente générale s'incline vers l'Atlantique à l'Ouest;
du côté de l'Est, les plateaux sont séparés de l'océan Indien
par la masse de *montagnes* la plus considérable du pays,
surnommée la « Suisse de l'Afrique australe ». Son point
culminant dépasse 3.150 mètres; on l'appelle le mont aux
Sources, parce qu'il donne naissance à un grand nombre
de rivières, entre autres à celle qui forme le fleuve Orange.

Climat. — La zone des *moussons* et des pluies tropicales
d'été s'étend jusque sur la côte nord-est des possessions
anglaises qu'on appelle le Natal. De ce côté, sur le versant
des montagnes, on trouve l'eau en abondance, les palmiers,
les cultures tropicales, notamment celle de la *canne à sucre* ;
mais dès qu'on franchit les montagnes, on rencontre, sur

le versant continental, le haut plateau du Transvaal, avec
ses horizons immenses, sa sécheresse, son climat extrême.

A mesure qu'on s'avance vers l'intérieur, la sécheresse
augmente et la steppe cède la place au *désert*. Entre le bassin
de l'Orange et celui du Zambèze, le désert du Kalahari fait

PAYSAGE TRANSVAALIEN

*Vue typique d'un plateau au Transvaal. La surface, nue, stérile, désolée, est par-
semée de restes de rochers appelés « petites têtes » (en hollandais, Kopje) qui
ont joué un rôle stratégique important au cours de la guerre anglo-boer de 1899.*

pendant au Sahara; il est seulement plus uniforme, moins
accidenté, au moins dans sa partie centrale.

Il s'étend à l'Ouest jusqu'à l'Atlantique. Là, sur un espace
de 1.500 kilomètres du Nord au Sud entre le fleuve Kou-
néné, limite des possessions portugaises, et le fleuve Orange,
limite des possessions anglaises, on ne trouve aucune rivière
permanente. On ne rencontre de sources qu'en quelques
points de la côte et dans un haut massif de près de 2.700
mètres de haut, interposé à l'Ouest entre le désert du
Kalahari et l'océan Atlantique. Cette région désolée, que les

Allemands ont annexée, a été appelée par eux, à cause de sa végétation maigre et épineuse, « le pays des chardons ».

La partie littorale de la colonie du Cap a des *pluies d'hiver* semblables à celles de l'Algérie. La quantité varie de 60 centimètres sur la côte à 1 mètre 1/2 sur les parties les mieux exposées de la chaîne littorale. Même dans cette région, le climat est extrême, bien qu'il ne gèle pas. A la ville du Cap, le thermomètre s'est abaissé en hiver à 1°5, il est monté en été jusqu'à 40°.

LE PLATEAU AU TRANSVAAL

La haute plaine transvaalienne (en hollandais, Veld) s'allonge sur d'immenses étendues. C'est là que se trouvent les parties cultivables du pays. Au premier plan, voie ferrée; au fond, une ondulation (Rand) qui coupe le plateau.

Le *fleuve Orange* et son affluent, le Vaal, irréguliers à cause de la longueur de la saison sèche, ne sont guère utilisables que pour l'irrigation. Pour le *Zambèze*, voir p. 183.

Plantes et animaux. — *En général*, l'Afrique australe *manque d'arbres;* les régions les mieux arrosées, par exemple dans les hautes montagnes, forment des pâturages.

En dehors de la côte du Cap, les bonnes parties sont des pays propres à l'élevage. Les premiers Européens ont trouvé dans ce pays une foule d'herbivores, des troupes d'antilopes, de zèbres, d'autruches, de girafes, de rhinocéros; enfin, dans les rivières, des hippopotames et des éléphants.

Le léopard, la panthère et le lion, ainsi que l'hyène, y abondaient. Comme dans le nord de l'Afrique, ces animaux ont été refoulés vers l'intérieur.

Populations. — Les habitants primitifs paraissent avoir

MONTAGNES DU TRANSVAAL

Versant intérieur sec des montagnes élevées séparant le plateau du Transvaal des plaines tropicales du Natal. Le versant extérieur porte au contraire une végétation luxuriante.

été les Boschimans ou « Hommes des bois » et les Hottentots (p. 190).

Les premiers vivent uniquement de chasse et de fruits sauvages et ne connaissent pas la culture. Les colons les ont détruits en très grande partie et les survivants ont été rejetés dans le désert.

Les *Hottentots* ont été convertis par les colons hollandais et s'emploient généralement dans les fermes.

La population la plus nombreuse se compose de noirs appartenant à la *race cafre*, tous grands et vigoureux ; ils paraissent être venus du Nord le long de la côte de l'océan

Indien ; ce sont des éleveurs dont la richesse principale consiste en troupeaux de vaches, qui produisent beaucoup de lait et de beurre ; ils formaient de petites tribus guerrières qui ont résisté énergiquement aux Européens. On en compte 5 millions dans les possessions anglaises et à peu près autant dans les autres. Ce sont eux qui fournissent des ouvriers aux cultures, aux chemins de fer et aux mines.

CHUTES DE LA RIVIÈRE OUMGHÉNI (NATAL)

Les rivières, alimentées par les pluies de mousson, descendent des montagnes par des rapides vers l'océan Indien. Contraste avec le plateau intérieur où l'eau est rare.

Colonisation. — Le Cap a été découvert par les Portugais. Le Portugais Vasco de Gama le doubla en 1497, découvrit et nomma la côte de Natal, c'est-à-dire de Noël, et fut le premier Européen qui se rendit aux Indes par mer.

En 1652, les Hollandais, qui avaient pris la plus grande partie des colonies portugaises, s'installèrent au Cap, dont ils voulaient faire un poste destiné à ravitailler les navires qui allaient aux Indes. Ils y établirent des familles de cultivateurs hollandais, dont les descendants s'appellent encore aujourd'hui *Boers*, c'est-à-dire propriétaires paysans. Cette population fut renforcée par quelques centaines de paysans français protestants, chassés de leur pays par la révocation de l'Édit de Nantes. Des noms français subsistent encore aujourd'hui parmi les Boers, mais la langue française a été supplantée par le hollandais.

Les Boers parlant hollandais forment aujourd'hui la majorité de la population blanche dans l'Afrique australe. On en compte environ 7 contre 5 Anglais.

Les Anglais ont enlevé le pays aux Hollandais pendant les guerres de la Révolution et de l'Empire. Les immi-

UN POSTE MILITAIRE DANS L'AFRIQUE AUSTRALE

Occupé par les miliciens indigènes qui, sous le commandement d'officiers anglais (on en voit un au premier plan), assurent l'ordre dans l'Afrique australe.

grants de langue anglaise n'y sont guère arrivés qu'au moment de la découverte des mines d'or. Les Anglais sont surtout des gens de ville, commerçants, banquiers, ingénieurs.

Le gouvernement anglais a achevé de soumettre les Cafres ; il a annexé, en 1902, deux républiques boers restées indépendantes. Aujourd'hui, l'Afrique australe forme un Gouvernement général autonome et administré par un Parlement élu. Les gens de langue hollandaise, qui s'appellent eux-mêmes les « Africains », ont la majorité dans l'Assemblée et le premier ministre est un des généraux qui ont combattu les Anglais il y a quelques années.

Néanmoins, grâce à l'autonomie accordée par les Anglais, le régime actuel paraît être accepté par tous les habitants.

Élevage. — L'élevage se fait surtout dans la colonie du Cap et dans les anciens États boers, c'est-à-dire dans la région des plateaux élevés et des steppes.

ATTELAGE DE BŒUFS TRAVERSANT UN GUÉ

Moyen de transport typique de toute l'Afrique australe, par le lourd chariot à quatre roues avec ses ridelles en bois, sa bâche et les cinq paires de bœufs qui le traînent.

Les *moutons mérinos*, fournissant une laine de belle qualité, ont été acclimatés dans cette région à côté des moutons indigènes. Les possessions anglaises de l'Afrique australe comptent autant de moutons que tout le Royaume-Uni, environ 14 à 15 millions de têtes.

Les *bêtes à cornes* sont au nombre de près de 2 millions; elles comprennent surtout les bœufs indigènes des Cafres et des Boers. Dans toute l'Afrique australe, en dehors des voies ferrées, les transports se font au moyen de *chariots* traînés par des attelages de 6 à 12 bœufs accouplés deux par deux. Ce mode de transport s'étend jusqu'au fleuve Zambèze, au nord duquel les bêtes de somme ne peuvent plus vivre et font place au portage.

Un élevage propre au Cap, est celui de l'*autruche*. Au lieu de se borner à chasser ces oiseaux, les colons anglais du Cap ont imaginé, depuis un demi-siècle, de les élever dans de vastes enclos de palissades tracés au milieu de la brousse. On recueille ainsi les plumes en plus grande quantité et en meilleur état sans tuer les animaux. Le Cap possède environ 360.000 autruches domestiques produisant à peu près 50 millions de francs par an. C'est le seul pays qui pratique cet élevage en grand et c'est le plus grand fournisseur du monde entier. Pour éviter que cette industrie se répande chez des concurrents, l'État prélève 2.500 francs de droits par autruche exportée et 250 francs par œuf.

Culture. — Le long de la côte Sud et sur les pentes des collines qui la bordent, on cultive les céréales et les fruits, particulièrement le raisin. Le Cap est l'endroit du monde où *la vigne* fournit le plus fort rendement à l'hectare, plus même qu'en Algérie; mais, les Anglais n'usant du vin que comme article de luxe, on se borne à faire des produits forts en alcool, liquoreux, comme les vins d'Espagne et de Portugal, et la production n'équivaut qu'à 1/150e de celle de la France dans les bonnes années.

Au Nord-Est, sur la côte du Natal, où finit le climat tropical, se trouvent des champs de *canne à sucre* et, plus haut sur les pentes, des plantations de *thé* et de *café*. Le tout appartient à des Européens, employant des Cafres et des *Hindous* qui immigrent en nombre croissant.

Dans l'intérieur, la culture est beaucoup moins importante que l'élevage. Jadis, le Boer se bornait à avoir autour de sa ferme un pauvre jardin et un verger avec des pêchers dont il distillait les fruits pour obtenir de l'eau-de-vie.

Aujourd'hui, les Anglais s'efforcent de donner au sol de l'intérieur l'eau qui lui manque au moyen de puits, mais cette transformation commence seulement.

Les mines. — La richesse principale de l'Afrique du Sud lui vient des diamants et de l'or.

Les *diamants* ont été découverts, il y a un demi-siècle,

dans la région où s'élève Kimberley, sur la rive nord du fleuve Orange. Les mines appartiennent maintenant à une Compagnie anglaise qui les a toutes réunies sous sa direction et qui règle la vente de manière à ne pas faire tomber les prix. L'Afrique du Sud est devenue *le plus grand* pays *producteur de diamants* du monde entier. Elle en extrait pour 200 millions de francs par an.

L'*or* a été découvert vers le milieu du XVIIIe siècle au Transvaal, mais la grande exploitation n'a commencé qu'en 1887. Elle se fait autour d'une chaîne ou *Rand* qui s'élève à une altitude d'environ 1.800 mètres sur 200 kilomètres de long, au milieu du haut plateau transvaalien. Nulle part au monde, on ne voit tant de mines sur un aussi petit espace. L'or se trouve dans des combinaisons qui se présentent en filons, qu'il faut aller chercher par de profondes galeries et qu'on réduit ensuite à grands frais. Ces travaux sont entrepris par de riches compagnies, en grande partie anglaises, dont les présidents représentent, avec ceux des mines de diamants, les millionnaires de l'Afrique du Sud.

Au centre des mines s'est élevée, depuis 1885, une cité neuve appelée *Johannesburg*, qui a éclipsé les petites villes boers semblables à de grands villages, et qui est devenue le second centre de l'Afrique du Sud, avec une population de 160.000 habitants, dont la moitié sont des gens de couleur.

L'Afrique australe est le *premier pays producteur d'or* du monde. Elle en fournit pour plus de 800 millions par an.

Voies de communication. — Depuis le développement des mines, on a construit en Afrique australe un réseau de chemins de fer qui est *le plus important de l'Afrique*. Il comprend plus de 6.000 kilomètres. La ligne la plus longue, appelée *voie du Cap au Caire*, à cause de l'espoir qu'ont les Anglais de la relier un jour à celle du Nil (p. 203), franchit le Zambèze par un pont de fer en face des chutes Victoria et s'avance à 3.600 kilomètres dans l'intérieur jusqu'à 650 kilomètres du lac Tanganyika. De cette dernière partie, se détache un embranchement de 300 kilomètres qui dessert les mines de cuivre de la partie méridionale du Congo belge (p. 265).

Parmi les autres voies ferrées, les deux plus importantes sont celles qui vont du littoral portugais dans les pays de l'or. L'une part de Lourenço-Marquez et atteint, à 637 kilomètres, Johannesburg. L'autre, plus au Nord, part d'un port tout neuf appelé Beira et rejoint, à 350 kilomètres de là, la grande ligne du Cap au Zambèze à Boulouwayo, capi-

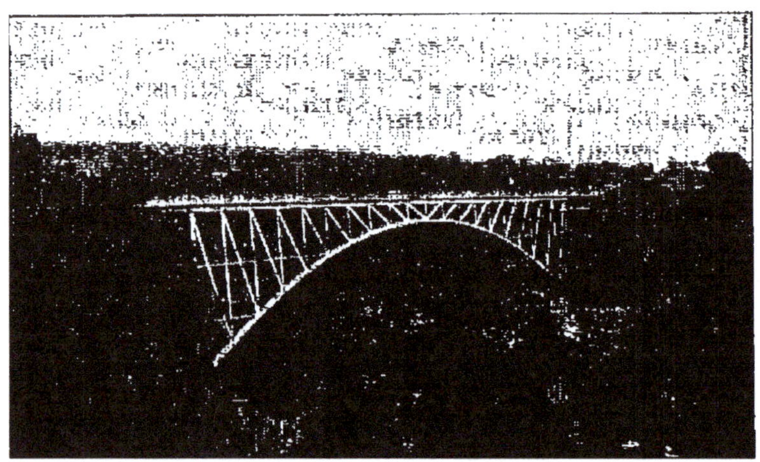

LE PONT SUR LE ZAMBÈZE

Pont en fer, construit sur le fleuve Zambèze, en un point où son lit est resserré, sur la ligne dite « du Cap au Caire »; 290 m. de long, 120 m. de hauteur au-dessus du lit du fleuve.

tale de la *Rhodésia*, colonie anglaise et centre de mines d'or.

Commerce. — Le trait dominant du commerce, c'est l'exportation de l'or. Le Transvaal ne vend pour ainsi dire rien d'autre et il achète tout le reste. Il n'importait que pour une valeur de 9 millions de francs avant les mines; il importe aujourd'hui pour plus de 350 millions. L'Afrique du Sud est celle des possessions anglaises qui achète plus au dehors. Son importation égale en valeur celle de la Russie, elle est le double de celle du Brésil.

C'est une situation qui ressemble à celle de l'Espagne quand elle disposait de l'argent du Pérou. Comme autrefois en Espagne, les denrées et le travail atteignent des *prix extrêmement élevés*, surtout dans la région des mines d'or; à Johannesburg, un ouvrier blanc se fait payer 25 francs par jour et il ne trouve pas la vie facile à ce prix.

Le Sud-Ouest-Africain allemand. — Les Allemands occupent le désert montagneux et rocheux à l'intérieur, sablonneux sur la côte, entre la dernière rivière permanente du Nord, à la limite des possessions portugaises et le fleuve Orange, première rivière permanente du Sud.

Sa superficie est égale à 1 fois 1/2 celle d'Allemagne; mais les habitants ne dépassent guère le nombre de 200.000. Ce sont surtout des Cafres et des Hottentots nomades (éleveurs de bestiaux. Les Européens ne se trouvent qu'au nombre de 6.000, dont la moitié formant la force armée. La capitale, *Windhock*, est bâtie à 1.400 mètres d'altitude dans les montagnes de l'intérieur, qui constituent l'endroit le plus sain et le moins dépourvu d'eau.

Les Allemands avaient espéré fonder dans cette région une colonie de peuplement. Ils n'y ont pas réussi jusqu'à présent, à cause de l'absence d'eau.

Les richesses de la colonie sont des mines de *cuivre* dans le nord et des mines de *diamant* analogues à celles du Cap dans le sud. Elles fournissent presque toutes les exportations, qui ne dépassent guère 12 millions de francs. Plus de 1.500 kilomètres de *chemins de fer à voie étroite* ont été construits pour unir à la côte capitale et mines.

Le Mozambique portugais. — La colonie portugaise de Mozambique occupe une superficie grande 1 fois 1/2 comme la France, avec 2.000 kilomètres de côte. Elle compte environ 3 millions de noirs. C'est un des plus anciens établissements d'Afrique; les Portugais ont, en effet, bâti un port fortifié dans l'île de Mozambique dès 1507.

Toute la région se trouve comprise dans la zone des moussons et elle est propre aux cultures tropicales. Le Gouvernement portugais en a concédé une grande partie à des compagnies qui récoltent le copra (noix de coco) pour l'huile, sur la côte et font venir le *caoutchouc* de l'intérieur. D'autres cultivent la *canne à sucre* et le coton.

Comme voies de communication, ce pays dispose du cours inférieur du Zambèze, desservi par des bateaux à vapeur anglais et des deux chemins de fer de pénétration vers les régions anglaises de mines. Son commerce atteint environ 150 millions de francs par an.

CHAPITRE IX

MADAGASCAR — LA RÉUNION — MAURICE

I. — MADAGASCAR

Madagascar est une île, située à plus de 400 kilomètres
de la côte africaine ; sa superficie, 592.000 kilomètres carrés, égale celle de la France, plus la Suisse et la Belgique.
Allongée, du Nord au Sud, sur 1.580 kilomètres avec une
largeur de 580 au maximum, elle est beaucoup plus longue
et plus étroite que la France.

Relief. — Madagascar est massive et montagneuse. Les
hauteurs commencent brusquement sur la côte orientale
par une série de plis qui s'élèvent à plus de 1.500 mètres et
dont le versant exposé à la mer se couvre de forêts.

Ces montagnes côtières forment le rebord de plateaux
intérieurs. Le principal, l'Imérina, a une altitude moyenne
de 1.200 mètres ; il porte la capitale, Tananarive, à 1.400 mètres. D'apparence nue, il apparaît couvert d'une argile couleur de brique, dont l'aspect a fait appeler le pays l'*île rouge*.

Un massif de volcans récemment éteint, couronné de
cratères dont le plus haut dépasse 2.600 mètres et dont
plusieurs forment de petits lacs, *s'élève* au sud de ce plateau et de Tananarive.

Vers le nord de l'île, dans la partie amincie où finit le
plateau, se dresse un autre massif volcanique qui atteint
l'altitude de 2.881 mètres, la *plus haute* de toute l'île.

Les montagnes se prolongent jusqu'à la pointe nord où

les contreforts de la montagne d'Ambre, haute de 1.360 mètres, entourent la *baie* profonde et découpée de *Diégo-Suarez*. C'est l'une des plus belles de l'océan Indien, mais elle ne communique que par mer avec le reste de l'île.

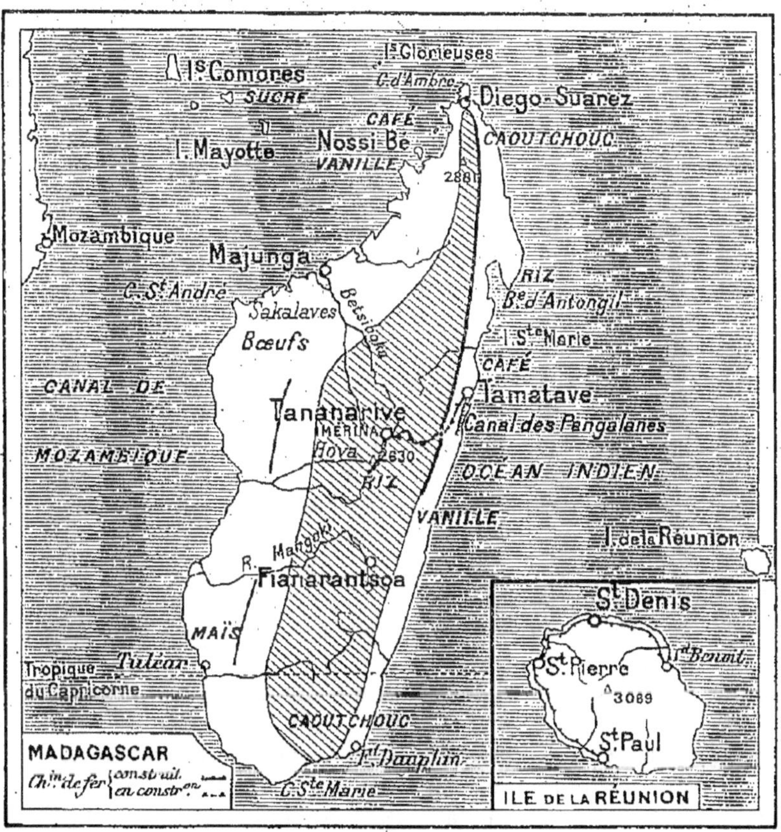

Madagascar se compose d'un grand plateau central (partie grisée sur la carte), d'une altitude moyenne supérieure à 1.000 mètres. La pente est brusque vers l'océan Indien. Le plateau est coupé, en diagonale, par des cassures jalonnées de massifs volcaniques dont les deux plus hauts sont indiqués par des cotes d'altitude.

Du côté de l'Ouest, les hauteurs et les plateaux s'abaissent par une série de terrasses et de gradins auxquels succède une plaine littorale aboutissant à une côte basse, sans autre abri que les estuaires des fleuves.

Le plateau sous-marin sur lequel s'élève Madagascar se prolonge vers le Nord-Est et ses parties les plus élevées émergent des flots sous forme d'îles. Plusieurs sont voisines de la côte, comme *Nossi-Bé*.

Plus loin, viennent *Mayotte* et les trois îles *Comores*, toutes élevées, rocheuses et boisées, formées en grande partie de volcans comme les points culminants de la grande île. Le cratère le plus élevé, dans la Grande Comore, s'élève à plus de 2.400 mètres au-dessus du niveau de la mer.

Climat. — Madagascar appartient à la zone des *moussons*. L'été y est la saison des pluies, mais comme Madagascar se trouve dans l'hémisphère Sud, les *saisons* se succèdent dans *l'ordre inverse* du nôtre.

Le versant oriental montagneux et bien exposé, et la partie nord, ainsi que Mayotte et les Comores, reçoivent en moyenne 2 mètres de pluies par an. C'est la région des forêts luxuriantes et des cultures tropicales. C'est aussi la moins salubre, qui a fait à Madagascar une réputation de climat dangereux, injustement étendue à toute l'île.

Le plateau reçoit en moyenne 1 mètre de pluies par an, davantage sur les hauteurs. En raison de son altitude, il offre un climat favorable aux Européens; mais son sol, peu fertile, ne saurait guère fournir l'alimentation d'une population supérieure en nombre aux indigènes qui l'habitent.

La partie occidentale est la plus sèche : la hauteur annuelle des pluies y reste toujours inférieure à 1 mètre et s'abaisse par endroits à 40 centimètres. On y trouve de véritables steppes semblables à celles d'Afrique australe, surtout au Sud-Est et à la pointe sud. C'est la *région de l'élevage*.

Aucun des cours d'eau de Madagascar *n'est navigable*. Les rivières les plus abondantes se trouvent vers l'Est, les plus longues vers l'Ouest dans le sens de la pente. Toutes sont coupées par des rapides et ont un débit très irrégulier à cause de la différence des saisons.

Plantes et animaux. — Madagascar est un pays à part qui semble avoir été toujours séparé de l'Afrique. On y a découvert des plantes particulières, comme l'arbre du voyageur, le raphia à fibres textiles, l'arbre à pain, dont le fruit, qui a la forme d'une énorme châtaigne, peut se manger cuit.

Ces arbres et d'autres encore ont été répandus par les hommes sur tout le littoral de l'océan Indien.

Madagascar possède aussi des animaux particuliers, les *makis* ou lémures, dont les variétés sont nombreuses. Presque toutes sont spéciales à Madagascar, une seule se

L'ARBRE DU VOYAGEUR

Le « ravinala » ou ravenal est appelé « l'arbre du voyageur », parce que l'eau de pluie se conserve dans les pétioles, où elle pourrait être recueillie par les passants. Il étale ses feuilles en un large éventail d'une régularité parfaite et qui domine la brousse et les arbrisseaux.

retrouve à Ceylan. Ces animaux particuliers ont fait donner à l'île, par un naturaliste, le nom de « continent lémurien ». Par contre, Madagascar a très peu d'animaux qui ressemblent à ceux de l'Afrique. Comme espèce dangereuse, on n'y trouve guère que les caïmans dans les rivières.

Populations. — Le plateau central a été peuplé par les *Hovas*, hommes au teint cuivré, aux cheveux noirs et plats, qui sont venus d'Océanie par mer, il y a six ou sept siècles. Leur langue, comme leur physionomie, les apparentent aux Malais (p. 151). Quoique venus par mer, les Hovas ne sont pas restés navigateurs ; ils se sont établis dans l'intérieur ; avant la conquête française, ils formaient une nation, la seule de l'île, réunie sous un seul souverain. Les classes supérieures ont été converties au protestantisme et ont pris des habitudes européennes sous l'influence de missionnaires anglais. Les Hovas sont les plus intelligents et les plus faciles à éduquer parmi les habitants de l'île. Leur nombre est d'environ 850.000. La principale ville, *Tananarive*, est devenue la capitale européenne.

MAKI OU CHAT LÉMURE

Les mammifères qui constituent l'ordre des lémuriens sont presque tous localisés dans l'île de Madagascar. Ils sont quadrumanes ; ce ne sont pourtant pas des singes, mais des êtres spéciaux, caractérisés par leur museau fin et allongé et [illegible]

Les plaines et les pentes de l'Ouest sont peuplées de *Sakalaves* aux lèvres épaisses, aux cheveux crépus comme les *nègres*. Ils vivent surtout de l'*élevage des bœufs*. Ils se divisent en petites tribus qui sont souvent en guerre et ces discordes ont entretenu le brigandage jusqu'à nos jours.

Enfin, sur la côte, principalement au Nord, sont venus s'établir des commerçants arabes et hindous qui se sont mélangés aux habitants. Une partie des tribus professent la religion *musulmane*.

Colonisation. — Madagascar fut découvert par les Portugais au xvie siècle, mais ils ne s'y établirent pas. La Compagnie française des Indes fonda en 1642, sur la côte

sud-est, Fort-Dauphin. Cet établissement fut abandonné
quelques années après, mais les Français maintinrent leurs
droits sur l'île. Ces droits furent contestés au cours du
XIXe siècle, lorsque les missionnaires anglais eurent converti
les Hovas. Sous l'influence anglaise, les souverains Hovas
prétendirent être reconnus dans toute l'île et réduire les
Français à deux petits îlots, Sainte-Marie à l'Est, Nossi-Bé
au Nord-Ouest, qu'ils occupaient effectivement, depuis 1841.

En 1895, le Gouvernement français envoya une armée qui
partit de Majunga, prit Tananarive et détruisit la puissance
des Hovas. La dernière reine des Hovas fut détrônée, et
Madagascar devint une colonie française en 1896.

Il fallut, ensuite, une dizaine d'années pour vaincre toutes
les résistances et faire cesser les guerres civiles et le brigandage. Enfin, depuis 1906, les troupes d'occupation ont
été réduites à 7.000 hommes, et la France a été déchargée
des 25 millions qu'elle payait chaque année pour l'occupation militaire. La période du gouvernement civil et de la
mise en valeur a commencé pour Madagascar.

Produits de la forêt. — Les richesses forestières de
Madagascar s'exploitent difficilement, faute de voies de
communication. Le grand obstacle au développement de
Madagascar, c'est l'absence de routes et le manque de bras.

On tire de la forêt surtout le *caoutchouc*, dont l'exportation
a dépassé 7 millions, mais baisse maintenant, parce qu'on
a épuisé les réserves existantes. Il est absolument nécessaire de créer et de développer les plantations.

Les fibres textiles de *raphia* forment, en importance, le
second des produits forestiers, avec une exportation qui
vaut à peu près 2 millions de francs par an.

Les bois précieux, difficiles à transporter, ne figurent aux
sorties que pour un demi-million.

Enfin, on cherche à exploiter les plantes à tannin, particulièrement les palétuviers, qui forment des fourrés le long
des côtes basses et marécageuses. Le tannin s'exporte,
mais il pourra servir sur place à préparer les peaux que
Madagascar envoie, jusqu'à présent, brutes en Europe.

Élevage. — L'élevage peut devenir une des richesses du
pays. Il est en ce moment presque complètement indigène.

Les *bœufs* de Madagascar sont des zébus à bosse, parents de ceux de l'Inde et de la Malaisie. On en compte plus de 4 millions. Sur la côte Ouest et dans les pâturages des massifs élevés du Nord, les indigènes élèvent aussi des moutons à grosse queue, riches en graisse et dont la chair est mauvaise et la laine grossière. Comme en Algérie, on se préoccupe de les remplacer par des espèces meilleures.

Jusqu'à présent, Madagascar ne vend guère de

ZÉBU DE MADAGASCAR

Ces bœufs, de petite taille, portent une loupe graisseuse en forme de bosse. Leur abondance avait étonné les premiers navigateurs portugais. Une médaille, frappée pour célébrer l'établissement des Français dans l'île, au XVIIe siècle, représente un zébu.

viande qu'aux îles tropicales surpeuplées de Maurice et de la Réunion. On y a tenté pourtant la fabrication des conserves.

Les principaux produits d'exportation fournis par les animaux sont les *cornes* et les *peaux brutes*, dont Madagascar vend pour 3 millions de francs par an.

Les indigènes nourrissent aussi quantité de volailles.

Cultures. — La céréale de Madagascar est le *riz*, cultivé dans les vallées des plateaux et dans les deltas. Il paraît avoir été apporté par les ancêtres des Hovas. Le Gouvernement pousse au développement de la culture de cette céréale. Aussi, Madagascar, qui, naguère, n'en produisait pas assez pour sa consommation, commence-t-il à en exporter. Madagascar exporte également des pois du Cap et du maïs, cultivé dans les plaines littorales du Sud-Ouest, arides et impropres aux rizières.

La patate et le manioc servent partout à l'alimentation.

Diverses cultures tropicales ont été introduites de la

Réunion et de Maurice sur les deux côtes nord, ainsi qu'à Mayotte et dans les Comores. Ce sont : la *canne*, cultivée pour le sucre et pour le rhum ; la *vanille*, le *café*, tous deux

BANANIER ET SON FRUIT

Les bananes sont groupées sur un « régime » qui arrive parfois à peser une tren-taine de kilogrammes. La banane sert à la nourriture des indigènes dans tous les pays tropicaux ; elle s'exporte vers les pays d'Europe.

en progrès : depuis 1901, la production de la première s'est augmentée 8 fois, l'exportation du café s'est multipliée par 1.000. Le cacao est *essayé* en ce moment. Enfin, des plantations de coton sont *tentées* un peu partout.

Depuis 1901, la valeur des exportations de produits agricoles a plus que quadruplé, ce qui indique une *extension progressive des cultures*.

Métaux et industries. — On trouve à Madagascar l'*or*, en paillettes et en grains, dans les alluvions des fleuves. La production déclarée dépassait à peine 200.000 francs au moment de la conquête française ; elle est aujourd'hui de plus de 11 millions.

Les autres industries n'ont pas grande importance et ne servent guère qu'aux besoins des indigènes. L'Europe achète des *rabanes*, grosses toiles indigènes teintées par bandes, qu'on emploie dans l'ameublement. On a cherché à introduire dans le pays la filature de la soie produite par divers insectes indigènes, principalement par une araignée.

Enfin, on utilise l'habileté des Malgaches dans la sparterie pour leur faire fabriquer des chapeaux de paille souple du genre *Panama*. Leur exportation, qui date de l'occupation française, représente une valeur voisine de 1 million.

Voies de communication. — Au moment de la conquête, Madagascar n'avait que des pistes grimpant les montagnes, serpentant à travers les forêts et franchissant les rivières à gué. Tous les transports se faisaient par porteurs ; les voyageurs s'installaient sur un palanquin léger porté par des indigènes. Il en coûtait alors 1.300 francs pour transporter une tonne de marchandise de la côte à Tananarive.

Dès la conquête, les Français se sont mis à *construire* des routes ; ils ont commencé ensuite la construction des chemins de fer. On a fait une seule ligne, la plus urgente, celle qui mène du principal port, Tamatave, à la capitale, Tananarive ; encore n'est-elle pas achevée. En effet, un premier tronçon de *chemin de fer* suit la côte depuis Tamatave et aboutit au Sud, sur le canal des Pangalanes, qui unit les lagunes côtières et permet d'y naviguer en pirogue. Enfin, à la hauteur de Tananarive, une voie ferrée se détache du canal, escalade le rebord du plateau et atteint la capitale, à 262 kilomètres de son point de départ.

Commerce. — Le commerce de Madagascar a passé de 10 millions de francs avant la conquête à 60 millions, et la part de la France de 25 p. 100 à 81 p. 100. Il est vrai que l'île a été placée sous un régime de tarifs protecteurs, ce qui assure aux fabriques françaises le monopole de la principale importation, celle des cotonnades.

On explique cette mesure en invoquant que la France a dépensé dans l'île, jusqu'à présent, 700 francs par tête d'habitant, c'est-à-dire plus, en proportion du nombre, que dans n'importe quelle autre colonie d'Afrique. Actuellement, Madagascar commence à se suffire à elle-même et elle a tout le développement que lui permettent la pauvreté de ses voies de communication, défaut qui peut être compensé à force d'argent, et l'extrême rareté de sa population, principal obstacle à l'augmentation des recettes et à un développement rapide.

II. — LA RÉUNION

La Réunion se trouve à 700 kilomètres à l'est de Madagascar. Elle occupe environ 2.000 kilomètres carrés, c'est-à-dire à peu près la superficie *du tiers* d'un *département* français. C'est une masse de montagnes volcaniques dont le point culminant dépasse 3.000 mètres. Elle a un climat tropical tempéré par la mer. Les flancs des montagnes sont couverts de forêts magnifiques. Les vallées et le littoral sont mis en culture.

La Réunion a été occupée par les Français à la même époque que Madagascar ; elle n'avait pas d'habitants lors de sa découverte ; elle a été peuplée par des colons qui cultivaient le sucre à l'aide d'esclaves noirs importés d'Afrique. Comme dans la plupart des îles à cultures tropicales, la population est *dense;* elle compte 177.000 habitants. La capitale, Saint-Denis, en a 30.000.

La Réunion s'enrichissait autrefois par la culture de la canne et par celle du café, dont la variété locale s'appelle Bourbon, nom primitif de l'île. Le *sucre* était sa principale richesse. Aujourd'hui, les prix du sucre ont fléchi ; en outre, depuis l'émancipation des esclaves, en 1848, la main-d'œuvre fait défaut. On a cherché à remplacer les noirs par des *Hindous*, mais La Réunion a renoncé à en faire venir, dans l'espoir d'employer exclusivement ses habitants.

La Réunion a cherché des ressources nouvelles dans la

UN PAYSAGE DE LA RÉUNION

La route de Cilaos décrit autour de la montagne une série de lacets tracés au milieu des arbres. Sur les pentes, des cactus, des agaves, des eucalyptus et des palmiers aux larges feuilles se pressent en fourrés verdoyants.

culture de la *vanille*, importée du Mexique, et dont elle est un des principaux producteurs. Mais la vanille subit la concurrence de la vanilline, produit chimique venu d'Allemagne et vendu beaucoup meilleur marché.

La Réunion traverse donc une crise qui se manifeste par la chute de son commerce. De 111 millions en 1860, après l'abolition de l'esclavage, au temps de la main-d'œuvre hindoue, il est tombé à moins de 30 millions. La France est obligée de venir en aide pour 3 ou 4 millions au budget de La Réunion. Elle a dû prendre à son compte les travaux du port de Saint-Pierre et les 140 kilomètres de chemin de fer qui desservent une partie de la côte.

RAMEAU DE VANILLIER

Le vanillier est une orchidée. Son fruit, la vanille, est une capsule grêle, cylindrique, pouvant atteindre 12 à 25 centimètres de longueur. La Réunion a exporté, en 1908-1909, 68.000 kilogrammes de vanille ; Madagascar, 55.000 kilogrammes.

III. — MAURICE

L'île Maurice, ancienne Ile-de-France, se trouve à 185 kilomètres au Nord-Est de La Réunion.

Sa nature est la même. Comme La Réunion, elle fut colonisée par les Français ; mais les Anglais l'ont prise en 1810 et l'ont gardée aux traités de 1815. Les Mauriciens ont conservé les lois françaises et le droit d'employer la *langue française*. Maurice a pour principale culture la canne à sucre. Elle est plus petite que La Réunion, mais beaucoup plus peuplée, avec une moyenne de plus de 200 habitants au kilomètre carré.

Sa prospérité est plus grande, parce qu'elle emploie des travailleurs hindous ; par contre, elle tend à devenir une colonie hindoue, les *coolies* s'établissant dans le pays. Ils y sont déjà plus nombreux que l'ancienne population de langue française.

QUATRIÈME PARTIE

AMÉRIQUE

CHAPITRE PREMIER

L'AMÉRIQUE DU NORD — DESCRIPTION PHYSIQUE

I. — Régions : Dimensions et situation. — Bouclier septentrional. — Dépôts glaciaires. — Les grands lacs et le Saint-Laurent. — Les Appalaches. — Plaines intérieures. — Plateaux du Far-West. — Le Mississipi. — Alaska. — Les Montagnes Rocheuses. — Bassins et plateaux des montagnes. — Le versant du Pacifique. — La Californie.
II. — Climats : Variations extrêmes. — Vents et tornades. — Zone du golfe du Mexique. — Zone Atlantique nord. — Zone intérieure. — Déserts et hauts plateaux. — Zones du Pacifique.

I. — RÉGIONS

Dimensions et situation. — L'Amérique du Nord mesure 23 millions 1/2 de kilomètres carrés, si l'on y comprend les îles canadiennes de l'océan Glacial, l'Amérique centrale et les Antilles ; elle occupe ainsi une superficie *double* de celle de l'Europe et égale à la moitié de celle de l'Asie.

Sa longueur du Nord au Sud mesure 8.000 kilomètres, deux fois celle de l'Europe. Le point le plus élevé en latitude des îles canadiennes est, parmi les terres connues, la plus rapprochée du pôle nord.

Le sud de l'Amérique centrale et des Antilles se trouve à 1° de l'équateur, c'est-à-dire sous la latitude de la Guinée et de la pointe méridionale de l'Inde.

L'Amérique septentrionale est donc placée au nord de

l'équateur, à peu près dans la même situation que l'Asie, bien qu'un peu plus septentrionale.

Sa largeur maxima atteint 6.400 kilomètres, de Terre-Neuve au détroit de Behring ; entre ces deux points, il y a une différence de six heures pour le passage du soleil au méridien. A la hauteur des États-Unis, la largeur moyenne est de 4.300 kilomètres, la différence de quatre heures.

Le détroit de Behring ne mesure pas 100 kilomètres ; mais dans cette région, les parties rapprochées de l'Amérique du Nord et de l'Asie sont à peu près désertes.

Les régions peuplées de l'Amérique du Nord sont plus voisines de celles de l'Europe que de celles de l'Asie. De New-York au Havre, on compte 5.600 kilomètres, 3.000 seulement du Labrador à l'Irlande. Au contraire, de San-Francisco au Japon, la distance dépasse 9.000 kilomètres.

Bouclier septentrional. — La partie nord-est de l'Amérique du Nord est formée par un très grand plateau appelé à cause de sa forme « bouclier » et semblable à celui qui occupe, dans le Nouveau Monde, le nord de la Russie, de la Suède et de la Sibérie. Il est échancré dans son milieu par le large golfe appelé Baie d'Hudson ; il est bordé au Sud par le profond estuaire du Saint-Laurent, la vallée de ce fleuve et l'ensemble des grands lacs, puis, à l'Ouest, par une série d'autres lacs qui s'échelonnent sur ses bords jusqu'à l'océan Glacial.

Ce bouclier, comme celui du nord de l'Europe (*2e Année*, p. 10) et de l'Asie, est formé de roches cristallines schisteuses, usées par l'érosion, qui offrent des formes arrondies ; la hauteur moyenne se tient aux environs de 300 mètres ; la principale crête qui borde l'estuaire du Saint-Laurent, au nord, ne paraît pas dépasser 1.200 mètres.

Dépôts glaciaires. — D'autre part, tout le Canada et le nord des États-Unis sont recouverts d'argiles, de sable et de gros cailloux, déposés à l'époque préhistorique, par une immense *nappe de glace*, analogue à celle qui cache aujourd'hui le Groënland ; ces dépôts s'avancent au sud sur le territoire des États-Unis *jusqu'au confluent de l'Ohio et du Mississipi*, c'est-à-dire jusqu'à la latitude d'Alger.

Partout, ils ont empâté le relief déjà émoussé et ils ont

contribué à renforcer l'aspect de plateau monotone qu'offre la région. D'autre part, cette épaisse couche de terrains, généralement imperméables, oblige les eaux à s'étaler en de *nombreux lacs*, semblables à ceux qu'offrent, pour les mêmes raisons, la Suède, la Finlande, la Russie d'Europe et la Prusse dans notre continent (*2ᵉ Année*, page 52).

Ils forment des chapelets qu'unissent des rivières s'étranglant souvent en rapides. Les cours d'eau n'ont pas encore achevé de creuser leur lit et de vider les lacs. Sur ce sol imperméable, ils coulent voisins et presque enchevêtrés.

Les Indiens y circulaient en canots légers qu'ils portaient pour tourner un rapide ou pour traverser la faible distance d'une rivière à une autre ; les trappeurs et les explorateurs suivirent les mêmes voies par les cours d'eau et les sentiers ou *portages*. C'est encore ainsi qu'on voyage l'été dans les parties du Canada éloignées des voies ferrées.

L'hiver, on marche sur la neige avec des *raquettes*, inventées par les Indiens, qui empêchent le pied d'enfoncer, ou on emploie des *traîneaux* tirés par des chevaux dans le Sud, et dans le Nord par des *chiens* empruntés aux Esquimaux.

Les grands lacs et le Saint-Laurent. — Les lacs forment un vingt-huitième de la superficie du Canada, proportion qui n'est atteinte nulle part ailleurs. La *plus grande masse d'eau douce du monde entier* est celle des cinq grands lacs dont les rives se partagent entre le territoire du Canada et celui des États-Unis.

Leur superficie équivaut à la moitié de celle de la France. Le lac Supérieur, à l'extrémité ouest, grand 2 fois comme la Suisse, est le plus étendu de l'univers. Le moins grand, le lac Ontario, à l'autre extrémité, est encore 33 fois supérieur au lac de Genève. Les *profondeurs* sont considérables ; celle du lac Supérieur dépasse 300 mètres.

Les grands lacs sont de véritables mers où le vent soulève des *tempêtes* violentes.

Ces énormes masses d'eau occupent *trois étages différents*. Le plus haut, le lac Supérieur, à 185 mètres au-dessus du niveau de la mer, se déverse dans les autres par le rapide du Saut Sainte-Marie ; l'avant-dernier, l'Érié, communique avec le plus bas, l'Ontario, par la rivière du *Niagara*, une des chutes les plus formidables du monde, qui mesure près de 1 kilomètre de long et 44 mètres de haut.

Le Saut Sainte-Marie et le Niagara sont tournés par des *canaux* américains et canadiens. Le canal américain du Saut Sainte-Marie, profond de plus de 6 mètres, permet aux navires d'arriver jusqu'au fond du lac Supérieur, à 4.000 kilomètres de l'Océan. Les deux canaux du Saut Sainte-Marie

LES « MILLE-ILES »

Le Saint-Laurent, dans son cours supérieur, sort du dernier des grands lacs, le lac Ontario, par plusieurs bras que séparent de nombreuses petites îles, couvertes de forêts. Les voyageurs français ont donné à l'ensemble de ce paysage pittoresque le nom de « mille-îles », qu'il a conservé.

voient passer chaque année un tonnage supérieur à celui du canal de Suez; il consiste surtout en convois de blés et de minerai de fer (p. 348) dirigés vers l'Atlantique; en sens inverse arrivent les charbons.

Chicago, le principal port des grands lacs, vient par le tonnage et par le nombre d'habitants immédiatement après New-York. La flotte américaine des grands lacs forme au moins un *tiers de la marine de commerce* des États-Unis.

Pourtant, la navigation est complètement arrêtée sur lacs

et canaux pendant les six mois d'hiver où l'eau gèle. On peut juger par là du mouvement qui se fait dans cette région pendant la belle saison et de l'importance qu'elle a pour la vie économique de toute l'Amérique du Nord.

Les grands lacs communiquent avec les ports américains par des canaux (carte de la page 348).

Leur issue naturelle est le *fleuve Saint-Laurent*, qui ap-

SUR LA RIVIÈRE MONTMORENCY (PROVINCE DE QUÉBEC)

Paysage caractéristique du Canada français. La rivière Montmorency traverse des gorges et descend des plateaux couverts de sapins, par une chute célèbre, qui tombe brusquement d'une hauteur de 76 mètres.

partient au Canada. Sorti du lac Ontario à 1.350 kilomètres de l'Océan, par une foule de bras que séparent les « mille îles », le Saint-Laurent franchit encore quelques rapides tournés par des canaux et il devient définitivement navigable, sauf pendant l'hiver, à *Montréal*, la grande ville et le principal port du Canada. Les navires de mer remontent jusqu'à Montréal, à 850 kilomètres de la mer, en été ; en hiver, Montréal n'est accessible que par des voies ferrées aboutissant à des ports maritimes plus méridionaux.

Le Saint-Laurent est, par l'importance de son débit
(32.000 mc.) et par sa navigation, le second fleuve de l'Amérique du Nord; il se rapproche tout à fait de la Néva, de
même que les grands lacs auxquels il sert de débouché
se comparent, mais avec des proportions beaucoup plus
grandes, à ceux qui donnent naissance au fleuve de Saint-
Pétersbourg (*Deuxième Année*, page 239).

Les Appalaches. — La côte Atlantique est bordée par un
système de hauteurs orientées à peu près du Nord au Sud;
on lui donne le nom général d'Appalaches, et, dans la partie que possèdent les États-Unis, celui de *Monts Alleghanys*;
il s'étend depuis la grande île de Terre-Neuve au Nord
presque jusqu'au golfe du Mexique sur une longueur de
près de 3.000 kilomètres et une largeur qui va de 80 à
250 kilomètres. Le sommet le plus élevé ne dépasse guère
2.000 mètres; on le rencontre dans le sud des États-Unis.

La pente la plus rapide se trouve du côté de l'Atlantique;
ces montagnes *gênent* les communications entre les ports et
l'intérieur, sauf par *New-York* seul. Ce débouché utilise
deux couloirs qui ne s'élèvent guère au-dessus de 50 mètres,
conduisant l'un aux grands lacs, l'autre à Montréal. Ils sont
suivis par des canaux commencés en 1825, et par le rail,
voies qui ont valu à New-York sa suprématie commerciale.

Au Nord, les plis parallèles des montagnes entrent en contact avec la mer et y forment des caps séparés par des
découpures qui *accidentent* au Canada les *rivages* de l'Acadie ou Nouvelle-Écosse.

Au sud de New-York, les hauteurs s'éloignent de plus en
plus de la côte et laissent entre elles et l'Océan une *plaine*
qui atteint jusqu'à 340 kilomètres de large.

Elle se prolonge par la longue *presqu'île de Floride*, qui
ferme le golfe du Mexique. La Floride, grande comme vingt
départements français, est peu élevée, bordée de récifs de
coraux et de marais salés dans lesquels s'écoulent de grands
étangs ou marais d'eau douce. On a dit que dans ce pays il
était impossible de distinguer où finit la terre et où commence l'eau.

Plaines intérieures. — La région qui va de l'océan Glacial au golfe du Mexique dans l'intervalle entre les hauteurs du Bouclier et de l'Atlantique, à l'Est, et des hautes montagnes de l'Ouest, forme un ensemble de plaines peu élevées suivies par des rivières coulant, les unes vers le Nord, les autres vers le Mississipi.

La limite entre les deux versants n'est marquée par *aucun obstacle* sérieux; les sources s'y trouvent entre 5 et 600 mètres de haut, généralement dans de petits lacs creusés au milieu du terrain glaciaire; les voies allant des États-Unis au Canada ne passent pas à plus de 300 mètres de haut. La frontière, tracée suivant une ligne géométrique, ne suit nullement la ligne de partage des eaux.

1° La partie nord, qui appartient au Canada, s'allonge entre les Montagnes Rocheuses et le Bouclier. Elle est suivie par un immense fleuve comparable à ceux de la Sibérie, le *Mackenzie*, dont l'affluent le plus lointain sort des Rocheuses à la latitude de Calais; il draine ensuite les lacs étalés au bord occidental du Bouclier et se jette par un large delta dans l'océan Glacial à la latitude du nord de la Norvège; il gèle pendant huit à neuf mois par an. La navigation y dure tout juste le temps de ravitailler les forts ou magasins de marchands de fourrures échelonnés sur son cours.

2° La partie la plus basse se trouve à l'ouest des grands lacs; son point inférieur n'a guère plus de 150 mètres. A l'époque glaciaire elle fut occupée par un lac immense, plus grand que la France, et dont il reste encore d'importants fragments. Le fond de ce lac, couvert d'un limon très fertile, forme la meilleure terre à blé du Canada, dans la province de Manitoba, capitale Winnipeg, et les meilleures des États-Unis avec les deux villes jumelles de Minneapolis et de Saint-Paul, sur le haut Mississipi.

A l'époque où les Canadiens français découvrirent ces plaines, elles étaient couvertes d'herbes que paissaient les troupeaux de bisons sauvages. Les explorateurs leur donnèrent le nom de *Prairie*, qu'elles ont conservé.

3° Aux États-Unis, la partie la plus basse se continue vers le Sud par « la Grande Vallée », plus voisine des hauteurs atlantiques que des Montagnes Rocheuses; elle est suivie par le cours moyen du Mississipi.

4° Plus au Sud, après le confluent de l'Ohio, ce fleuve entre dans une plaine de moins de 100 mètres de haut, formant un triangle de 5 à 600 kilomètres de côté, dont la base serait le golfe du Mexique. Elle est par endroits marécageuse, mais elle renferme de belles forêts et des espaces fertiles; elle se rattache aux plaines de la Floride et de l'Atlantique (p. 296) et leur ressemble beaucoup plus qu'à la « Prairie » du Nord.

Plateaux du Far-West. — En allant du Manitoba ou du Mississipi vers les Montagnes Rocheuses, on voit la plaine faire place à des plateaux qui s'élèvent par des *coteaux* ou gradins successivement de 300 à 1.000 mètres et qui sont arides et désolés.

Vers les sources du Missouri, toute une région couverte d'argile colorée, fendillée par le soleil, offre, sur une superficie supérieure à celle d'un département français, un aspect qui fait songer à de gigantesques flaques de chaux qui auraient été abandonnées; cette région, absolument incultivable, est appelée *les mauvaises terres*.

Au Sud, s'étend un grand plateau, de 1.000 à 1.400 mètres, appelé *Llano Estacado*, la « plaine aux piquets », parce que les premiers explorateurs, les Espagnols, furent obligés d'y planter des jalons pour y trouver les points de reconnaissance que la nature, rigoureusement monotone, n'y fournissait pas. Ce plateau est si uniforme qu'il donne l'illusion d'être absolument horizontal; il faut que le voyageur se couche à plat ventre sur le sol pour se rendre compte qu'il offre une pente continue, montant depuis la plaine vers les Montagnes Rocheuses.

Les plateaux voisins des Montagnes Rocheuses forment le Far-West ou Extrême-Ouest, région où les parties les moins désolées sont consacrées à l'élevage.

Le Mississipi. — Le Mississipi est, par sa longueur, le deuxième fleuve du monde après le Nil. Il mesure, en effet, si on compte depuis la source de son affluent le plus étendu, le Missouri, près de 5.900 kilomètres, c'est-à-dire environ six fois la Loire. Pour le *débit*, il ne vient qu'après les grands fleuves équatoriaux et tropicaux.

Le Mississipi, *fleuve de plaines*, se compare à ceux de Russie et de Sibérie (p. 11). Sa source n'est à guère plus de 500 mètres de haut; après quelques rapides, il devient navigable à partir de *Saint-Paul*.

Lui-même et ses affluents représentent 14.000 kilomètres de voies navigables, les trois quarts de celles des États-Unis.

Les affluents de droite viennent des Montagnes Rocheuses; plusieurs sont alimentés par des glaciers, mais ensuite, à leur traversée de la zone large de plateaux secs et déserts (p. 298), ils s'appauvrissent; ce sont des rivières *très irrégulières*, à crues brusques mais peu durables, généralement mal fournies d'eau et encombrées de bancs de sable.

La plus importante, le Missouri, prend sa source à plus de 2.000 mètres de haut et recueille les rivières qui descendent du *Parc National* (p. 302); il traverse ensuite les *mauvaises terres* (p. 298) dans lesquelles il se charge de boues qui troublent son cours en toutes saisons; il apporte au Mississipi, dont il salit les eaux, les deux tiers des alluvions qui forment son delta. Les Américains l'ont surnommé *le grand bourbeux*. Il s'épuise par évaporation et devient un cours d'eau de *steppe*, comparable à ceux de l'Asie centrale (p. 27) ou du Soudan. Enfin, il rejoint le Mississipi à Saint-Louis (660.000 hab.) après un cours de plus de 4.800 kilomètres. Plus long que le fleuve principal, il est moins utilisable.

Son principal affluent vient des Appalaches, à gauche; c'est l'*Ohio*, long de près de 2.000 kilomètres, rapide, mais que des travaux ont rendu *navigable*. Il traverse une région riche de mines, d'industrie et de céréales. Il communique par canaux avec les grands lacs.

Après avoir reçu ses deux grands affluents, le Mississipi devient un fleuve large de plus de 1 kilomètre; il roule, en temps de crue, 40.000 mètres cubes, aux eaux basses, 8.500.

Dans les 1.400 kilomètres qui lui restent à parcourir, le Mississipi n'a presque plus de pente; on a dû protéger les plaines basses qu'il traverse par 4.000 kilomètres de digues parallèles à chaque rive; on est obligé aussi de draguer constamment le fleuve, embarrassé par les boues et le sable que lui apportent les affluents venus du Far-West.

Seuls, des bateaux spéciaux à fond plat peuvent naviguer sur le fleuve. L'importance de la navigation fluviale ne cesse de diminuer au profit des voies ferrées.

A 500 kilomètres de la mer, commence le delta, véritable fouillis de bras morts, de canaux naturels et d'étangs. Il se termine en forme de patte d'oie, qui avance de 20 mètres par année. Sur le bas Mississipi se trouve, à 150 kilomètres de la mer, le grand port de la Nouvelle-Orléans dont l'accès est rendu possible par des dragages continuels.

Alaska. — Le territoire d'Alaska, appartenant aux États-Unis, occupe tout le coin Nord-Ouest de l'Amérique, sur une superficie supérieure au double de la France. Il comprend : 1° et 2° des montagnes se rattachant à celles de Sibérie sur deux points; 3° une région peu élevée entre les chaînes :

1° Au Nord, le détroit de Behring ne mesure pas 100 kilomètres, entre deux presqu'îles accidentées, l'une sibérienne, l'autre américaine ;

2° Au Sud, les montagnes volcaniques du Kamtchatka (p. 30) se rattachent par une série d'îles, également montagneuses et volcaniques à une chaîne *volcanique* très élevée qui occupe le sud de l'Alaska, le long du Pacifique ; elle est dominée par le *point culminant de toute l'Amérique du Nord*, le mont *Mac Kinley* (près de 6.200 mètres).

Les montagnes de cette région océanique, situées à la latitude de la Norvège centrale et méridionale, sont bien arrosées : les neiges perpétuelles y descendent à 600 mètres, les pentes revêtent d'*immenses glaciers*, les plus grands d'Amérique, qui descendent jusqu'au voisinage de la mer et s'étalent sur les plaines côtières.

Des *fiords*, qui s'enfoncent entre les montagnes, sur une longueur double de ceux de la Norvège, des îles découpées, contribuent à l'aspect grandiose de cette côte.

3° Entre ces montagnes et celles du Nord, s'étendent les plaines suivies par le fleuve *Yukon*, venu des Montagnes Rocheuses canadiennes, long de 3.300 kilomètres, large et profond, mais gelé pendant plus de 8 mois de l'année. Le Yukon finit par un grand delta sur la mer de Behring.

Les Montagnes Rocheuses. — De l'océan Glacial à la frontière mexicaine, sur 4.000 kilomètres, de hautes montagnes se dressent en arrière des prairies et des plateaux du Far-West. On les appelle « Rocheuses » parce qu'en raison de la sécheresse, elles n'ont que peu de neiges et se vêtent

CASCADES MAMMOUTH (ÉTATS-UNIS)

Les cascades Mammouth (c'est-à-dire géantes), une des curiosités du fameux Parc National (p. 302), sont formées par des sources chaudes qui sortent du versant d'une montagne et descendent, par une série de gradins, d'une hauteur de 300 mètres. Leurs eaux, d'une température très élevée, sont extrêmement limpides, et derrière le rideau très mince de la nappe s'aperçoivent des algues de toutes les couleurs, qui tranchent sur les tons clairs des matières minérales déposées sur les parois.

rarement de forêts; elles apparaissent nues, déchiquetées, en dents de scie ou en créneaux.

Leurs sommets dépassent, en plusieurs points, 4.000 mètres; les voies ferrées les franchissent par des cols de 1.600 à 2.200 mètres.

Au Nord des États-Unis, vers les sources du Missouri, les Rocheuses offrent une région de cascades et de sources chaudes, dont le Gouvernement a fait un *Parc National*, conservé intact dans sa beauté naturelle.

Bassins et plateaux des montagnes. — A l'Ouest des Rocheuses, s'élèvent des plateaux dont l'altitude moyenne dépasse 1.200 mètres. Ils sont compris entre ces montagnes et d'autres chaînes :

1° En partant du Nord, on trouve le *plateau* du fleuve *Columbia*, partagé entre la Colombie britannique (Canada) et les États-Unis. La plus grande partie, sur une superficie plus grande que la France, présente des nappes de basaltes et de laves, plates, nues, sans autre végétation que des plantes herbacées à odeur forte, appelées *sauges* par les explorateurs canadiens Français.

Les fleuves coupent ces plateaux par des gorges profondes appelées *canyons*, d'un nom introduit par les explorateurs espagnols; les rapides, les cascades sont nombreuses. C'est un mélange de désolation sur les hauteurs et de sauvage horreur dans les fonds.

2° Plus au Sud, vient le *Grand Bassin*, le *plus large*, traversé par la ligne de New-York à San-Francisco. Il occupe une étendue *supérieure* à celle de la France. Sa hauteur est de 1.500 mètres en moyenne. Ses parties les plus creuses ont été jadis occupées par d'immenses lacs dont les derniers fragments subsistent, chargés de sel. Le *grand Lac Salé*, à 1.350 mètres de haut, plus grand que la Corse, contient une eau presque aussi dense que celle de la mer Morte (page 44). Sans les mines, desservies par le rail, et sans les irrigations, le Grand Bassin resterait désert.

Vers le Sud-Ouest, il s'étend jusqu'au golfe de Californie. Il présente dans cette région deux effondrements *au-dessous du niveau de la mer*. L'un d'eux a reçu le nom de *Vallée de la Mort*, à cause de son aspect désolé.

3° Le *plateau du Colorado*, au sud-est du grand bassin, est le *plus élevé* (2.000 mètres en moyenne) et le *plus découpé*. Les rivières l'ont *scié*; le fleuve Colorado (ou rouge), avant de se jeter dans le golfe de Californie, le traverse au fond du canyon le plus profond du monde : les parois y présentent parfois une hauteur approchant de 2.000 mètres avec des rochers de couleurs différentes. Par endroits, les deux bords du précipice ne sont éloignés que de 30 mètres.

4° Plus au Sud encore, les plateaux du Mexique (p. 351) sont la fin de cette masse de hautes terres rappelant celles de l'Asie Centrale.

Le versant du Pacifique. — Les plateaux sont séparés de l'Océan par des cordillères élevées, appartenant, comme celles d'Alaska, à la *ceinture de feu du Pacifique.*

1° La côte canadienne ou de Colombie britannique comprend deux chaînes, l'une sur le continent, l'autre en partie immergée, dont les îles accidentées, comme Vancouver, sont les témoins. Toutes deux sont découpées en *fiords*, qui font suite à ceux du Nord et revêtues de belles *forêts*.

2° De la frontière canadienne au nord de la Californie, la côte américaine est dominée par la *chaîne des Cascades*, dont les sommets, des *volcans*, dépassent 4.300 mètres; plusieurs cratères y restent actifs. San-Francisco fut presque entièrement détruit par un *tremblement de terre* en 1906.

3° La *Sierra Nevada*, ou chaîne neigeuse, continue en Californie la chaîne des Cascades. Elle possède le point *culminant de tous les États-Unis*, le mont Whitney (4.419 m.). Les noms de ces montagnes laissent entendre qu'elles présentent un aspect différent de celui des Rocheuses ; elles reçoivent les *pluies* du Pacifique ; elles portent des *glaciers* et des neiges perpétuelles, se couvrent de belles *forêts*.

La Californie. — 1° A leur pied, s'étend la *grande vallée de Californie*, prise entre la Sierra Nevada et une chaîne côtière parallèle ; elle débouche sur la mer par une des plus belles rades du monde, celle de San-Francisco ; trois voies transcontinentales y débouchent. La grande vallée et le littoral voisin sont la partie la plus heureuse et la plus peuplée de l'Amérique Pacifique.

2° Une vallée de même direction, également très peuplée,

se termine au Nord, près de la frontière canadienne, sur le golfe de Puget. Deux voies transcontinentales y aboutissent.

Ces deux vallées de Californie et du Nord-Ouest renferment les trois quarts de la population des côtes pacifiques.

3° Au Sud, au contraire, la côte mexicaine souffre trop de la sécheresse; elle prolonge le désert des plateaux intérieurs, et non les vignes, les vergers et les villas de la Californie.

II. — CLIMATS

Variations extrêmes. — L'Amérique du Nord est massive, ce qui donne peu de prise sur elle aux influences adoucissantes de la mer. Elle ne possède pas de barrière montagneuse étendue de l'Est à l'Ouest et pouvant arrêter les déplacements d'air froid du Nord ou brûlant du Sud. Le climat est donc *extrême*, surtout dans l'intérieur.

Ses variations s'exagèrent surtout dans la partie sèche de l'intérieur et, plus particulièrement, dans les *plateaux* élevés à l'ouest des Montagnes Rocheuses. La *plus grande* chaleur *observée*, +48°, l'a été dans cette région près du golfe de Californie; le plus grand froid *observé*, —53°, l'a été au Nord de cette région, près de la frontière canadienne, à peu près à la latitude de Lyon.

Même dans les parties les plus favorisées, les variations restent énormes; c'est ainsi que la Nouvelle-Orléans, à la latitude du Caire, subit, en hiver, des froids de 5° au-dessous de zéro et, pourtant, les chaleurs y sont telles et les variations si rapides, que la moyenne de janvier est la même que celle du Caire. Cette observation souligne la *brusquerie* et l'*inconstance* du climat.

Seules aux États-Unis, deux régions ne connaissent *pas les gelées* : le Midi de la Californie, latitude du Sud algérien, et la presqu'île de Floride, plus méridionale encore. Elles sont, pendant l'hiver, fréquentées par les gens riches, comme Nice et la Côte d'Azur chez nous.

Vents et tornades. — Les changements vifs de température entraînent des changements rapides de pression, et,

' VALLÉE DE YOSEMITE, DANS LA SIERRA NEVADA

Une des curiosités des États-Unis, dans la Sierra-Nevada, à 250 kilomètres au sud-est de San-Francisco. Le fond de la vallée, entre 1.200 et 1.300 mètres de haut, est couvert de sapins et de cèdres magnifiques. Les eaux de la montagne y tombent par des cascades. Les parois, découpées et rocheuses, s'élèvent brusquement à 1.000 et parfois 1.500 mètres au-dessus de la vallée.

par suite, des violents déplacements d'air. Du Nord au Sud des plaines intérieures, se propagent des *vagues de froid*, accompagnées de tempêtes de neige qui font périr les animaux au pâturage, rompent les poteaux de télégraphe et empêchent la circulation. On a vu le thermomètre s'abaisser de 30° dans la région de la prairie et les moissons geler sur pied. En sens inverse, courent des *vagues de chaleur*, qui amènent de nombreux cas d'insolation.

Dans l'intérieur des plaines, le choc des vents contraires forme des tourbillons analogues à ceux qui se produisent sur les mers ; ces trombes, appelées d'un mot espagnol *tornades*, brisent les arbres, renversent les maisons et sèment la ruine sur leur passage ; elles sont fréquentes surtout dans le Centre.

Zone du golfe du Mexique. — Les bords du golfe du Mexique jusqu'au pied des montagnes sont la seule région de l'Amérique du Nord qui jouisse du climat tropical avec *pluies d'été* abondantes. Mais sauf en Mexique et en Floride, la côte Atlantique souffre des froids et des gelées de l'hiver ; aussi la zone des cultures tropicales, canne à sucre, riz, bananes, palmiers est-elle beaucoup *plus restreinte* aux États-Unis qu'en Afrique et surtout en Extrême-Orient aux latitudes correspondantes.

La brousse couvre les régions sèches du nord du Mexique et du Texas ; plus à l'Est, commencent des forêts magnifiques avec les cyprès géants de la Louisiane, enguirlandés de mousses pendantes, les magnolias, les pins à résine.

Zone Atlantique nord. — La région des grandes villes, depuis Washington (États-Unis), latitude de Lisbonne, à Québec (Canada), latitude de Nantes, reçoit des *pluies de toutes saisons*, en moyenne 1 mètre d'eau par an. Elle se prête aux cultures européennes ; mais ici encore le caractère *extrême* du climat se fait sentir. New-York, à la latitude de Naples, subit en hiver des froids de 22° au-dessous de 0°, et, en été, des chaleurs de près de 40°. La moyenne de janvier est, à Nantes de +4°5, à Québec de — 11°, l'écart annuel, de 14° pour Nantes, 31° pour Québec.

Les forêts mélangées de conifères et d'arbres à feuilles caduques y couvrent la côte et les Appalaches, continuant avec d'autres essences la forêt du Sud et se rejoignant au Nord à la forêt canadienne.

Le littoral nord est longé par un *courant froid* qui vient du pôle et qui lui vaut des *brumes* fréquentes. De ce côté, la zone de longs hivers qui empêchent la végétation s'abaisse, dans le Labrador, jusqu'à la latitude de l'Écosse septentrionale, *plus loin* au Sud que partout ailleurs.

Zone intérieure. — La région intérieure est caractérisée par une sécheresse qui va croissant à mesure qu'on s'écarte soit du golfe du Mexique, soit de la côte Atlantique. Saint-Paul, latitude de Bordeaux, reçoit 35 centimètres d'eau de moins que New-York, 81 de moins que la Nouvelle-Orléans.

Le nombre des jours de pluie tombe au-dessous de 75, la quantité d'eau au-dessous de 50 centimètres par an.

Les forêts cessent à l'ouest de la région des grands lacs et du moyen Mississipi. On ne trouve plus alors que des rideaux d'arbustes aquatiques de plus en plus petits et de plus en plus clairsemés le long des rares cours d'eau. L'œil se promène à perte de vue sur des plaines ou des ondulations couvertes d'herbes sauvages de la Prairie, communes au centre nord des États-Unis et au Canada.

L'hiver se montre *rigoureux* dans l'intérieur. A la latitude de Marseille, le Missouri gèle du 15 octobre au 15 mai. Pourtant la culture s'y élève beaucoup plus loin vers le Nord que dans la région Atlantique, parce que l'été est sec et chaud et que le *soleil* reste à l'horizon *plus longtemps* dans l'été des hautes latitudes.

Ainsi la *culture* des céréales et des légumes trouve sa *limite* sous le parallèle de Bergen (Norvège), près du grand lac de l'Esclave (Canada). Le grain y produit l'épi dans les trois mois de l'été bref, mais chaud et ensoleillé.

Déserts et hauts plateaux. — A l'Ouest du 100ᵉ méridien, la terre reçoit moins de 25 centimètres d'eau par an; le désert, sans eau ni verdure, commence donc dans le Far-West, avant les montagnes (p. 298); mais la partie la plus étendue et la plus curieuse de la région sèche occupe les hauts plateaux qui s'étendent du Mexique au Canada sur une longueur de plus de 3.000 kilomètres du Nord au Sud (p. 302). On y trouve partout le même ciel bleu : la sécheresse presque constante y fait que la région est toujours ensoleillée et que le printemps y paraît beaucoup plus tôt que sur les côtes. Par contre, les variations dans la même journée sont énormes, et il peut y *geler* même pendant les nuits d'été.

Au soleil, la chaleur s'élève à tel point qu'on a vu, dans la région de la *Vallée de la Mort* (p. 302), l'eau d'une cuvette s'évaporer à vue d'œil et la transpiration s'évanouir à mesure qu'elle se forme. Ces hautes terres ne se prêtent donc pas à la culture comme la Prairie plus basse.

Les sources sont rares, le sol est couvert par endroits d'*efflorescences salines*; les mares et les étangs *salés* se rencontrent fréquemment.

Pas de forêts, sauf sur les chaînes qui accidentent le plateau et qui présentent un manteau peu épais de pins. Les parties les plus déshéritées du plateau apparaissent nues, rocheuses ou caillouteuses, parfois avec des dunes de *sable*. La végétation est formée par des buissons épineux ou par des plantes grasses comme le *cactus*, originaire des déserts mexicains. Le cactus croît jusque dans les hauts plateaux du Canada à la latitude de l'Ecosse, *point le plus septentrional qu'il atteint dans le globe*. Le puma ou lion d'Amérique, le coyote, sorte de chacal, le serpent à sonnettes vivent aussi depuis le Mexique jusqu'à cette limite.

Ainsi, un voyageur qui irait du désert mexicain à l'intérieur de la Colombie britannique, sans quitter les plateaux, trouverait le long de son chemin très peu de différence. Il y a peu d'exemples de zones de climat dirigées aussi nettement par le relief dans le sens du Sud au Nord, au lieu de rester parallèles à l'équateur.

Zones du Pacifique. — 1° La côte du Pacifique mexicain soumise aux *pluies tropicales* ne s'étend que sur la partie la plus méridionale; elle est plus restreinte encore que sur l'autre Océan;

2° Tout le reste du Mexique Pacifique et la partie méridionale de la côte des Etats-Unis forment la continuation des déserts du plateau;

3° A une latitude correspondant à celle d'Alger, commence une zone de pluies d'hiver particulière à la côte Pacifique des États-Unis. San-Francisco, à la latitude de

Palerme (Sicile), reçoit 75 centimètres de pluie par an, à peu près la moyenne de la France.

A la latitude de Marseille, la quantité de pluie dépasse 1ᵐ50 et ne cesse de s'augmenter jusqu'au nord de l'île Vancouver (Canada), à la latitude de Cherbourg, où elle dépasse 3 mètres par an.

Une forêt spéciale à la côte Pacifique se montre à partir de la région de San-Francisco et devient de plus en plus vigoureuse à mesure que la pluie augmente. Elle comprend surtout des conifères énormes, de l'espèce du sapin et du cèdre, comme les *sequoias* géants de Californie et les sapins *Douglas* de Colombie britannique. Plus au Nord, les sapins se rabougrissent, mais la forêt se prolonge jusque *sous le cercle polaire*, plus au nord que partout ailleurs dans le monde.

Dans cette étroite bande, se trouve la *seule partie tempérée* de l'Amérique du Nord. A San-Francisco, l'écart entre les moyennes de janvier et de juillet n'est que de 5°, tandis qu'à Washington il est de 24°, à Saint-Louis, de 26°, sur les plateaux, de 30 à 40°. La moyenne de janvier y est de + 9° au lieu de 0° à Washington et à Saint-Louis.

En revanche, on y endure les inconvénients du climat maritime : *humidité* et brouillards.

Néanmoins, ces régions doivent à leur climat une population qui trouve des conditions favorables assez loin vers le Nord. Ainsi la partie relativement habitée de l'Alaska occupe une latitude où, sur l'autre Océan, le Labrador n'offre que des solitudes sans arbres.

CHAPITRE II

LA PUISSANCE DU CANADA

Les terres nues. — Forêts et Prairie.
Population. — Les Canadiens français. — Gouvernement.
Forêts. — Pêche et chasse. — Élevage. — Cultures.
Mines. — Industries. — Voies de communication. — Commerce.
Terre-Neuve. — Saint-Pierre et Miquelon.

La « Puissance du Canada », en anglais *Dominion of Canada*, s'étend sur 8 millions 1/2 de kilomètres carrés, seize fois la France et presque autant que l'Europe entière ; mais une grande partie demeure inutilisée.

Les régions naturelles du Canada ressemblent d'une manière frappante à celles de la Russie et de la Sibérie (p. 31).

Les terres nues. — On trouve au Nord les « terres nues » (*barren grounds*), analogues aux toundras, où la terre ne *dégèle* jamais assez profondément pour permettre aux arbres de pousser. Elles ne s'étendent pas jusqu'à la zone Pacifique relativement tempérée, mais elles s'abaissent du côté de l'Atlantique sur le nord du plateau de Labrador (p. 307).

Cette région est abandonnée comme dans le vieux monde à des races anciennes refoulées vers le Nord par des envahisseurs plus forts et plus vigoureux. Les *Esquimaux* y vivent de la chasse et de la pêche. Les animaux de ces régions sont le *bœuf musqué*, variété de bison rabougri, mais pourvue d'une épaisse toison, les phoques à huile et à fourrure, les renards, les ours blancs.

Forêts et Prairie. — Les forêts s'étendent au Sud des terres nues :

1° D'Est en Ouest s'allonge la *forêt Arctique*, composée, comme celle de Sibérie, d'un mélange de conifères et de bouleaux et parsemée de marécages gelés pendant l'hiver et dont l'eau ne peut s'évaporer pendant l'été trop court.

2° A l'Est, la forêt Arctique se mélange à la large forêt *Atlantique* (p. 306), qui règne de l'Océan jusqu'au fond des grands lacs. Son plus bel arbre est *l'érable*, dont la feuille sert d'emblème national aux Canadiens français. Une variété d'érable fournit du sucre.

3° A l'Ouest, sur la côte du Pacifique et dans les montagnes, la forêt arctique rejoint les belles futaies de sapins décrites p. 309.

Seule n'est pas boisée la terminaison septentrionale de la *Prairie* (p. 297) à l'intérieur du continent : elle est devenue la principale région agricole du Canada.

Population. — Les indigènes comprennent, outre les Esquimaux, près de 110.000 *Indiens*, cantonnés dans des « réserves » qui leur appartiennent, mais d'où ils ne peuvent sortir sans autorisation.

Le Canada est donc un pays de population *presque entièrement européenne*. On y compte environ 8 millions d'habitants, moins de 1 par kilomètre carré. Le gouvernement offre des terres gratuitement pour attirer des immigrants dans la Prairie ; il en vient actuellement près de 100.000 par an, appartenant à toutes les races.

Les *Chinois* s'étaient répandus en grand nombre dans le Canada ; pour les écarter, le gouvernement leur a imposé le paiement d'une somme de 2.500 francs ; l'immigration chinoise a été ainsi arrêtée, mais elle est remplacée par celle des *Japonais*. Les ouvriers du pays protestent contre tous les « Jaunes », parce qu'ils travaillent à bas prix et qu'ils envoient chez eux leurs économies.

Les Canadiens français. — Les provinces maritimes et les rives du Saint-Laurent furent colonisées par la France au xviie siècle. Les Anglais ont annexé les provinces maritimes en 1715, le reste du Canada en 1763. Mais les 77.000 colons français qui s'y trouvaient y sont restés et ont gardé le droit de pratiquer la religion catholique et de parler le *français*. Notre langue domine encore dans la Province de Québec où la majorité des paysans n'en connait pas d'autre. Elle s'emploie *officiellement avec l'anglais* dans cette province ainsi qu'au parlement fédéral.

Les Canadiens français ont une *natalité très forte*. On en compte aujourd'hui près de 3 millions, dont 1 million s'est répandu aux États-Unis, surtout dans la région de Boston, pour travailler dans les filatures et les tissages de coton (p. 338).

Les Canadiens français, très croyants, suivent la direction de leur *clergé* qui leur enseigne la fidélité à l'Angleterre; ils conservent le souvenir de la France, mais sans désir de redevenir Français. Ils sont, *avant tout, Canadiens*, considérant le bassin inférieur du Saint-Laurent comme leur véritable pays. On peut comparer leurs sentiments à ceux des Hollandais du Sud-Africain (p. 273).

La patrie des Canadiens français est la *Province de Québec*, où ils forment plus des quatre cinquièmes de la population. Québec, avec près de 60.000 habitants, port maritime sur le Saint-Laurent, est le chef-lieu de la langue française au Canada. Montréal ou Mont royal, avec près de 270.000 habitants, plus qu'à moitié française, est le plus grand port, la ville la plus peuplée et la capitale économique, le New-York du Canada.

La province la plus anglaise est celle d'Ontario; elle a pour capitale un port du lac Ontario, Toronto (210.000 habitants), rival de Montréal.

Gouvernement. — Les différentes provinces qui forment le Canada s'administrent elles-mêmes; elles ont des parlements élus par elles, qui votent leurs lois locales. On en compte aujourd'hui neuf; les pays qui ne sont pas encore assez peuplés pour avoir l'autonomie s'appellent *territoires*.

Depuis 1867, les provinces canadiennes forment une Fédération sur le modèle de celle des États-Unis. Le pouvoir législatif appartient à deux Chambres et l'exécutif à un Ministère pris dans la majorité du Parlement. L'Angleterre est représentée par un seul fonctionnaire, le Gouverneur général, nommé par le roi, et qui joue à peu près le même rôle que le Président de la République en France.

La capitale fédérale est une ville nouvelle, Ottawa, sur l'affluent du Saint-Laurent; elle compte 60.000 habitants.

Forêts. — Le Canada dispute à la presqu'île scandinave et à la Russie le premier rang dans le monde pour la proportion en forêts (38 p. 100 de la superficie). Le bois est exploité, 1° le long du Saint-Laurent et de ses affluents qui servent au flottage; 2° sur la côte du Pacifique.

Le Canada en emploie une partie aux constructions, sur

FLOTTAGE DES BOIS SUR L'OTTAWA

Les bois flottés descendent le cours rapide de la rivière et sont recueillis dans les scieries établies en bas de la vallée.

les voies, dans les mines. Le reste s'exporte. Le Canada vend 200 millions de francs par an de bois et objets de bois,

Les arbres trop petits ou trop tendres pour servir à la charpente sont transformés en *pâte à papier*, matière dont le Canada vend pour 20 à 30 millions par an. Le total de ces *exportations* occupe le *troisième rang* par ordre de valeur.

Pêche et chasse. — Sur les deux Océans, on pêche et on prépare le poisson pour l'exportation. Le Canada Atlantique vend au dehors pour 20 millions de francs de *morue*, pour 15 millions de francs de *homards*.

Sur le Pacifique, les pêcheurs de la Colombie britannique prennent le *saumon* à l'entrée des rivières et le livrent aux fabricants de conserves qui en exportent pour environ 15 millions par an.

La chasse a surtout pour objet les *fourrures*, dont le Canada est un des grands fournisseurs. Les animaux sont pris au piège pendant l'hiver par des trappeurs indiens et les peaux vendues aux représentants des marchands européens qui résident dans les *forts* ou magasins bâtis au bord de la baie d'Hudson ou le long des cours d'eau septentrionaux.

Élevage. — L'élevage se *concentre* comme aux États-Unis dans la zone sèche qui se trouve entre Prairie et Rocheuses. Là, les chevaux et le bétail sont élevés en liberté et expédiés, suivant les commandes, par voies ferrées.

Le Canada élève, en outre, dans les provinces d'Ontario et de Québec des vaches laitières de choix pour la production du beurre et du fromage. Le Canada en vend pour près de 120 millions par an, dont les quatre cinquièmes pour le *fromage*. C'est la quatrième de ses *exportations*.

L'exportation des animaux et de la viande préparée (surtout le lard) représentent plus de 100 millions de francs par an, et vient au *cinquième rang*, après la précédente. Pour l'une et l'autre, le grand client est le Royaume Uni.

Cultures. — La principale culture est celle du *blé*, presque entièrement *concentrée* dans la Prairie. Les champs y font suite à ceux des États-Unis.

Le Canada, avec 2 millions 1/2 d'hectares et 30 millions d'hectolitres, un quart de la moisson française, vient pour la production après les principaux pays exportateurs, sauf l'Australie; mais comme il est peu peuplé, il exporte plus de la moitié de sa production, c'est-à-dire à peu près un quart de ce que vendent les États-Unis; il expédie au dehors pour 240 millions de francs de blé, pour 40 millions de francs de farine. Son *exportation* totale, en comprenant les autres céréales, occupe le *troisième rang*, avec une valeur de 300 millions de francs; elle se fait presque toute à destination de l'Angleterre.

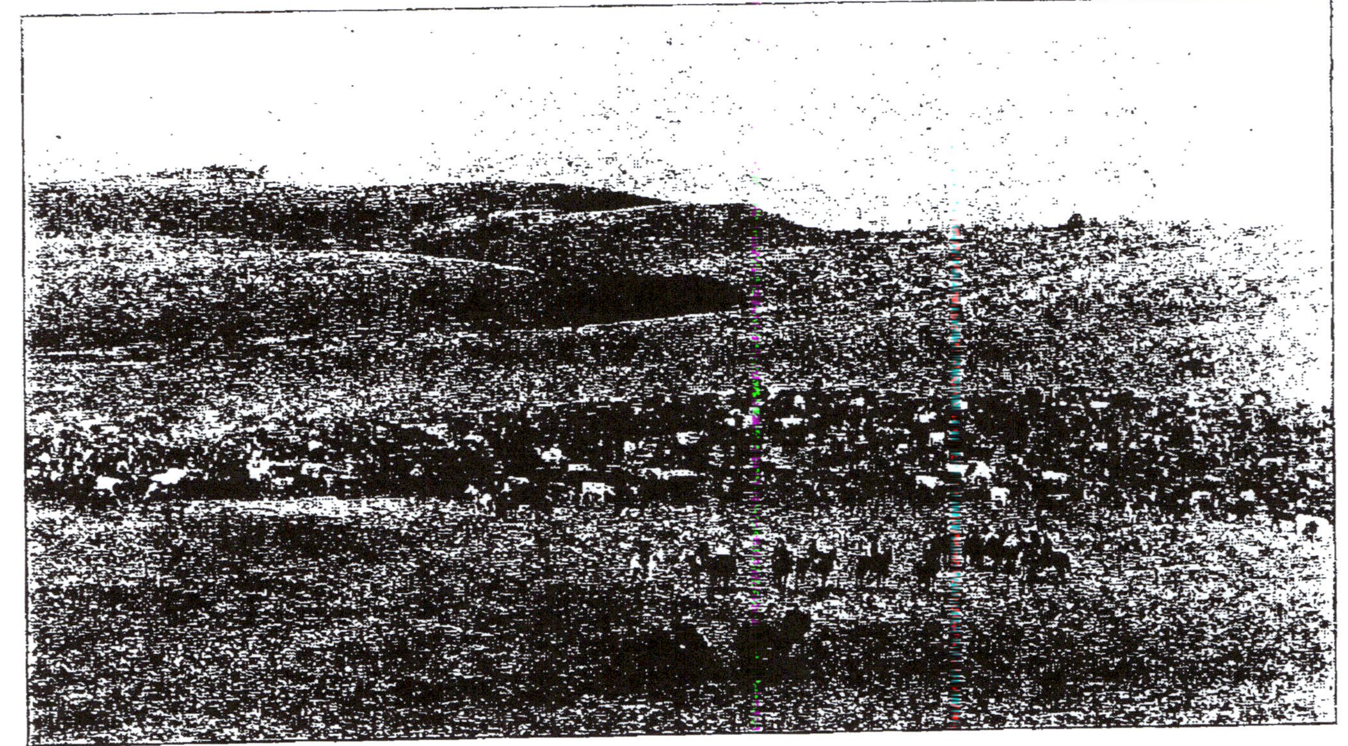

TROUPEAUX DANS UN PÂTURAGE AU CANADA

Plateaux secs mamelonnés du Far-West, avec buissons dans les creux humides. Les animaux ont été réunis par les cavaliers pour être marqués au nom du propriétaire.

Mines. — Le Canada possède des gisements *houillers* à ses deux extrémités ; les meilleurs se trouvent sur l'Atlantique dans les *provinces maritimes* où le charbon est vendu aux navires pêcheurs et commerçants de la région. Les autres, comprenant en grande partie des lignites, se trouvent dispersés dans les *Montagnes Rocheuses* et dans l'*île de Vancouver*, qui fournissent du coke aux usines de fusion de la région minière et montagneuse.

La production totale est de 9 à 10 millions de tonnes. Le Canada achète aux États-Unis de la houille ou du coke, pour une valeur presque égale à sa production. C'est la troisième de ses *importations*.

Le Canada, depuis 1854, produit de l'*or*. Ce métal y est exploité surtout dans les montagnes de l'Ouest comme aux États-Unis. Les gisements les plus accessibles sont aujourd'hui épuisés ; ceux qu'on exploite sont situés dans les terres stériles du Nord dans des régions auxquelles on ne peut arriver que par des sentiers de mulets, ou pendant l'hiver, quand la neige gelée cache les aspérités du sol, avec des traîneaux attelés de chiens ; tels sont les gisements du *Klondyke*, au Nord-Ouest, dans l'intérieur du territoire du Yukon. Ces champs d'or eux-mêmes s'épuisent. Le Canada ne vient plus qu'au *huitième rang* parmi les pays aurifères, avec une production d'environ 45 millions.

Dans les mêmes régions montagneuses de l'Ouest, le Canada possède d'importants gisements de *minerais complexes*, suite de ceux des États-Unis (page 344).

Il en tire surtout de l'*argent* pour environ 65 millions par an, sa production la plus *riche*. Il en extrairait davantage, si le prix de ce métal ne s'était avili.

Le *plomb*, qui accompagne l'argent, s'exploite de moins en moins à cause de son bas prix. Les montagnes en fournissent pour 8 à 10 millions.

De la Colombie britannique, province minière du Canada, le Canada tire aussi 50 millions de francs de *cuivre* par an. Au contraire des précédents, l'exploitation de ce métal, demandé par l'industrie électrique, est en *progrès*.

En dehors de l'Ouest minier, un gisement de *nickel* a été découvert au Nord des grands lacs sur la ligne ferrée transcontinentale ; il fournit aujourd'hui plus de la moitié du

LA MOISSON DANS L'OUEST CANADIEN

Dans la « Prairie » cultivée. Champs de blé à perte de vue. Faucheuses et moissonneuses mécaniques.

nickel extrait dans le monde, passant ainsi même avant les célèbres gisements de la Nouvelle-Calédonie. Sa production annuelle vaut de 40 à 50 millions de francs.

Industries. — Le Canada possède des gisements de fer sur divers points. Le minerai est réduit dans des fonderies et aciéries installées par des capitalistes américains, à côté des gisements houillers de la côte Atlantique. Le Canada produit surtout des fontes, 40 à 50 millions de francs par an. Il achète pour plus de 200 millions d'acier, de pièces de construction, de machines. C'est sa *principale importation*.

Quelques autres industries ont été introduites toujours par les capitalistes américains dans la région de Montréal et de Toronto. Elles comprennent surtout des *tissages* et *filatures*, des fabriques de *chaussures*, sur le modèle de la Nouvelle-Angleterre; elles emploient comme ouvriers des Canadiens français et des étrangers, qui se contentent de salaires inférieurs à ceux des Anglo-Américains. Ces usines sont loin de suffire même à la consommation locale. Le Canada achète, au dehors, chaque année, pour environ 200 millions de francs de lainages et cotonnades. C'est la *seconde* de ses *importations*.

Le Canada reste donc un pays agricole et minier, fournisseur de matières premières et acheteur de produits manufacturés, comme le sont l'Australie et la Nouvelle-Zélande, comme l'étaient, il y a trente ans, les États-Unis.

Voies de communication. — Dans ce pays immense, où chaque région spécialisée ne peut vivre sans les autres, les voies de communication sont d'une absolue nécessité. Aussi le Gouvernement canadien a-t-il consacré, dans la première partie du xix° siècle, de grosses sommes à construire des *canaux* permettant à la navigation de pénétrer jusqu'au fond des grands lacs.

Ensuite, il a imité l'exemple des États-Unis en construisant des *chemins de fer* dès leur invention. La pose des rails s'est activée surtout depuis la Fédération, c'est-à-dire après 1867. Les colonies les plus éloignées, Provinces maritimes de l'Atlantique et Colombie britannique, n'entrèrent dans l'Union, en effet, qu'à condition d'obtenir un transcontinental. Cette voie, appelée Canadien-Pacifique, a été achevée en 1886; elle part de Halifax, sur l'Atlantique, et

UN PONT

SUR

LE CANADIEN-PACIFIQUE

Dans la traversée des Montagnes Rocheuses. On a fait d'abord des passerelles de bois, en employant les sapins abattus sur place; on les a remplacées par des ponts de fer.

aboutit à Vancouver-City, sur la côte Pacifique, en face de l'île de Vancouver.

Vancouver, fondée pendant la construction du chemin de fer, au milieu d'une forêt, possède actuellement plus de 50.000 habitants et est devenue la ville la plus peuplée de la Colombie britannique.

Le Canadien-Pacifique mesure 4.900 kilomètres. C'est l'unique transcontinental qui appartienne à une seule Compagnie. Cette société possède, en outre, plus de 12.000 kilomètres d'autres voies, de grands hôtels aux points importants de son parcours, deux lignes de navigation reliant le Canada à l'Angleterre et au Japon, enfin, d'énormes concessoins de terres, qu'elle vend par fragments. C'est un exemple de ces entreprises colossales qu'on voit dans les pays neufs, particulièrement en Amérique.

Une organisation concurrente s'est fait concéder un deuxième transcontinental, le « Grand Tronc Pacifique », qui part, lui aussi, des provinces maritimes, mais passe plus au Nord que le précédent ; il ouvrira les pays inhabités aux colons et aboutira au port le plus septentrional de Colombie britannique, sur la frontière de l'Alaska. En construction, il doit être terminé pour 1914.

Les parties neuves du Canada posséderont ainsi, comme celles des États-Unis, des chemins de fer avant d'avoir des routes ; dans ces pays, on ne construit pas la voie ferrée pour desservir les habitants comme chez nous, mais, au contraire, pour amener les habitants dans les pays déserts, afin de les mettre en valeur.

Le Canada compte en tout 35.000 kilomètres de voies ferrées.

Commerce. — Le commerce extérieur, *considérable*, comme celui de tous les pays neufs peuplés d'Européens, s'est élevé de 1 milliard en 1889, à près de 3 en 1909. Les exportations sont un peu inférieures aux importations.

Le Canada vend des denrées alimentaires, du bois et des minerais et métaux, surtout à l'Angleterre et aux États-Unis ; il leur achète des produits manufacturés.

Malgré les traditions et les souvenirs qui nous lient au Canada français, la France ne vient qu'au dixième rang parmi les pays commerçant avec le Canada. Elle lui vend chaque année pour 40 à 50 millions de francs et lui achète pour une quinzaine de millions. Il n'y a pas de communication directe entre la France et le Canada, sauf par une ligne anglaise de bateaux de marchandises qui fait escale une fois par mois au Havre.

COL DU « CHEVAL-QUI-RUE », DANS LES MONTAGNES ROCHEUSES

Le col qui livre passage au chemin de fer Canadien-Pacifique s'appelait autrefois « col du Cheval-qui-rue » et se nomme aujourd'hui « Hector's Pass ». Le point culminant de la voie se trouve à 1.614 mètres d'altitude. Plus à l'Ouest, la ligne franchit une seconde chaîne à 1.314 mètres de haut.

TERRE-NEUVE. — SAINT-PIERRE ET MIQUELON

Terre-Neuve est une grande île étendue à peu près comme le cinquième de la France ; elle se trouve, sous la latitude de l'Angleterre, dans la région où le courant marin froid venu de l'océan Glacial du Nord se mélange au Gulf Stream, ou courant chaud, venu du golfe du Mexique et le fait infléchir vers l'Europe. Le mélange des deux eaux occasionne des brumes continuelles qui donnent à Terre-Neuve un climat tempéré, mais avec trop peu de jours de soleil.

L'intérieur de Terre-Neuve est accidenté avec des forêts sur les crêtes, de grands marécages tourbeux dans les fonds ; il reste en partie *inexploré*. 1 p. 100 *à peine* du sol est consacré à *l'agriculture*.

On exploite à Terre-Neuve des minerais de *fer*, qu'achètent les Américains ; mais la principale ressource est, de beaucoup, la *pêche*, faite soit sur les côtes, soit au Sud sur le grand banc, plateau sous-marin qui prolonge Terre-Neuve sous les flots de l'Océan. Terre-Neuve exporte, chaque année, pour 25 millions de francs de morue salée et de conserves de homards.

L'île n'a que 217.000 habitants, presque tous sur la côte ; elle forme une colonie autonome, à part du Canada.

Saint-Pierre et Miquelon, capitale *Saint-Pierre*, se trouvent au Sud de Terre-Neuve et près du *Grand-Banc* et forment une *colonie française* ; ce sont deux petits îlots dont la superficie totale ne dépasse pas 241 kilomètres carrés, à peine un canton de France. Le sol n'y comprend que des roches ; le climat est brumeux et froid.

Les habitants de ces îlots, au nombre de 6.000, vivent de la pêche des morues ; pendant la saison, nombre de pêcheurs de France viennent les renforcer.

La seule exportation consiste en morues salées.

La pêche et le commerce de Saint-Pierre et Miquelon vont en diminuant depuis quelques années.

ÉLÉVATEURS A FORT-WILLIAM, SUR LE LAC SUPÉRIEUR (CANADA)

Le blé, emmagasiné dans les élévateurs, s'écoule directement, au moyen de glissières, dans les navires qui l'emportent dans le reste de l'Amérique et jusqu'en Europe.

CHAPITRE III

LES ÉTATS-UNIS. — GÉOGRAPHIE ÉCONOMIQUE

I. — Formation et Population : Formation. — Extension. — Population. — Les villes. — Les Indiens. — Les Noirs. — Les Jaunes. — L'immigration.

II. — Agriculture, Coton et Industries textiles : Produits des forêts. — Élevage. — Le maïs. — Le blé. — Tabac. — Sucre. — Fruits et vigne. — Le coton. — Industries textiles.

III. — Mines et industries du métal : Houille. — Pétrole. — Gaz naturel. — Fer, fonte, acier. — Machines-outils. — Industrie électrique. — Minerais complexes des montagnes. — Or, argent et plomb. — Cuivre.

IV. — Commerce : Voies de communication. — Navigation et ports. — Commerce.

I. — FORMATION ET POPULATION

Formation. — L'origine des États-Unis remonte à des colonies fondées par les Anglais au sud des établissements français du Canada, dans les premières années du XVIIe siècle. Ce groupe, situé entre New-York et le Canada, s'appelle encore aujourd'hui la *Nouvelle-Angleterre*, et il a comme ville principale Boston (600.000 habitants).

D'autres colonies anglaises s'établirent sur la côte, plus au Sud. Il y en avait treize en tout, chacune indépendante l'une de l'autre, lorsqu'elles se révoltèrent contre l'Angleterre et s'unirent afin de pouvoir lui résister (1776). Après une guerre où la France aida les treize colonies, l'Angleterre, vaincue, reconnut leur indépendance (1783). Elles restèrent constituées en fédération ; les *États-Unis étaient fondés.*

Extension. — Les États-Unis n'étaient encore qu'une puissance Atlantique. En 1803, ils atteignirent le *golfe du Mexique* par l'achat de la colonie française de *Louisiane* qui comprenait l'État actuel de ce nom, *plus* tout le bassin inférieur du Mississipi et une partie du Far-West (p. 298). En 1819, ils achetèrent à l'Espagne la Floride (p. 296).

Au cours du XIX⁰ siècle, les habitants des États-Unis pénétrèrent peu à peu dans l'Ouest et le *Far-West*, refoulant les Indiens.

La zone des montagnes et la côte Pacifique (p. 302) étaient parcourues, au Nord par des chasseurs de fourrures canadiens français, au Sud, par des missionnaires et des mineurs espagnols ; aujourd'hui encore, beaucoup de noms géographiques sont français au Nord, espagnols au Centre et au Sud. Les États-Unis enlevèrent les montagnes et la côte nord-est au Canada à la suite d'un arrangement, en 1846. Ils devenaient dès lors *puissance Pacifique*.

Bientôt après, leurs territoires de l'Ouest et du Pacifique furent complétés aux dépens du Mexique vaincu dans une guerre, par l'annexion de tout le territoire qui s'étend du Texas à la Californie (1845-1848).

Dès 1823, le président Monroë avait pris parti pour les colonies espagnoles d'Amérique révoltées contre la métropole, en déclarant qu'aucune puissance européenne ne devait conquérir ou reconquérir des territoires en Amérique. C'est ce que l'on appelle la *doctrine de Monroë :* elle n'a pas cessé de s'appliquer. Ainsi, les États-Unis ont obtenu le départ des Français du Mexique en 1867. La même année, ils ont acheté aux Russes *l'Alaska* (p. 300). Interprétant la doctrine de Monroë à leur avantage, les États-Unis ne se bornent pas à empêcher en Amérique les entreprises des États européens, ils sont intervenus plusieurs fois dans les affaires des républiques latines d'Amérique ; c'est ainsi qu'ils ont occupé l'isthme de Panama (p. 359).

Enfin, les États-Unis se sont étendus hors du continent. Ils soumirent à leur protectorat en 1893, les îles *Hawaï*, puis les annexèrent (page 156). Ils devinrent alors *puissance coloniale*. D'autres acquisitions ont suivi, notamment après la guerre avec l'Espagne (1898); les États-Unis ont alors occupé dans les eaux américaines l'île de Porto-Rico (p. 362) et, au voisinage de l'Asie, les Philippines (p. 155).

Population. — L'ensemble du territoire continental des États-Unis comprend aujourd'hui 7.836.000 kilomètres carrés ; il en réunit 9.400.000, c'est-à-dire à peu près la superficie de l'Europe, si l'on y ajoute l'Alaska et Porto-Rico. Avec une superficie continentale un peu inférieure à celle du Canada, le pays est vingt fois plus peuplé. En 1790, les treize colonies ne réunissaient pas 4 millions d'habitants ; aujourd'hui, l'ensemble de la partie continentale des États-Unis en comprend 90 millions.

Cette population, tout importante qu'elle soit, ne représente que *10 habitants au kilomètre carré*, 7 fois 1/2 moins que la France. En effet, toute la partie intérieure, la plus sèche (p. 307), demeure presque déserte, sauf dans les régions de mines ; on n'y trouve guère que des îlots de population en taches isolées l'une de l'autre.

La côte Atlantique nord-ouest, de Washington à Boston, reste la région la *plus peuplée*, avec 14 des villes dépassant 100.000 habitants ; mais la population augmente sans cesse dans la partie cultivable de l'Ouest.

Le centre de population, c'est-à-dire le point d'intersection d'un méridien et d'un parallèle qui divise la population des États-Unis en quatre parties égales, se trouvait sur la côte de l'Atlantique en 1800, dans les monts Alleghanys en 1850 ; on le rencontre aujourd'hui tout près du moyen Mississipi, dans la région de Saint-Louis.

Les villes. — La proportion urbaine est considérable comme dans tous les pays neufs, et elle ne cesse d'augmenter. En 1790, 4 p. 100 de la population se composaient de citadins ; aujourd'hui, la proportion est d'au moins 40 p. 100.

Les États-Unis comptent quarante-trois villes de plus de 100.000 habitants, au lieu de vingt en 1880.

La plus grande est *New-York*, surnommée la *cité empire*, qui dépasse 4 millions d'habitants ; c'est la seconde agglomération urbaine du monde après Londres. Vient ensuite *Chicago*, la grande ville de l'intérieur, qui dépasse 2 millions. Chicago a été fondée en 1830 seulement. Une troisième ville dépasse le million, c'est *Philadelphie*, grand port et capitale de la province houillère et métallurgique de Pensylvanie.

Les villes américaines se ressemblent toutes. Le centre, appelé la *cité*, est occupé par des maisons en forme de tours carrées appelées *gratte-ciels*, qui comprennent vingt étages

et souvent plus, occupés par des bureaux et desservis par
des ascenseurs; on y traite les affaires pendant le jour.

Le soir, chacun rentre dans les maisons d'habitation,
situées dans les faubourgs, petites et grandes *villas* isolées

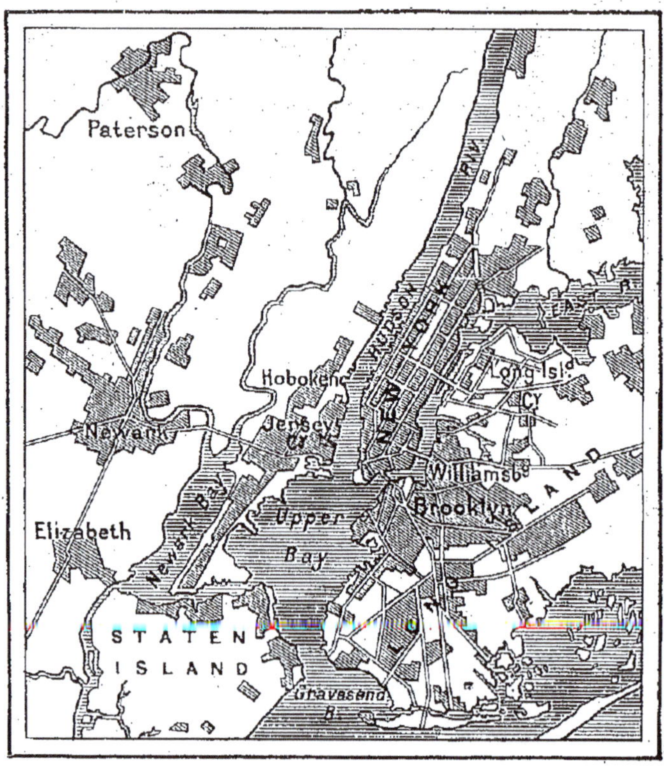

PLAN DE NEW-YORK

*Rues rectilignes qui se coupent à angle droit, sauf près du port, dans la partie
ancienne (1614). Le « Central Park » (rectangle blanc), jardin public aujourd'hui
englobé dans la ville, s'étend du Sud au Nord sur 4 kilomètres, avec une
superficie de 335 hectares. Brooklyn, dans une île, reliée au continent par deux
ponts, fait partie de New-York.*

l'une de l'autre, cachées dans la *verdure*. Les rues sont
tracées à angle droit, larges, desservies par des tramways
électriques; avec les faubourgs et les grands *parcs*, chaque
ville couvre un espace très grand. Chicago s'allonge sur
40 kilomètres au bord du lac Michigan.

Les Indiens. — Les indigènes Peaux-Rouges ne sont plus
qu'au nombre de 265.000 environ et ils *diminuent* de plus

en plus. Ils sont parqués dans des *réserves* qui ont servi de modèles à celles du Canada et de l'Australie ; la plus grande, le *Territoire indien*, au nord du Texas, est grand comme plusieurs départements français. On l'a d'ailleurs rogné pour en coloniser une partie et fonder un nouvel État.

Les Indiens vivent misérablement de chasse, de pêche, de charités des missionnaires et des indigènes, enfin de distributions de vivres et vêtements faites par le gouvernement. 20.000 à peine se sont mis à la culture comme domestiques ou métayers.

Les Noirs. — La côte du golfe du Mexique appartient à la partie de l'Amérique dans laquelle les descendants d'esclaves amenés d'Afrique forment une partie importante de la population, parfois même la plus importante.

On trouve dans cette région 10 millions environ de noirs qui *augmentent* très rapidement ; ils ont été émancipés et sont considérés comme citoyens depuis 1865.

Mais ils se cantonnent dans des professions considérées comme inférieures, notamment le service domestique. Dans beaucoup d'États du Sud, on ne les traite pas en citoyens égaux aux autres; on leur impose des compartiments spéciaux dans les trains ou les tramways, des écoles à part pour leurs enfants, on les empêche d'exercer le droit de vote. Aucune union ne se fait entre blancs et noirs, et la séparation des races semble plus profonde que jamais.

Les Jaunes. — Les *Chinois* sont venus en grand nombre, attirés par les hauts salaires, mais c'est aux États-Unis qu'on a inventé pour la première fois (1879) de les écarter en leur demandant des droits très élevés. Il ne reste plus guère aux États-Unis que 100.000 Chinois, en diminution.

Par contre, les *Japonais* arrivent en nombre : on en compte près de 100.000 ; les ouvriers de la côte Pacifique, auxquels ils font concurrence, se sont livrés plusieurs fois à des manifestations violentes contre eux.

L'immigration. — Aucun pays *n'a attiré autant d'émigrants* que les États-Unis. Cela tient à ce qu'ils sont relativement voisins de l'Europe et à ce que les salaires y sont beaucoup plus élevés. Le moindre manœuvre ne sachant pas un mot de la langue du pays se voit offrir au moins 5 francs par

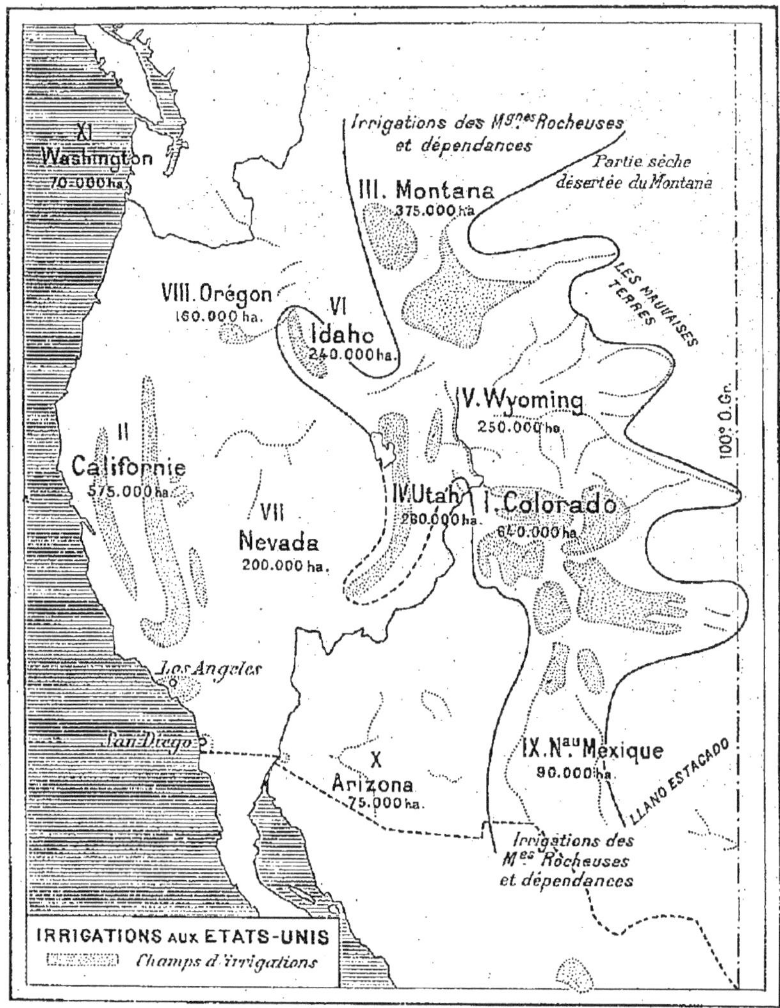

Les chiffres romains (I à XI) indiquent le rang de chaque État pour l'irrigation.
Total de la superficie irriguée = 1/2 de la France.
1° Région du Pacifique où domine la Californie, pays des fruits et de la vigne,
qui a le premier donné l'exemple de l'irrigation. — 2° Chapelets d'irrigation
sur les plateaux le long des chaines (sources) et des voies ferrées. — 3° Région
des Rocheuses, la plus importante. — 4° Région la plus déshéritée entre
Rocheuses et Prairie (plateaux secs, mauvaises terres).

jour dès son débarquement, et les ouvriers qualifiés, parlant
tant bien que mal anglais, gagnent de 15 à 25 francs.

On compte que, depuis 1820, époque où l'on a commencé à recenser les immigrants, plus de 26 millions d'étrangers sont venus s'établir aux États-Unis.

Les ouvriers des États-Unis, craignant de voir baisser les salaires, ont fait adopter des lois qui permettent de renvoyer les immigrants malades, ceux qui ont subi des condamnations, ceux qui sont de moralité douteuse, ceux qui n'ont pas avec eux un petit pécule. Malgré les renvois, le nombre des immigrants n'a cessé d'augmenter jusqu'en 1907, où il a dépassé 1.285.000; il semble se maintenir maintenant aux environs de 800.000.

Dans la première partie du XIXᵉ siècle, ces immigrants ont été surtout, d'une part des Anglais et des Irlandais, d'autre part des Allemands. Des premiers, il est venu 7 millions dont la moitié d'Irlandais, des seconds, 5 à 6 millions. Aujourd'hui, l'Angleterre et l'Allemagne, devenues très industrielles et offrant chez elles toutes chances d'emplois à leurs nationaux, envoient de moins en moins d'immigrants. *Les nouveaux immigrants arrivent surtout d'Italie, d'Autriche-Hongrie et des pays de l'Empire russe*, qui envoient une grande quantité de *juifs* persécutés. On a pu dire que New-York comptait plus d'Israélites que la Judée (600.000). Les centres industriels et miniers d'Amérique, avec leurs manœuvres venus de partout, et parlant toutes les langues, sont de véritables tours de Babel.

Avec les moyens rapides de communication, une quantité croissante de ces immigrants ne vient pas pour s'établir mais retourne chez elle dès qu'elle a amassé un petit pécule. On en voit même, comme les terrassiers et les ouvriers du bâtiment *italiens*, apparaître la belle saison et retourner ensuite passer l'hiver dans leur pays.

Ceux qui restent sont rapidement *américanisés*, grâce au prestige de la civilisation et à l'effort considérable fait pour l'instruction gratuite des enfants et pour les cours d'adultes. A la troisième et parfois à la seconde génération, le nom seul reste étranger. Le fils ou le petit-fils d'immigrant a adopté les mœurs, l'esprit et le patriotisme américains.

Les immigrants ont beaucoup plus d'enfants que les Américains déjà anciens; ce sont eux qui contribuent à l'augmentation de la population; on remarque en effet dans la population anciennement américaine, la plus prospère, une *diminution du nombre des naissances*, comparable à celle de France ou d'Australasie.

II. — AGRICULTURE, COTON ET INDUSTRIES TEXTILES

Produits des forêts. — Avant la colonisation, les États-Unis avaient la moitié de leur superficie en forêts; il leur en reste un tiers, ce qui les classe encore, avec le Canada, parmi les pays les mieux doués. Mais l'exploitation sans méthode et l'incendie employé pour défricher ont détruit en beaucoup d'endroits cette richesse.

L'exploitation se fait dans trois régions principales :

1° Appalaches et côtes atlantiques, depuis la frontière canadienne, au Texas, où la brousse remplace la forêt;

2° Bords des grands lacs, d'où le bois s'en va par eau;

3° Bord du Pacifique, entre San-Francisco et la frontière canadienne, où l'exportation se fait par mer.

Les États-Unis consomment une grande quantité de bois pour leurs constructions; ils envoient par les deux Océans du bois de charpente, des poteaux de mines, des traverses de chemins de fer à tous les pays sans forêts, partie de l'Australie, Pérou, Chili, Afrique du Sud, etc.

Ils *fabriquent* une quantité d'objets de bois, meubles, wagons, outils, etc., et en exportent une partie.

Enfin, ils transforment le bois blanc en *pâte à papier*, dont ils usent des quantités énormes pour les livres et surtout les journaux, plus répandus chez eux qu'en tout autre pays : ils en exportent le surplus.

La valeur des produits de la forêt est estimé à 3 milliards. L'*exportation* du bois de charpente et des objets en bois représente 350 millions, celle du papier 40 millions.

Les forêts de pins du Sud Atlantique fournissent de la résine et de l'*essence de térébenthine*, dont les États-Unis sont le principal producteur. Les produits de la forêt fournissent la *septième exportation* par ordre de valeur.

Élevage. — Les États-Unis viennent au *troisième rang* dans le monde pour le nombre des *moutons*, 56 millions;

au *deuxième rang* pour le nombre des *chevaux*, 21 millions; au *premier rang* pour le nombre de têtes de *bétail*, 71 millions, et pour celui des *porcs*, 54 millions.

La valeur totale des animaux serait de 23 milliards de francs, ce qui mettrait l'unité à un prix aussi élevé que dans un État à terre chère et à belles races comme l'Angleterre.

Les animaux domestiques se partagent entre deux grandes régions :

1° Le Nord-Est et les pays des grands lacs, où la terre est chère, élèvent des animaux de *choix*, moutons à laine fine des monts Appalaches, vaches laitières des États des lacs; c'est la région du *beurre* et du *fromage*, où l'une des premières places appartient aux vallées des environs de New-York et de Philadelphie et à la partie de Prairie qui avoisine Chicago, toutes deux alimentant les grandes villes.

2° La région montagneuse et sèche de l'Ouest, surtout les plateaux entre Prairie et Rocheuses, sont consacrées à l'*élevage en liberté*, inauguré en 1865, qui fait des bêtes de somme et des animaux de boucherie. C'est là que, suivant le dicton américain, « l'on transforme en biftecks le gazon de l'oncle Sam ».

Dans cette région, les animaux sont gardés par des *cowboys* (vachers) à cheval, coiffés d'un large chapeau de feutre, culottés de cuir et munis du lasso. Le vol des bestiaux et le brigandage s'y pratiquent encore; ils sont punis par le *lynchage* du criminel, c'est-à-dire son exécution par les particuliers. Les habitants ont l'habitude de sortir armés. Ces mœurs disparaissent de plus en plus à mesure que la civilisation avance vers l'Ouest, le long des voies ferrées.

Le bétail de l'Ouest est expédié vers les marchés par chemin de fer.

Une grande partie est sacrifiée dans d'immenses abattoirs d'où la viande est expédiée, soit sous forme de conserves, soit fraiche et conservée dans des *wagons-glacières*. Dans les grandes villes, on consomme des viandes qui viennent de plusieurs centaines de kilomètres. Les abattoirs les plus grands sont ceux de Chicago; d'autres, très importants, donnent matière à la principale industrie des grandes villes bâties sur la rivière Missouri, dont la vallée donne accès aux champs d'élevage. Cinq États groupés autour de Chicago

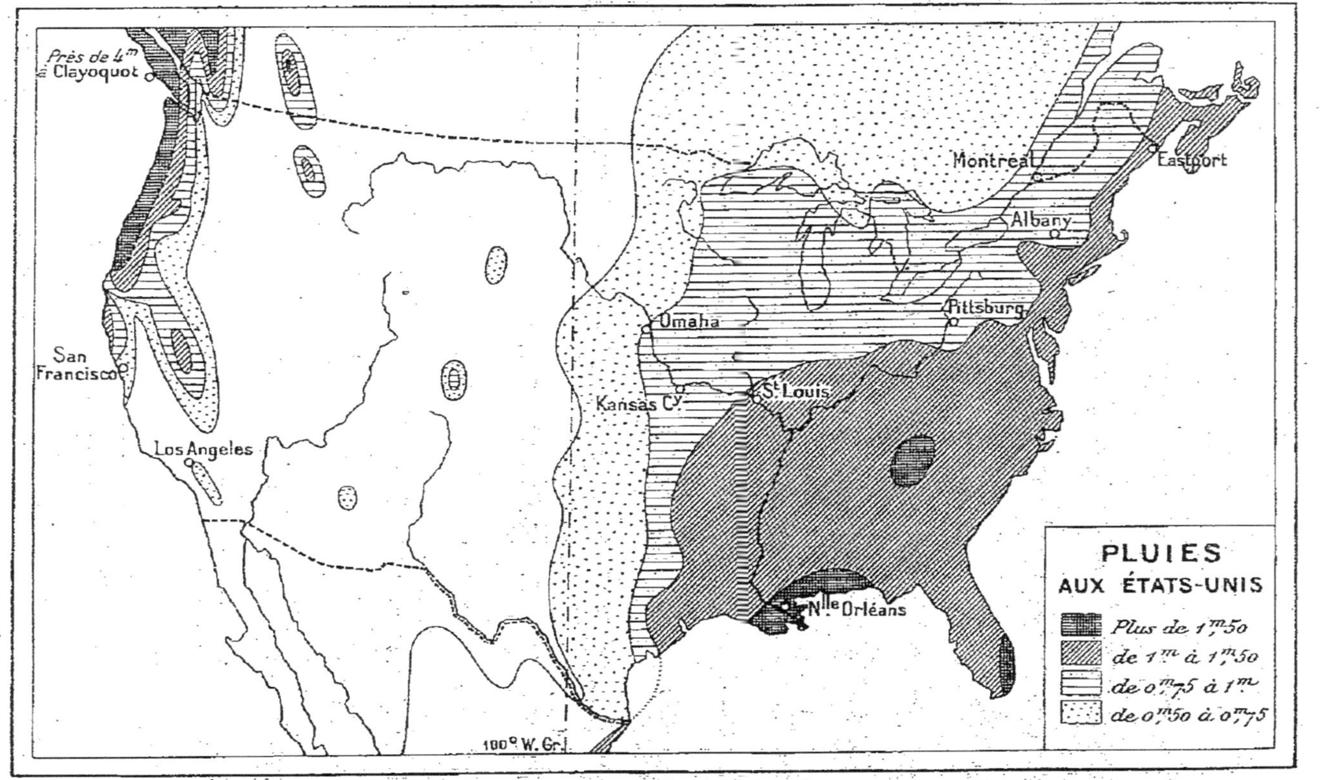

Remarquer les pluies tropicales du Sud (la tache intérieure (la plus foncée) correspond à la partie la plus élevée des Monts Alleghanys), les pluies du Pacifique nord-ouest, la zone sèche à l'Ouest du 100° Greenwich. Pour le reste, voir les pages 306 à 308.

font les trois quarts de la boucherie de toute la République.

La *valeur* de la viande fraîche et de conserve livrée dans une année approche de 10 milliards. Les habitants des États-Unis sont parmi les plus forts consommateurs de viande et ce produit y est *moins cher* qu'en Europe.

La *valeur* du lait, du beurre, du fromage produits est de 800 millions par an.

Malgré leur forte consommation, les États-Unis *exportent* un excédent de 8 à 900 millions de produits de la laiterie et de la boucherie. Ils vendent en outre au dehors des animaux pour plus de 100 millions de francs. Le total occupe dans l'échelle des exportations le *second rang*.

Naguère, les États-Unis figuraient parmi les grands fournisseurs de peaux ; aujourd'hui, ils les traitent aux environs de Boston, où se trouvent de grosses *tanneries*, employant des procédés économiques et rapides. Les cuirs américains font une grande concurrence aux nôtres.

Les États-Unis achètent au dehors pour près de 400 millions de peaux brutes et tannées ; c'est la *quatrième* de leurs *importations*. Ils exportent pour 215 millions de cuirs manufacturés ; c'est la *huitième* de leurs *exportations*.

Le maïs. — La principale céréale des États-Unis est le *maïs* ou blé indien, *originaire* de ce pays. Nulle part sa culture n'atteint une pareille extension. Elle couvre une superficie de 370.000 kilomètres carrés, plu des 3/5 de la France ; aucune autre n'occupe pareille étendue aux États-Unis. Le maïs règne dans les États du centre, de part et d'autre du moyen Mississipi, à la hauteur de Saint-Louis, jusqu'aux forêts des Appalaches à l'Est, jusqu'à la région aride à l'Ouest.

La récolte dépasse 900 millions d'hectolitres, *plus des huit dixièmes de la production du monde*. Un dixième seulement s'exporte. Tout le reste se consomme dans le pays. Le maïs sert, coupé vert, à alimenter les vaches laitières, en grains, à engraisser le bétail, les porcs et la volaille. Le *dindon*, originaire de l'Amérique du Nord, est élevé en grandes quantités dans la région du maïs.

Le blé. — Le blé, originaire d'Europe, résiste mieux au froid que le maïs. On l'acclimate surtout au nord-ouest de la *Prairie*. Il croît aussi dans les plaines et vallées du Nord

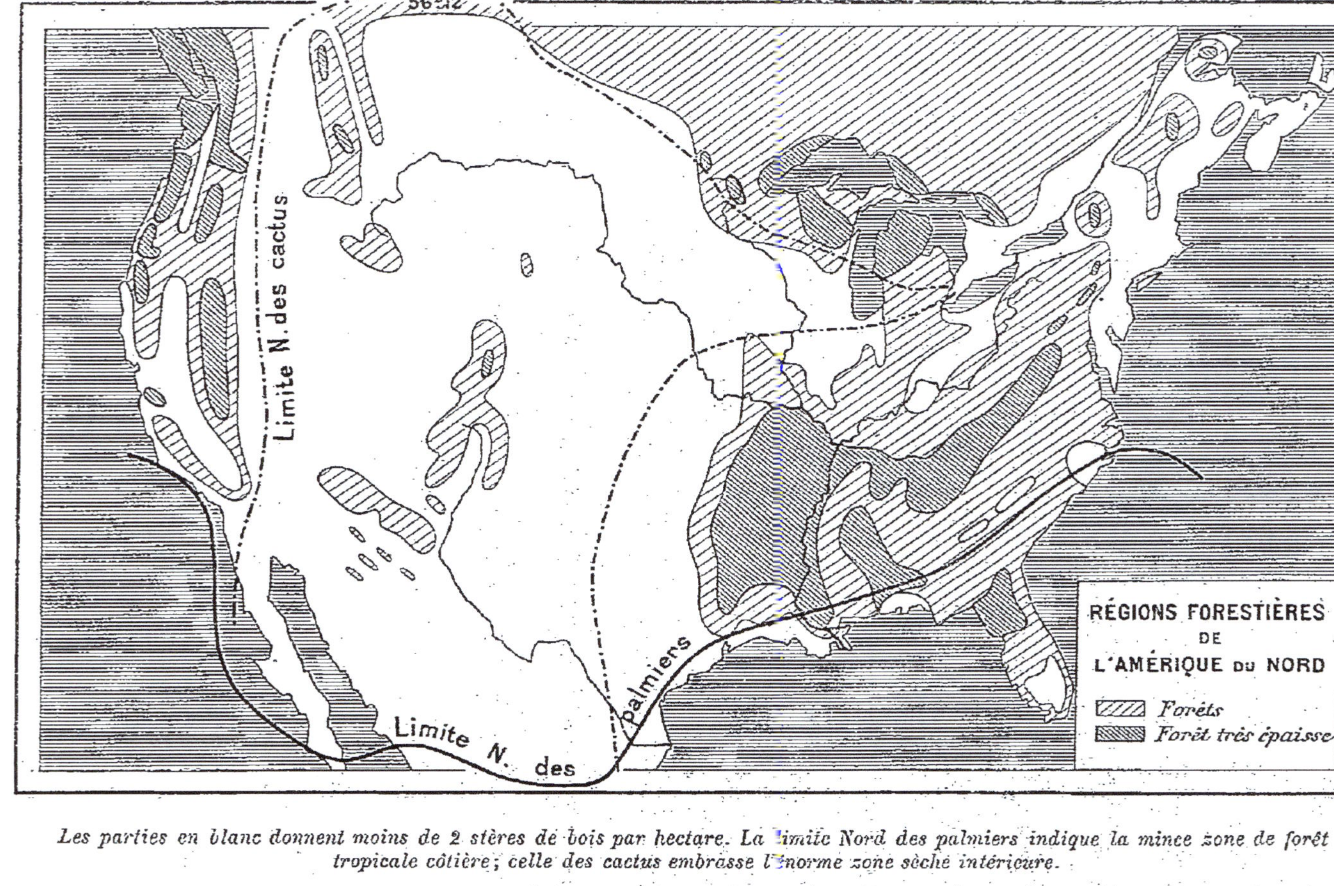

Les parties en blanc donnent moins de 2 stères de bois par hectare. La limite Nord des palmiers indique la mince zone de forêt tropicale côtière; celle des cactus embrasse l'énorme zone sèche intérieure.

Pacifique. Pour la *superficie* en blé, les États-Unis ne le cèdent dans le monde qu'à la Russie : elle occupe 193.000 kilomètres carrés, près des *deux cinquièmes de la France*.

Ils viennent les *premiers* pour la quantité récoltée, 250 millions d'hectolitres, plus du double de la France. Le grain est recueilli dans de grands magasins ou *élévateurs* construits à côté des voies navigables ou des chemins de fer; de là, il est déversé dans les bateaux ou les wagons. Les États-Unis vendent un quart de leur récolte, en grains ou en farines au dehors, surtout à l'Angleterre. *L'exportation*, la troisième par ordre de valeur, s'élève à 800 millions de francs par an ; mais la proportion consommée sur place augmente chaque année, en même temps que la population.

Tabac. — Le tabac est encore une plante originaire de l'Amérique ; elle fut cultivée sur la côte Atlantique au nord de la zone du coton et dès les premiers temps de la colonisation. Les États de Virginie et de Maryland ont attaché leurs noms à des variétés de tabac à fumer.

Les États-Unis sont le premier pays du monde pour l'importance des plantations et des manufactures de tabac. Ils consomment une partie très importante de leur production et ils vendent au dehors le surplus valant 180 millions de francs et formant la *neuvième* de leurs *exportations*.

Sucre. — Les habitants des États-Unis sont les plus forts consommateurs de sucre du monde. Des plantations de cannes bordent la côte du golfe du Mexique et de l'Atlantique Sud : elles rendent 375.000 tonnes par an. La betterave à sucre a été acclimatée dans le Centre et la Californie; on en tire 340.000 tonnes de sucre par an.

Ces quantités sont loin de suffire à la consommation. Les États-Unis importent, surtout des Antilles et des îles Hawaï, environ 500 millions de francs de sucre par an.

Fruits et vigne. — La nourriture des Américains comporte une très forte proportion de fruits. La Californie, « le Midi des États-Unis », s'est fait une spécialité de leur culture. Elle en fournit de toutes espèces, depuis les pommes, au Nord, jusqu'aux oranges et citrons, dans le Sud. La Californie prépare les fruits secs, les conserves. Elle livre

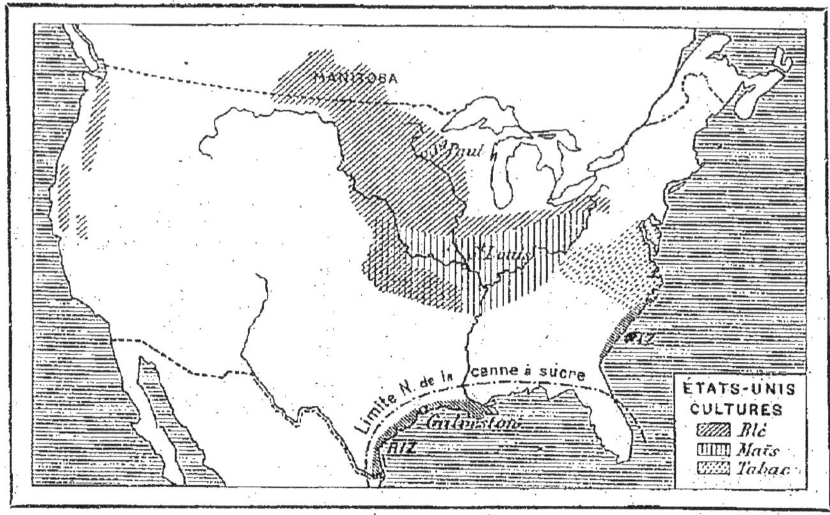

I. — CULTURES

Le blé n'est plus cultivé à l'Est qu'en Pensylvanie et Maryland. Il émigre vers l'Ouest, centres Minnesota, Dakota (É.-U.), Manitoba (Canada); les États Nord Pacifique le cultivent.

Zone du maïs de l'Ohio au Kansas. C'est celle de l'élevage laitier.

L'abatage pour la boucherie se fait pour les trois quarts en Indiana, Illinois (Chicago), Kansas et Nebraska; il émigre vers le Far-West, du côté de l'élevage en liberté et le long des voies ferrées.

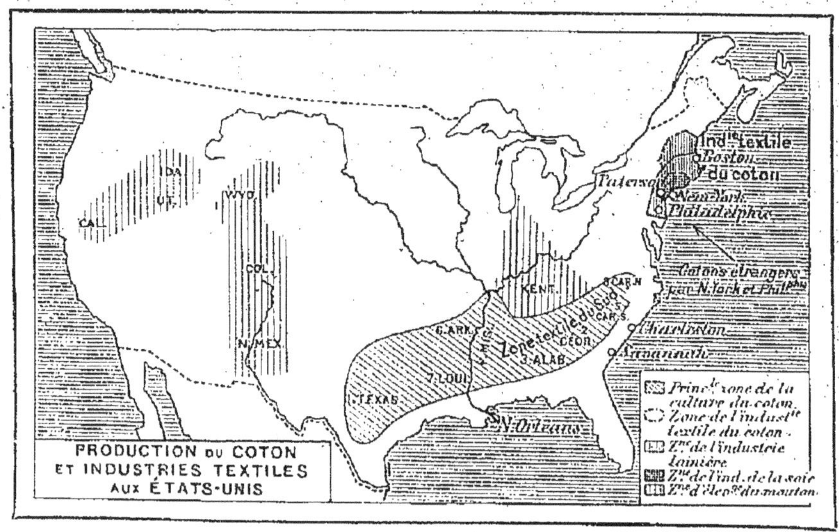

II. — COTON ET INDUSTRIES TEXTILES

La zone de culture du coton se concentre vers le Sud et gagne vers le Sud-Ouest. Les chiffres indiquent les rangs des États producteurs. 3/4 de l'industrie cotonnière en Nouvelle-Angleterre, 1/4 dans le sud (en progrès). 3/4 du travail de la laine au N.-E. de Philadelphie (tapis) au Massachusetts, 3/4 des soieries dans une région plus restreinte, surtout entre Philadelphie et New-York, centre Paterson.

L'État le plus industriel est le Massachusetts, capitale Boston, qui, outre les fils et les tissus, produit 3/5 des chaussures.

70.000 tonnes de pruneaux, la plus forte production du monde.

La valeur totale des fruits secs produits dans tous les États-Unis est de 35 millions de francs. Celle des conserves de 55. La valeur de l'exportation des fruits est de 85.

La Californie possède des vignobles créés par des Européens; elle produit par an 1 million 1/2 d'hectolitres.

Le coton. — Le coton n'a été introduit aux États-Unis que vers 1783; il y occupe aujourd'hui une superficie égale à un cinquième de la France. On le cultive dans les régions chaudes et arrosées du *Sud Atlantique* et du *golfe du Mexique*, au sud du méridien d'Alger. Les États à coton étaient autrefois les États à esclaves; aujourd'hui, les plantations emploient toujours des travailleurs noirs.

Les États-Unis fournissent les deux tiers du coton récolté dans le monde entier; la valeur de leur production s'élève à 2 milliards 1/2, dont trois cinquièmes sont vendus au dehors, fournissant la *principale exportation* des États-Unis. Tous les pays industriels du monde sont leurs clients.

Industries textiles. — Les États-Unis tissent et filent une partie de leur *coton*; les usines se développent de plus en plus. Les plus anciennes se trouvent en Nouvelle-Angleterre, dans la région de Boston (Massachusetts), elles emploient des ouvriers canadiens français; elles livrent les trois quarts de la production totale.

Depuis 1880, d'autres tissages et filatures se sont fondés dans les *États* du Sud, surtout les Carolines, en plein centre de plantations de coton. Elles emploient des ouvriers noirs. Le Sud consomme déjà 1/3 de sa récolte. Il fait les fils et tissus communs pour l'Afrique et pour l'Amérique latine. Il fournit les 2/3 de l'*exportation*, dont le total s'élève à 160 millions.

Les États-Unis continuent d'ailleurs à *importer* des articles fins pour une valeur supérieure à leur exportation; c'est la cinquième de leurs importations, valant plus de 300 millions. Mais elle tend à baisser avec les progrès de l'industrie et les tarifs protecteurs.

Pour le nombre de broches et de métiers, les États-Unis viennent au *second rang* dans le monde, immédiatement après l'Angleterre.

Les États-Unis travaillent toute la *laine* de leurs moutons ; ils achètent, en outre, un tiers en plus de laines au dehors, surtout en Chine ; c'est la huitième de leurs *importations*, dépassant 220 millions. Les centres de tissage et de filature vont de la Nouvelle-Angleterre, où *Boston* est le second *marché de la laine*, après Londres et avant Roubaix, à *Philadelphie*, grand centre de tapis et de feutres. L'industrie lainière, du Nord-Est dispute le *second rang* à celle de la France ; son énorme production est presque entièrement absorbée par la consommation intérieure. Le pays importe *en outre* 90 millions de lainages et draps *fins*.

L'industrie de la *soie* s'est implantée entre les zones des deux précédentes ; elle a pour principal centre Paterson, entre New-York et Philadelphie, où les fabricants ont appelé des contremaîtres et ouvriers *italiens*. Elle travaille des cocons et soies grèges *étrangères*, car le ver à soie ne s'acclimate pas aux États-Unis. L'*importation* des soies brutes figure au *deuxième rang*, avec une valeur de 400 millions. L'industrie de la soie aux États-Unis est, par ordre de valeur, la *première* du monde, dépassant même celle de la France. Sa production vaut 650 millions de francs.

Elle est absorbée par la consommation intérieure de ce pays, où les salaires sont élevés et le goût du luxe très répandu. C'est surtout le produit ordinaire ou moyen, dans le genre suisse ou milanais et le ruban et la passementerie, articles de Saint-Étienne, que fabrique l'industrie américaine.

Le pays *importe* encore pour plus de 150 millions de soieries, articles de *luxe*, surtout lyonnais.

Ainsi, pour les trois industries textiles, les objets de *qualité supérieure*, qui peuvent supporter les droits de douane, viennent encore du dehors.

III. — MINES ET INDUSTRIES DU MÉTAL

Houille. — Les États-Unis tiennent, depuis 1878, le *premier rang dans le monde* pour l'extraction de la houille ; ils en fournissent plus de 400 millions de tonnes, les deux cinquièmes de la production *universelle*.

L'étendue totale de leurs divers bassins houillers équivaut à celle de la France et de l'Angleterre réunies.

Les principaux se trouvent sur le versant intérieur des Appalaches, surtout en Pensylvanie. Ces gisements sont abondants, avec de larges veines que l'on attaque au moyen de machines qui vont très vite et permettent d'employer moins de main-d'œuvre. Avec une de ces « haveuses » mécaniques, un seul homme fait 3 fois 1/2 autant d'ouvrage que 6 ouvriers travaillant au pic. Nulle part au monde, les houillères ne rendent autant de tonnes par ouvrier, nulle part aussi, le *prix de revient* n'est *moins élevé*. La houille coûte en Amérique deux fois moins qu'en France.

Malgré cet avantage, les Américains n'en *exportent presque pas*, à peine un quarantième de la production, dont la plus grande partie va à la métallurgie du Mexique, dirigée par des Américains.

Les usines métallurgiques des États-Unis et les chemins de fer sont les principaux clients des houillères. L'industrie, la mine, la voie ferrée, le gisement de charbon appartiennent souvent au même groupe de capitalistes.

Pétrole. — Le pétrole est une huile minérale qui se trouve en poches dans le sol. On ne l'utilise que *depuis* 1860; ce sont les États-Unis qui ont donné l'exemple; ce sont eux qui *tiennent le premier rang* dans le monde pour la production avec 200 millions d'hectolitres par an, les trois cinquièmes de l'extraction totale.

Les principaux gisements se trouvent au sud du lac Érié ; ils se prolongent au nord sur le Canada.

Depuis une douzaine d'années, on en a découvert de nouveaux dans le Far-West, au Texas, en Californie.

L'huile, recueillie au moyen de puits, est envoyée dans les *raffineries* au moyen de *conduites* gigantesques. La principale va des puits du Far-West à la raffinerie de New-York; elle mesure plus de 2.000 kilomètres.

Les cinq sixièmes du pétrole raffiné et des sous-produits sont *vendus au dehors*. La valeur de cette exportation dépasse 500 millions de francs par an. C'est la cinquième exportation par ordre de valeur.

Gaz naturel. — Le gaz naturel est une sorte de pétrole gazeux qu'on trouve en poches comme l'autre et dans les

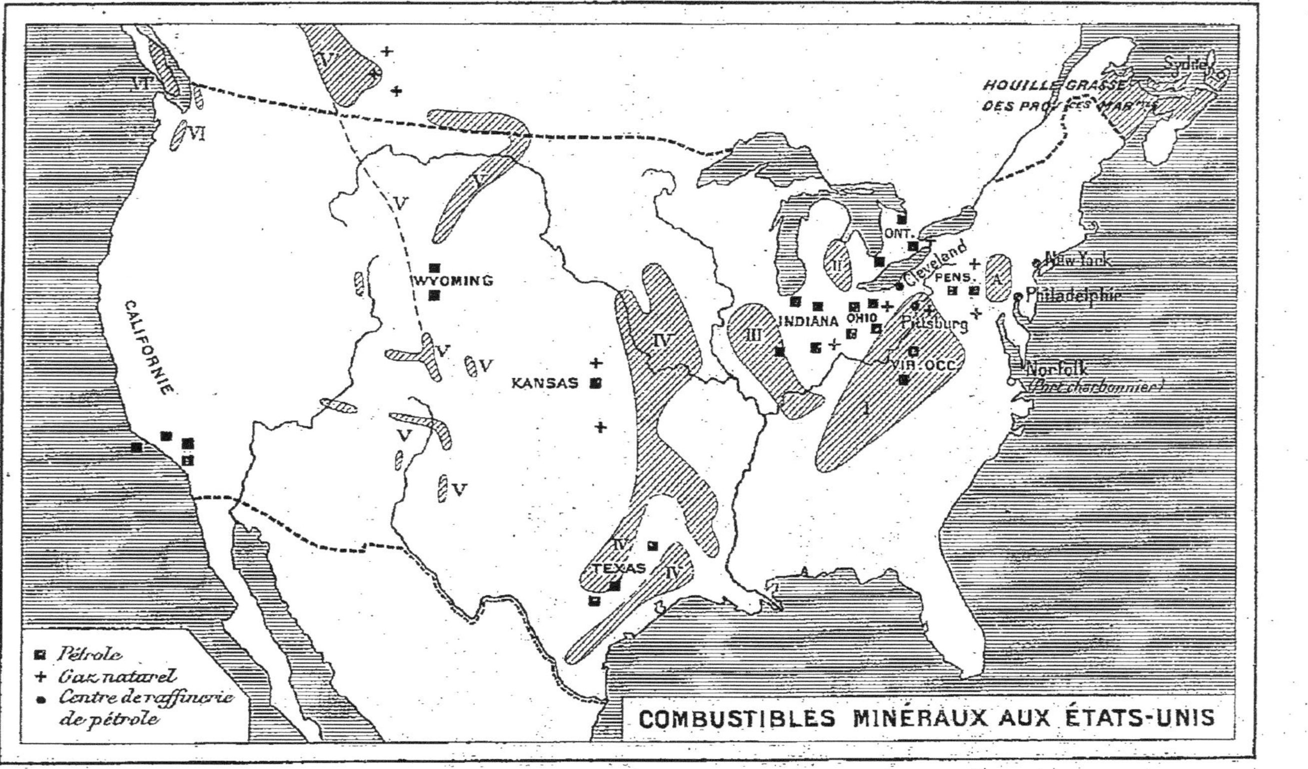

LÉGENDE DES BASSINS HOUILLERS (PARTIES EN GRISÉS PENCHÉS)

A. — *Anthracite de Pensylvanie, le meilleur combustible;* — I. *Bassin des Appalaches;* — II. *Bassin du Nord;* — III. *Bassin du Centre;* — IV. *Bassin de l'Ouest;* — V. *Bassin des Rocheuses (lignites),* V'. *même bassin au Canada;* — VI et VI'. *Bassins du Pacifique, important surtout dans l'île de Vancouver (Canada).*

mêmes régions ; on le recueille comme le gaz d'éclairage et on l'envoie par des conduites dans les rues et maisons ou aux usines. Il est surtout utilisé par les hauts fourneaux et par les *verreries*, qui *se concentrent* en Pensylvanie et dans les États voisins, les plus riches en gaz. On y trouve la moitié des hauts fourneaux et les deux tiers des verreries.

Le gaz naturel utilisé représente chaque année une valeur de 200 à 250 millions de francs.

Fer, fonte, acier. — Les États-Unis produisent plus des deux cinquièmes du minerai de fer extrait dans l'univers ; ils occupent sous ce rapport le premier rang.

Les gisements des bords du *Lac Supérieur*, qui se continuent au Canada, sont les plus riches du monde.

Les États-Unis viennent de conquérir le *premier rang* pour la production de la *fonte* et de l'*acier*. Cette industrie se place au voisinage de la houille et du gaz naturel : elle a pour capitale *Pittsburg* (Pensylvanie) sur l'Ohio navigable, relié par canaux aux mines des grands lacs.

Pittsburg compte 375.000 habitants et la ville d'Alleghany, dont la rivière seule la sépare, en à 150.000. La région de houillères, de hauts fourneaux et d'aciéries qui se groupe autour de Pittsburg réunit plus de 1 million d'habitants. Le tapage y est si grand et la fumée des usines si épaisse qu'on a surnommé Pittsburg l'*enfer sans couvercle*.

Les États-Unis construisent le matériel de leurs chemins de fer, leurs navires, leurs machines.

Ils font *concurrence* à l'Angleterre et à l'Allemagne pour la vente aux États qui ne se suffisent pas à eux-mêmes. Le prix de revient du minerai, de la fonte, de l'acier est pourtant *plus élevé* chez eux ; mais ils réduisent les frais de construction, en procédant par *séries* peu nombreuses. Ils reproduisent par exemple le même type de locomotive ou de navire ; ils emploient ainsi les mêmes dessins et calculs indéfiniment, d'où une économie de temps et d'argent ; ils font les mêmes pièces en quantité ; emmagasinées, elles peuvent se monter dès qu'une commande arrive, ce qui permet aux constructeurs d'aller plus vite que leurs concurrents. Enfin, on peut toujours les remplacer, elles sont interchangeables.

Ainsi, les Américains ont battu les Anglais dans leurs propres colonies pour la construction de ponts métalliques et de voies ferrées ; ainsi, ils enlèvent aux Allemands des commandes de canons, de fusils, de locomotives.

L'*exportation* de l'acier et des machines vaut 7 à 800 millions : elle vient au *quatrième rang*.

L'apparition de la métallurgie américaine dans la concurrence internationale, qui ne remonte guère qu'à 1900, la royauté à laquelle elle prétend sont un des grands faits économiques du monde contemporain.

Machines-outils. — L'idée dominante de l'industriel américain est de remplacer l'ouvrier, dont les salaires sont plus élevés qu'ailleurs, par la machine. La machine coûte plus cher, mais elle produit, en moyenne, trente fois plus d'objets dans le même espace de temps, et le prix de chacun est sept fois moindre qu'à la main. Aussi, les États-Unis ont-ils inventé et inventent-ils une foule de machines-outils.

Ils s'en servent pour les constructions métalliques et jusque pour l'horlogerie.

L'Amérique a créé la *montre*, le réveil, la pendulette à bon marché faits mécaniquement ; elle dispute à la Suisse le rang de premier pays exportateur de montres.

L'Amérique a inventé les machines à découper et à assembler les pièces de chaussures, des vêtements. Elle est le premier pays du monde pour la *cordonnerie mécanique* et ses chaussures, à type uniforme, s'imposent partout. Les 3/5 sont fabriquées dans 3 villes des environs de Boston, travaillant l'une pour hommes, l'autre pour dames, la troisième pour enfants, exemple entre mille de la *concentration* et de la *spécialisation* qui règnent aux États-Unis.

L'Amérique est le pays où furent inventées les machines à coudre, à écrire, à compter, tous ces ingénieux instruments qui permettent de gagner du temps.

Les États-Unis ne vendent pas seulement les produits des machines-outils ; ils les fabriquent non seulement pour eux, mais pour le dehors : ils en *exportent* des quantités.

Industrie électrique. — Les États-Unis disputent à l'Allemagne le premier rang dans le monde pour les appareils électriques : ils sont servis ici par le talent de leurs

ingénieurs, par l'abondance sur leur territoire du *cuivre*
que l'industrie électrique emploie de préférence, enfin
par les nombreuses *chutes d'eau* du Canada, des États-Unis,
du Mexique, utilisées pour actionner des dynamos.

Les chutes du Niagara alimentent les deux plus puissantes
usines d'énergie électrique du monde, l'une aux États-Unis,
l'autre au Canada

Les États-Unis ont inventé le *téléphone*, l'*éclairage électrique*, qui sont chez eux d'un usage plus répandu et à meilleur marché qu'en Europe.

Minerais complexes des montagnes. — En dehors du
combustible et du fer, les principaux gisements minéraux
se trouvent dans les montagnes entre Rocheuses et Pacifique. Ces régions forment, en y comptant le Mexique et le
Canada, la *plus grande réserve de métaux* actuellement
exploitée dans l'univers.

L'extraction a commencé par la côte du Pacifique, région
la plus accessible et par le métal le plus précieux. En 1848,
l'*or* fut découvert en *Californie;* une foule de chercheurs
se précipitèrent dans ce pays jusqu'alors désert, aujourd'hui
le plus peuplé de ceux qui se trouvent à l'ouest du Missouri.

Quand l'or commença à s'épuiser, les chercheurs se
répandirent, à partir de 1859, sur les plateaux où ils découvrirent surtout l'*argent*. Le premier *chemin de fer* transcontinental, achevé en 1867, permit l'exploitation de mines
importantes ; depuis, les voies ferrées se sont multipliées,
permettant d'ouvrir de nouvelles mines reliées par rail à la
ligne principale. Les métaux ont été l'une des causes de la
création des grandes lignes de pénétration ; ce sont eux
qui *attirèrent des habitants* dans les déserts de montagnes.

Les mines s'épuisent ou s'appauvrissent dans un délai
plus ou moins long ; il arrive alors que les habitants se
déplacent à la recherche de nouveaux gisements. Ainsi l'État
de Nevada se dépeuple depuis que l'argent ne vaut plus la
peine d'être d'exploité.

Ce cas est exceptionnel. Partout ailleurs la population
continue à se développer parce qu'elle trouve d'autres
moyens de subsistance.

Après l'or, et à la place de l'argent déprécié, le métal le

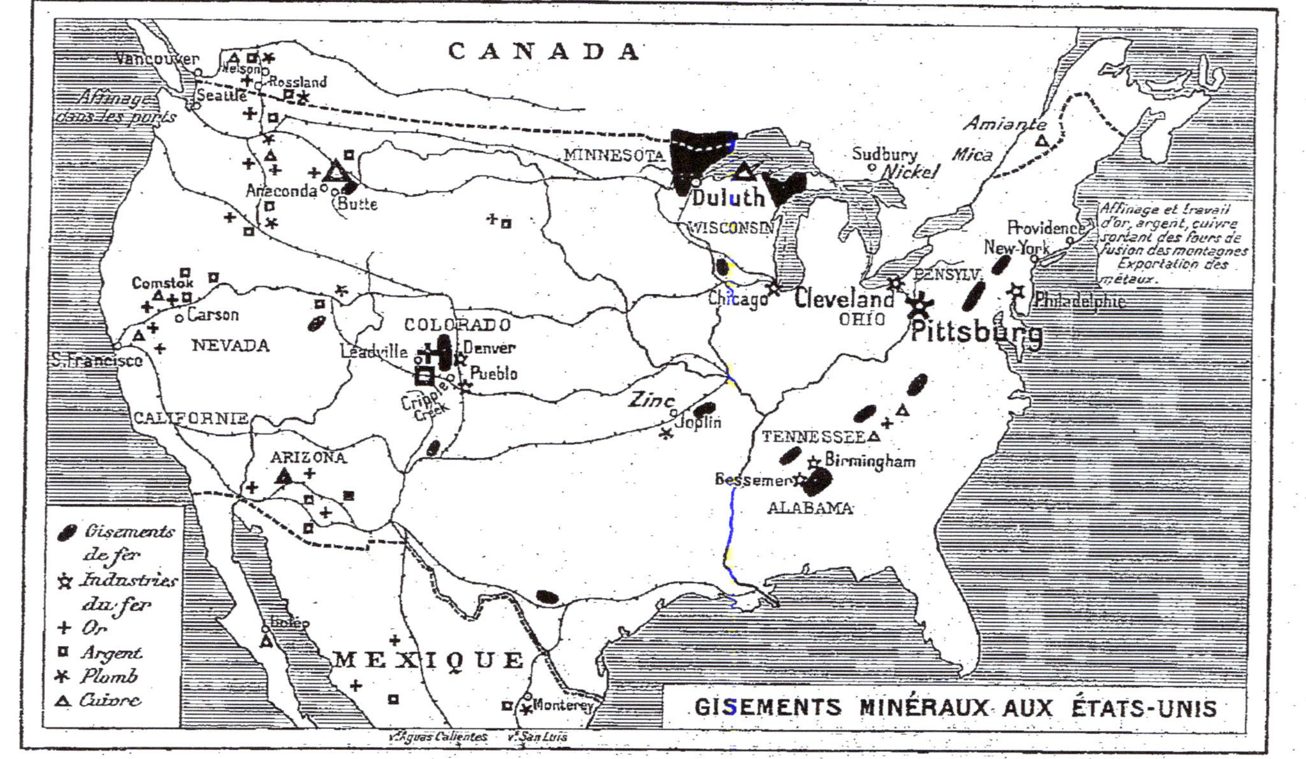

Importants gisements de minerais complexes dans les plateaux et montagnes du Mexique, de l'Ouest, de la Colombie britannique. — Gisements de fer du Lac Supérieur. — Fonderies et aciéries de Pensylvanie (Pittsburg) et du Sud.

plus recherché en ce moment est *le cuivre*, que l'industrie électrique emploie en quantités croissantes.

D'autre part, les minerais mixtes, cuivre et or, argent et plomb, parfois plus *complexes* encore, abondent dans les montagnes; négligés autrefois à cause de la difficulté de réduction, ils se traitent aujourd'hui par la *fusion* dans des fours. On en tire sur place des lingots impurs qu'on envoie dans les ports où ils sont affinés par action électrique.

Les fours de fusion et leurs annexes, construits à côté des voies ferrées, ont servi de noyau à un grand nombre de villes toutes neuves, américaines et canadiennes. A leur voisinage s'installent les bureaux et banques des grandes sociétés auxquelles appartiennent mines et usines. Là se trouvent aussi les magasins, les débits, où les mineurs, perdus dans les « camps » de la montagne ou du désert, viennent s'approvisionner et s'amuser. Dans ces régions, les mœurs restent rudes, comme dans les pays d'élevage qui les avoisinent et se mêlent à eux.

Or, argent et plomb. — Les États-Unis viennent au *second rang*, après l'Afrique australe, pour la production de l'or, plus de 400 millions de francs par an. Les principaux centres de production sont nouveaux; ceux du Colorado, à 3.000 mètres de haut dans les Rocheuses, datent de 1891; ceux de l'Alaska, dans les terres glacées, de 1898.

Les États-Unis viennent au *second rang*, après le Mexique, pour la production de l'argent, avec 200 millions de francs par an : ils en ont produit le double en 1892, avant la *dépréciation* définitive de ce métal, due précisément à l'exploitation des très nombreux gisements américains. C'est encore le Colorado (Rocheuses) qui tient ici le premier rang.

Le plomb s'extrait habituellement du même minerai que l'argent. Il a lui aussi *baissé* de valeur. Les États-Unis en produisent à peu près ce qui est nécessaire à leur consommation, environ 150 millions de francs par an. Ils occupent pour le plomb le premier rang dans le monde.

Cuivre. — Les États-Unis sont les premiers producteurs du « métal rouge » dans le monde; ils extraient la *moitié* du cuivre de l'*univers*, 600 millions à 1 *milliard* par an, valeur supérieure à celle des deux métaux précieux réunis. Ils possèdent les qualités supérieures, ils sont maîtres du cours. Les meilleures mines, celles du lac Supérieur, ont cédé, pour la quantité, le *premier rang* à celles de l'État de *Montana* (Rocheuses), exploitées depuis moins de trente ans grâce au dernier construit des transcontinentaux : elles se continuent dans le Nord en Colombie britannique.

Viennent ensuite les gisements de l'Arizona, dont on retrouve le prolongement au Mexique.

Une partie du minerai des États voisins est réduit aux États-Unis. Les États-Unis vendent au dehors pour 450 millions de francs de cuivre en lingots et d'objets de cuivre. C'est la sixième de leurs exportations.

L'ensemble des produits minéraux, y compris les combustibles et les matériaux de construction, représente 8 à 10 milliards de francs par an.

IV. — COMMERCE

Voies de communication. — Les États-Unis ont relativement peu de routes.

Ils se sont servis d'abord des voies navigables reliées par des canaux (p. 348). Ils en possèdent 46.000 kilomètres. Aujourd'hui, le trafic par eau baisse au profit des transports par chemin de fer.

La construction des voies ferrées a commencé dès 1827. Aujourd'hui, les États-Unis en possèdent *375.000 kilomètres,* plus que toute l'Europe. Cinq voies transcontinentales, longues de 5.400 à 6.000 kilomètres, relient les deux Océans. 30 ponts de chemins de fer traversent le Mississipi.

Les lignes appartiennent à des Compagnies dont les directeurs sont maîtres des tarifs et des transports : ils dirigent la vie économique en favorisant tel ou tel centre (p. 340). Des plaintes se sont élevées contre leur « royauté »; les cultivateurs de l'Ouest et de la Californie réclament le contrôle de l'État sur les tarifs.

Navigation et ports. — La marine marchande des États-Unis occupe le second rang dans le monde, après celle de la Grande-Bretagne, si l'on y comprend la flotte des grands

lacs (p. 294). Réduite aux navires de mer, elle passerait
après la flotte allemande. En effet, la plupart des trans-

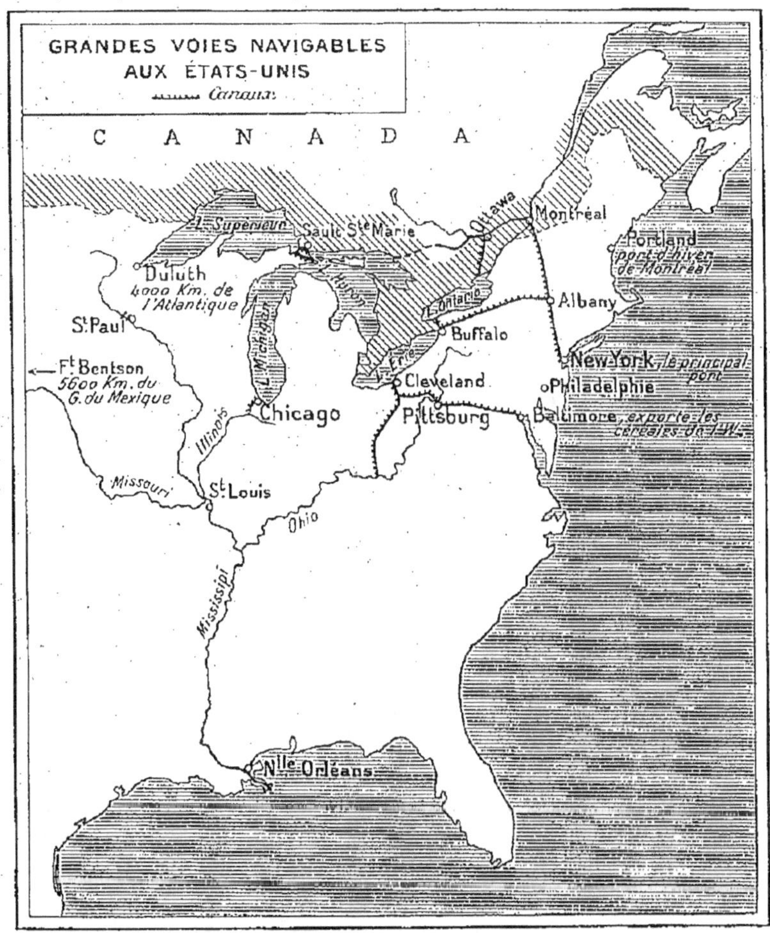

*Réseau du Mississipi et affluents relié aux lacs par le canal de l'Illinois, qui
aboutit à Chicago, le grand port des lacs (11 millions de tonnes), et par les
canaux de l'Ohio. Pittsburg, capitale de l'acier et de la houille, est le grand
port fluvial (9 millions de tonnes).*
*Réseau des grands lacs avec leurs canaux (p. 294), aboutissant principalement à
Montréal (Canada), et à New-York (États-Unis). Les débouchés, de Baltimore au
Saint-Laurent, s'appellent le « delta commercial » des grands lacs.*

ports maritimes au long cours se font par bateaux étrangers.
Le cabotage est, par la loi, réservé aux nationaux.

Les États-Unis cherchent à développer leur marine et leurs chantiers de constructions maritimes.

La difficulté pour eux est le manque de marins. Plus de la moitié de leurs matelots sont étrangers; même sur les bâtiments de guerre on emploie des étrangers.

Le principal port est *New-York*, qui dispute le premier rang du monde à Londres et à Hong-Kong. Viennent ensuite Boston (600.000 hab.), la Nouvelle-Orléans (300.000 hab.), Philadelphie (1 million 1/2 d'hab.). Sur la côte Pacifique, les deux grands ports sont San-Francisco (350.000 hab.), qui date de 1848, et Seattle (240.000 hab.), ville plus neuve encore, sur le golfe de Puget (p. 304), l'une et l'autre points de départ de lignes pour Japon et Chine.

Commerce. — Le trafic intérieur est énorme en raison de la spécialisation et de la localisation des cultures et industries. On l'évalue à 180 milliards de francs par an, 2.000 francs par tête, proportion qui n'est atteinte *nulle part ailleurs*. En effet, les habitants des États-Unis sont les plus dépensiers du monde, en raison de l'élévation des revenus et des salaires.

Les échanges portent principalement sur des produits *nationaux*, car les États-Unis ont établi des droits de douane presque prohibitifs.

Ces droits ne gênent pas plus qu'en Australasie l'exportation des produits alimentaires et des matières premières dont le reste du monde a besoin.

Ils ont favorisé le développement *récent* de l'industrie, maîtresse du marché local. Les fabricants peuvent vendre sur leur territoire à des prix relativement élevés; par contre, le gros bénéfice fait à l'intérieur des frontières leur permet de se contenter d'un plus petit au dehors, du moins pour les débuts. Ils apportent donc à l'étranger des offres qui surprennent par leurs conditions avantageuses. Ainsi ils écartent les concurrents (p. 343) et s'emparent du marché où ils pourront plus tard se rémunérer davantage.

Pour cette raison, l'exportation des *produits manufacturés* augmente en même temps que celle des aliments et matières premières, la seule importante avant 1880; la proportion des premiers n'allait à cette date pas plus haut que 13 p. 100; elle approche aujourd'hui de 50 p. 100.

Le total du commerce extérieur s'élève à 16 milliards; il occupe dans le monde le *troisième rang*, après ceux du Royaume-Uni et de l'Allemagne. Les importations dépassent 7 milliards, les exportations s'élèvent à près de 9 milliards.

Par rang de valeur, la *première exportation* est celle du *coton en balles;* le second rang appartient aux produits de l'élevage et aux animaux; le troisième au blé et à la farine; le quatrième a été conquis par *l'acier et la construction métallique;* le cinquième au pétrole; le sixième au cuivre et *objets* de cuivre; le septième aux bois, *objets* de bois, pâte à papier; le huitième aux cuirs, *chaussures,* objets de cuir; le neuvième aux tabacs et cigares.

Dans les *importations,* le premier et le troisième rang appartiennent à deux aliments d'origine tropicale dont les États-Unis sont le principal consommateur, le *sucre* (480 millions) et le *café* (400 millions); les autres produits importants sont des matières premières destinées à l'industrie; au deuxième rang vient la *soie brute;* le quatrième et le cinquième se disputent entre les cuirs et *peaux* et les *produits chimiques* (390 millions); le sixième appartient au *caoutchouc* et produits similaires utilisés par le cyclisme, l'automobilisme, l'électricité (315 millions); les cotonnades *gardent* le septième rang, malgré les progrès de l'industrie (p. 338); les *laines brutes* viennent ensuite, suivies au neuvième rang par le *bois* (220 millions), surtout d'origine canadienne, et destiné à être travaillé ou réexporté.

Les principaux acheteurs et fournisseurs sont, par rang d'importance : 1° le Royaume-Uni; 2° l'Allemagne; 3° la France; 4° l'Italie, qui tous ont des lignes les rattachant directement aux ports américains.

Les États-Unis sont le troisième des pays qui commercent avec nous. La France leur achète pour un demi-milliard, surtout de coton et matières premières; elle leur vend pour autant de produits de luxe, vins, liqueurs, articles de toilette féminine, objets d'art. Sa part semble importante si l'on considère que son trafic n'est pas secondé, comme celui des trois États cités plus haut par une masse de nationaux établis aux États-Unis.

CHAPITRE IV

LE MEXIQUE

Plateau du Nord. — Le Centre mexicain. — Le Mexique tropical. — Le Yucatan.
Population. — Agriculture. — Mines. — Voies de communication et commerce.

Le Mexique est grand trois fois et demie comme la France. Il s'étend depuis la latitude du Caire à celle du golfe de Guinée. Il se trouve donc entièrement dans la zone des déserts et dans la zone tropicale; les inconvénients de toutes deux s'y trouvent corrigés par l'altitude.

Plateau du Nord. — Tout le nord du Mexique, sur une étendue plus grande que la France, comprend de hauts plateaux dont l'altitude *moyenne* dépasse 1.200 mètres.

Ils sont secs et *déserts*, comme ceux de l'Ouest américain auxquels ils font suite. La végétation ne s'y montre que par taches; elle comprend des buissons d'acacias épineux, des plantes grasses comme le cactus, ou des yuccas aux feuilles dures en lames que les Américains ont baptisées *baïonnettes espagnoles*. On y rencontre dans quelques parties creuses des sources donnant naissance à des *oasis* dont chacune est occupée par une petite ville. Elles sont desservies par les voies ferrées qui rattachent Mexico au réseau américain.

En dehors de ces centres, on ne rencontre quelque population qu'au voisinage des gisements miniers, exploités presque tous dans cette région ou dans la *presqu'île de Californie*, montagneuse et sèche comme les plateaux.

Le Centre mexicain. — Vers le Sud, ce plateau finit en pointe; en même temps il se relève; il est vers son extrémité sud entouré de gigantesques *volcans* qui ne le cèdent en hauteur qu'à ceux de l'Alaska (p. 300). Trois d'entre eux dépassent 5.000 mètres et le *plus haut* approche de 5.600.

Plusieurs volcans sont encore en activité sur le versant Pacifique; le centre du Mexique est agité par des *tremblements de terre*.

Les pins et les sapins reparaissent comme dans les chaînes des États-Unis; ils s'élèvent en raison de la latitude jusqu'à près de 4.000 mètres ; pour la même raison, les neiges perpétuelles ne forment qu'une couronne lointaine ne descendant pas au-dessous de 4.300 mètres. Elles occupent le dernier étage du Mexique, celui des *terres glacées*.

Entre les hautes montagnes et leurs contreforts, le plateau se fragmente en *compartiments* dont le fond plat est en partie occupé par des lacs. Ces petits bassins se trouvent entre 1.800 et 2.300 mètres de haut; chacun d'eux est occupé par une ville entourée de cultures qui consistent surtout en champs de maïs et d'agaves; dans l'un des plus élevés se trouve la capitale *Mexico*, à 2.300 mètres de haut. Le climat y est toute l'année tempéré.

Cette région favorisée forme l'étage des *terres fraîches :* elle a toujours été le centre de la population et du Gouvernement. Elle comprend environ un dixième du pays.

Le Mexique tropical. — *A*) Le versant Pacifique est sec. *B*) Le climat tropical humide ne se fait guère sentir que sur la côte Atlantique et sur les gradins qui descendent du plateau vers elle. On y distingue deux étages.

1° La côte offre des bouquets de palmiers, des champs de canne à sucre ; on y cultive la *vanille*, plante originaire du Mexique ; ces avantages sont compensés par une insalubrité dangereuse. La *fièvre jaune* règne dans cette région qu'on appelle les *terres chaudes*.

2° Les gradins entre 800 et 1.800 mètres sont couverts de plantations de café; on y cultive les fruits du Midi de l'Europe comme l'orange; les forêts de pins et de sapins commencent à y apparaître; c'est ce qu'on appelle les *terres tempérées*, la partie la plus riante, mais aussi la *plus restreinte* du Mexique habité.

Plus haut on débouche sur les plateaux cultivés des terres *fraîches* décrites ci-dessus.

C) Le *sud du Mexique* ne participe plus du relief de l'Amérique du Nord, mais de celui de l'Amérique centrale. Il est formé de *massifs* orientés à peu près d'une mer à l'autre et séparés par de profondes dépressions où coulent les seules rivières importantes du Mexique alimentées par les pluies tropicales.

La principale dépression est l'*isthme de Tehuantepec*, avec 220 kilomètres de large et 210 mètres de haut.

Le Yucatan. — La bosse du Yucatan qui s'approche à 200 kilomètres de Cuba et se continue vers cette île par un seuil sous-marin est un plateau calcaire, massif, haut de 30 à 200 mètres ; on l'a comparé à une immense *dalle;* l'eau y disparaît dans les fissures du sol, le pays est monotone, sec, couvert de brousse et peu peuplé. C'est la région où l'on cultive l'*agave textile* ou sisal, sorte d'aloès dont les fibres sont exportées en quantités.

Population. — Le Mexique compte environ 14 millions d'habitants, soit 6 au kilomètre carré, à peu près moitié moins que les États-Unis, mais beaucoup plus que le Canada. Plus de la moitié de cette population occupe la région des terres fraîches et des terres tempérées, où la moyenne est de 30 au kilomètre carré.

Avec le Mexique, commencent en Amérique *les régions où les Peaux-Rouges forment la majorité* de la population. Leurs descendants, purs ou métissés, constituent en effet les quatre cinquièmes des habitants du Mexique.

Ils descendent en grande partie d'Indiens relativement civilisés qui avaient formé de grands États dans la partie habitable des hautes terres et que les Espagnols réduisirent en servage après avoir pris leur territoire.

Quelques groupes d'Indiens nomades vivant de chasse et de pillage errent dans les parties reculées du désert nord et dans le Yucatan. Ce sont *les derniers sauvages* non soumis de l'Amérique du Nord. Parmi ceux du désert, se trouvent les débris des célèbres Apaches.

Le Mexique, conquis par les Espagnols en 1521, resta pendant trois cents ans sous leur domination. Il se révolta en 1821 et devint une République indépendante, qui est organisée en États-Unis sur le modèle de sa voisine.

Agriculture. — Le nord du Mexique pratique dans les steppes l'élevage en liberté : bœufs, chevaux et moutons y ont été introduits par les propriétaires espagnols. C'est d'eux qu'est venu l'exemple suivi avec beaucoup plus de succès par des éleveurs américains et canadiens (p. 314 et 332).

Le Mexique ne fournit guère qu'à sa consommation ; la seule exportation importante des produits du bétail est celle des *peaux*, qu'il envoie aux États-Unis et en Europe.

PLANTATION DE CAFÉ A LA VERA-CRUZ (MEXIQUE)

Dans les terres chaudes de la côte atlantique (p. 352). Les arbres à larges feuilles du premier plan sont des bananiers.

La grande culture est celle du *maïs*, blé de l'Amérique tropicale. Le peuple mange en guise de pain des crêpes de maïs. Le maïs est presque entièrement consommé dans le pays.

Une autre culture pour l'usage local faite sur les terres froides, c'est une variété d'agave dont la sève est recueillie et sert à faire une boisson fermentée appelée *pulqué*, dont les Mexicains font une grande consommation.

Une variété d'agave, appelée *sisal*, fournit une fibre textile qui est l'un des deux grands produits végétaux d'exportation : 70 millions par an. Le café, planté sur les pentes des terres chaudes, tient le second rang, mais de loin.

Le *coton* est cultivé dans les oasis et sur la côte, depuis une époque antérieure à l'arrivée des Européens.

Mines. — Les mines d'argent du Mexique ont été découvertes et exploitées dès les premiers temps de la domination espagnole. Elles continuent à fournir la principale ressource du pays. Les Américains ont augmenté le rendement en découvrant et exploitant des gisements de *minerais complexes* (p. 344) faisant suite aux leurs. Ils ont aussi construit dans les villes du Nord d'énormes *fours de fusion*.

Le Mexique est le *premier pays du monde pour l'argent*, dont il fournit la valeur de 220 millions de francs par an.

Il a conquis, depuis quelques années, le *cinquième* rang pour l'*or* avec une production de 92 millions.

Enfin, pour le *cuivre*, si recherché aujourd'hui, il vient le *second* après les États-Unis, avec 60 millions de francs par an.

Voies de communication et commerce. — Le Mexique possède près de 20.000 kilomètres de chemins de fer. Mexico est rattaché aux États-Unis et relié aux deux Océans par plusieurs lignes. Ces voies appartiennent à des *étrangers*, principalement à des Américains.

Le Mexique n'a presque pas de marine de commerce. Son commerce extérieur est fait par des étrangers. Ses échanges, *peu actifs* par rapport à ceux du Canada et des États-Unis, ne représentent guère qu'un milliard par an.

A l'exportation, le premier rang est pris par les métaux et minerais; à l'importation, par les produits manufacturés. Plus des trois quarts des échanges se font avec les États-Unis, ensuite vient, très loin, la Grande-Bretagne. L'Allemagne dispute le troisième rang à la France.

La France tient pourtant une place dans la vie économique de ce pays : 5.000 Français y habitent ; parmi eux, figure un groupe important d'originaires de la région de Barcelonnette, qui tiennent tout le commerce des étoffes et qui ont fondé les premiers des filatures de coton. D'autre part, les capitalistes et les ingénieurs français tiennent dans l'exploitation des mines un rang honorable après les Américains du Nord.

CHAPITRE V

AMÉRIQUE CENTRALE ET ANTILLES

1. — AMÉRIQUE CENTRALE

Relief. — L'Amérique Centrale comprend une série de
massifs qui s'élèvent jusqu'à 3.500 mètres; comme le Yucatan (p. 353), ils se relient sous les flots aux hauteurs des Antilles. Des dépressions, semblables à l'isthme de Tehuantepec
(p. 353), les séparent les uns des autres : la principale est
celle de l'isthme de Nicaragua qui est en partie occupé par
deux lacs importants et qui permet d'aller d'un océan à
l'autre sans s'élever à 50 mètres de haut.

L'Amérique Centrale se relie à l'Amérique du Sud par
l'isthme de Panama, long à peu près comme de Paris à
Brest; sa partie la moins épaisse n'a que 70 kilomètres de
large et 101 mètres au point culminant.

Dans l'Amérique Centrale, le nombre des *volcans* s'élève
à 80; on les trouve principalement sur le versant Pacifique.
Les tremblements de terre sont fréquents et violents; depuis
la conquête espagnole, la capitale du Guatemala a été trois
fois déplacée après destruction.

Climat. — L'Amérique Centrale se trouve sous la latitude
de la Cochinchine.

Son versant Pacifique, où se continue la sécheresse du
littoral mexicain, porte les principales villes.

Son versant Atlantique reçoit d'abondantes pluies tropicales qui entretiennent des forêts d'acajou et de caoutchouc ; mais il est insalubre comme les *terres chaudes* mexicaines

CHEMIN DE MONTAGNE AU GUATEMALA

Dans la montée des terres chaudes aux terres fraîches. Parois escarpées, recouvertes d'une végétation tropicale. Les transports se font à dos d'homme ; on emploie aussi les mules et les chevaux.

(p. 352) dont il forme la continuation et il reste peu peuplé. Comme au Mexique, on trouve s'étageant sur les hauteurs de l'intérieur des *terres tempérées* et au-dessus d'elles des *terres fraîches*.

Population et divisions. — La population se compose presque *entièrement d'Indiens* dont les ancêtres formaient avant la conquête espagnole des États relativement civilisés, analogues à ceux de l'ancien Mexique.

On compte en tout 3 millions d'habitants très inégalement répartis, 40 au kilomètre carré sur la côte Pacifique, 3 dans l'intérieur, moins encore sur la côte Atlantique.

Ces régions (sauf le Honduras britannique et Panama) se rattachèrent au Mexique jusqu'en 1824. Elles se fragmentent en six petites républiques et une colonie anglaise.

1° Le *Guatemala*, un quart de la France, 12 habitants au kilomètre carré, s'étend surtout sur le versant Pacifique.

2° Le Honduras britannique, sur la côte Atlantique, est une *colonie* forestière très peu peuplée, où les Anglais viennent chercher l'acajou et le caoutchouc;

3° La république de *Honduras*, surtout Atlantique, mesure la même superficie que le Guatemala, mais ne compte que 4 habitants au kilomètre carré.

4° Le *Salvador*, exclusivement Pacifique, le plus petit mais le plus peuplé, est grand comme trois départements, avec 43 habitants au kilomètre carré;

5° Le *Nicaragua*, sur les deux Océans, se compare au Honduras pour la superficie et la population;

6° Le *Costa-Rica*, sur les deux Océans, occupe une superficie égale à un dixième de la France, avec 6 habitants au kilomètre carré;

7° Un nouvel État, la *République de Panama*, s'est détaché de la Colombie (Amérique du Sud) en 1903. Elle a une superficie comparable à celle de l'Écosse, avec 5 habitants au kilomètre carré; un dixième sont des *nègres* des Antilles.

Ressources. — Le café, acheté par les Allemands, forme le principal produit d'exportation du Guatemala, du Salvador, du Nicaragua, les bananes et fruits frais pour les États-Unis, celui de Honduras, Costa-Rica, Panama.

Viennent ensuite, parmi les produits agricoles, les peaux provenant d'un élevage en liberté à la mode mexicaine (p. 354), puis le cacao, le caoutchouc et les bois d'ébénisterie qui annoncent l'Amérique du Sud.

Des mines d'argent et d'or sont exploitées par des Amé-

PAYSAGE DANS LES MONTAGNES DU GUATEMALA

Terres tempérées. L'horizon est fermé par une ligne de hauteurs couronnées de forêts. Sur les versants, les habitations, toutes pareilles avec leur toit à forte pente, à cause des pluies tropicales, se disséminent parmi les arbres.

ricains du Nord dans le centre, Honduras, Salvador, Nicaragua, Costa-Rica.

Le canal de Panama. — Une Compagnie d'actionnaires formée en France par de Lesseps, créateur du canal de Suez, réunit les fonds pour percer le canal de Panama; elle échoua (1883-1888).

Le gouvernement des États-Unis a racheté ses droits : pour les faire valoir, il a traité avec la petite république de Panama qui s'est séparée juste à point de la Colombie. La nouvelle république a cédé aux États-Unis une bande de 16 kilomètres sur toute la longueur du canal, et le droit de fortifier le canal, plus quatre îles dans la baie de Panama avec le droit d'y installer un port. Le gouvernement des États-Unis procède à l'achèvement du canal.

Ce travail a pour lui une importance commerciale parce qu'il permettra les échanges par mer entre la Californie et les grandes villes de la région de New-York, et une importance militaire parce qu'il rendra plus aisée et plus rapide la concentration des escadres américaines des deux Océans.

II. — ANTILLES

Description physique. — Les Antilles comprennent une série d'îles formant une chaîne depuis la Floride et le Yucatan au Nord-Ouest jusqu'au Venezuela. Leur superficie totale est un peu *moins de la moitié de celle de la France*. Elles se divisent en Grandes Antilles et en Petites Antilles, parmi lesquelles sont comprises la Guadeloupe et la Martinique.

Les Antilles sont des îles *montagneuses* et *volcaniques* dont les terrains ressemblent à ceux du Mexique et de l'Amérique Centrale et de la Colombie, auxquelles ils sont réunis par des *seuils sous-marins*.

Elles renferment encore plusieurs volcans en activité; l'un d'entre eux, la montagne Pelée, dans l'île de la Martinique, eut, en 1902, une éruption de gaz brûlants qui détruisit une ville et tua 28.000 personnes.

Le point le plus élevé, dans l'île de Haïti, l'une des Grandes Antilles, dépasse 3.100 mètres.

Les Antilles se trouvent dans la région des *coraux*, dont les récifs se prolongent jusque sur les côtes de Floride.

Climat. — Les Antilles se trouvent dans la région des abondantes pluies d'été particulières aux régions tropicales. Elles ne connaissent pas d'hiver. Les parties basses y sont malsaines et désolées par la fièvre jaune comme les « terres chaudes » mexicaines, mais les terres hautes qui forment la majeure partie de la superficie sont agréables à habiter et se prêtent à la colonisation. *Au-dessus de 500 mètres*, on trouve le climat des terres tempérées mexicaines (p. 352).

Aux changements de saisons, les côtes sont ravagées par de redoutables *ouragans*. Le mot d'ouragan est un terme de l'ancienne langue indigène adopté par les navigateurs pour désigner les cyclones si fréquents sur ces côtes.

Colonisation et population. — Les Antilles ont été les premières terres découvertes par Christophe Colomb en 1492. Les Grandes Antilles furent annexées et colonisées par les Espagnols, qui les ont perdues l'une après l'autre, les deux dernières, Cuba et Porto-Rico, en 1898.

Les Hollandais, les Français et les Anglais se disputèrent les Petites Antilles pendant tout le xviie siècle et le xviiie siècle et les derniers finirent par en garder la plus grande partie; ils avaient enlevé une Grande Antille, la Jamaïque, aux Espagnols dès 1655; c'est la plus ancienne de leurs colonies *sucrières*, aujourd'hui nombreuses.

Les indigènes qui habitaient les Antilles ont été presque complètement exterminés sous la domination espagnole. Pour les remplacer, les Européens introduisirent des esclaves noirs d'Afrique; les noirs ont été affranchis en 1834 dans les colonies anglaises; en 1848, dans les colonies françaises; en 1886 seulement, à Cuba, alors colonie espagnole.

Les *noirs* forment aujourd'hui la *grande majorité* de la population des Antilles; ainsi la Jamaïque comprend à peine 3 p. 100 de blancs, l'ensemble des Antilles environ 15 p. 100; c'est la partie la plus noire de la zone noire américaine (p. 328) où les Africains ont remplacé la population indigène sous le régime des traitants et planteurs blancs.

La population est en général, sauf à Cuba et à Haïti, la plus dense de toute l'Amérique; elle est *plus dense* même qu'en Europe. La petite île de la Barbade, avec le principal port des petites Antilles anglaises, groupe plus de 350 habitants au kilomètre carré.

Les Antilles comprennent aujourd'hui trois républiques, l'une à Cuba, les deux autres à Haïti et Saint-Domingue, et plusieurs groupes de colonies.

Cuba. — Cuba, la plus grande Antille, est étendue à peu près comme un tiers de la France. Montagneuse, couverte de forêts, elle ne renferme qu'une faible population, à peine 2 millions d'habitants, dont un quart habite des villes côtières. La capitale, La Havane, la plus grande et la plus belle ville des Antilles, renferme près de 300.000 habitants.

Jadis colonie espagnole, Cuba s'est plusieurs fois révoltée contre ses anciens maîtres. La dernière rébellion a été appuyée par les États-Unis qui firent à l'Espagne une guerre après laquelle Cuba devint une île indépendante, conservant l'espagnol comme langue (1898).

Les plantations de canne et les fabriques de *sucre* sont la principale richesse de l'île; elles se développent en raison de la clientèle importante que fournissent les États-Unis. Cuba fournit une des plus *grosses récoltes de sucre* du monde. Elle exporte pour plus de 350 millions de sucre par an, plus du double de ce que fournissent les États-Unis, tant de la betterave que de la canne.

La seconde production est le tabac que Cuba travaille et transforme en cigares; la production est égale aux 2/5 de celle des États-Unis; l'exportation, qui se fait dans le monde entier, vaut 160 millions de francs.

Saint-Domingue. — Haïti ou Saint-Domingue, la seconde des Antilles en étendue, ressemble beaucoup à Cuba par ses montagnes et par ses forêts. Elle fut autrefois partagée entre les Français et les Espagnols qui y cultivaient la canne avec des esclaves noirs. Les nègres se révoltèrent à l'époque de la Révolution française; ils formèrent deux républiques indépendantes qui existent encore aujourd'hui.

L'une, appelée *Haïti* et grande comme la Belgique, renferme près de 1 million d'habitants *parlant français;* c'est un des pays de langue française hors de France.

L'autre, appelée *Saint-Domingue,* grande comme la Suisse, renferme 400.000 habitants et parle espagnol.

Ces deux républiques noires sont troublées par des guerres continuelles; bien qu'elles possèdent les mêmes avantages que les autres Antilles, elles sont beaucoup moins développées et moins prospères.

Porto-Rico. — Porto-Rico, grande à peu près comme la Corse, est la Grande Antille la plus peuplée avec 1 million d'habitants. Son nom signifie « port riche ». On l'appelle encore la « perle des Antilles ».

Ancienne colonie espagnole, Porto-Rico a été enlevée à l'Espagne après la guerre de Cuba en 1898; les *États-Unis* en ont fait une de leurs *colonies.*

La principale production est encore ici *le sucre;* les plantations de canne ont doublé d'importance depuis l'annexion. Elles représentent 60 p. 100 de la superficie cultivée. Celles de café, qui représentaient 70 p. 100 au temps de la domination espagnole, sont tombées à 20 p. 100 ; elles ne fournissent plus que la seconde exportation.

Antilles anglaises. — Les Antilles anglaises représentent six groupes de colonies : la plus grande, la *Jamaïque*, est un

UNE FABRIQUE DE SUCRE A LA TRINITÉ (ANTILLES ANGLAISES)

La Trinité est l'une des petites Antilles anglaises. La culture de la canne et la fabrication du sucre y étaient assurées par des noirs ; depuis l'émancipation des esclaves, de plus en plus, le travail est fait par des Hindous (86.000 sur 255.000 hab.).

peu plus étendue que la Corse et possède près de 800.000 habitants. L'ensemble représente 28.000 kilomètres carrés avec un peu plus de 2 millions d'habitants.

La plantation de la canne et la fabrication du sucre faisaient autrefois la richesse de ces îles qui en alimentaient la Grande-Bretagne. Aujourd'hui, la mère-patrie reçoit sans droits d'entrée les sucres de betterave européens qui se vendent *moins cher* que les sucres de canne antillais.

D'autre part, la suppression de l'esclavage fait que la main-d'œuvre coûte plus cher; à la place des noirs qui n'aiment pas le travail, les colonies anglaises font venir des *Hindous*.

Les planteurs des Antilles anglaises cherchent à remplacer le sucre par d'autres cultures, notamment celle des *fruits tropicaux* qui se vendent en quantité aux États-Unis. En conséquence, leur *commerce* se fait de moins en moins avec l'Angleterre et de *plus en plus* avec les *États-Unis*.

Antilles françaises. — La France possédait au xviie siècle une importante partie des Antilles; depuis 1815, il ne lui reste plus que deux colonies :

1° La *Guadeloupe*, chef-lieu la *Basse-Terre*, est la plus grande, avec 1.600 kilomètres carrés, l'étendue d'un arrondissement français; elle comprend en réalité deux îles séparées par un étroit bras de mer; elle compte en outre trois petites dépendances voisines; enfin, à elle se rattachent l'île de Saint-Barthélemy et la moitié de celle de Saint-Martin, partagée entre la France et la Hollande;

2° La *Martinique*, chef-lieu *Fort-de-France*, est la plus petite, avec moins de 1.000 kilomètres carrés.

Ces deux îles sont volcaniques (p. 360) et élevées; le volcan le plus haut, à la Guadeloupe, atteint une altitude de près de 1.500 mètres.

La population y est dense; la Guadeloupe compte 107 habitants au kilomètre carré, la Martinique 185. La grande majorité se compose de noirs et mulâtres descendant des anciens esclaves amenés d'Afrique.

Dans les deux îles, la principale culture est celle de la canne à sucre, la principale industrie la fabrication du sucre et du rhum. Les Antilles souffrent de la *crise sucrière*.

Elles auraient besoin d'introduire de nouvelles cultures, mais les capitaux manquent à leurs habitants. Il leur faudrait aussi des routes, des chemins de fer, des travaux publics, mais leur budget est en déficit, surtout à la Guadeloupe.

Leur situation actuelle n'est pas brillante. Leur commerce décroît depuis la crise.

CHAPITRE VI

L'AMÉRIQUE DU SUD. — DESCRIPTION PHYSIQUE

Situation et dimensions. — Relief.
I. — Les Andes : Partie tropicale. — Hauts plateaux du Pérou et de la Bolivie. — Les Andes du Chili.
II. — Les plaines intérieures : Savanes de l'Orénoque. — Les forêts et l'Amazone. — La Pampa. — Le Rio de la Plata. — La Patagonie.
III. — Les Plateaux de l'Est : Plateau des Guyanes. — Plateaux brésiliens.

Situation et dimensions. — L'Amérique du Sud mesure environ 18 millions de kilomètres carrés, moins que celle du Nord, un peu moins de *deux fois l'Europe.*

Elle est, elle aussi, massive, mais avec une forme allongée vers le Sud. Dans sa partie renflée, au Brésil, elle s'approche à 2.800 kilomètres du Sénégal; là, elle est moins loin de Dakar (Sénégal), que de New-York.

Elle est coupée par l'équateur et la plus grande partie de ses territoires se trouvent dans les deux zones tropicales nord et sud ; elle est donc placée à peu près comme l'Afrique, mais sensiblement plus au Sud. Sa partie *nord* en effet est à peu près à la *latitude du Sénégal;* la pointe *méridionale* de la Terre de Feu qui la termine au Sud s'éloigne beaucoup plus de l'équateur que la pointe de l'Afrique et même celle de la Tasmanie ; elle finit sous un parallèle correspondant à celui d'*Édimbourg.*

Relief. — Le relief de l'Amérique du Sud présente quelque ressemblance avec celui de l'Amérique du Nord.

A l'Ouest, parallèles au Pacifique, du Nord au Sud, de hautes chaînes encadrent des plateaux très élevés.

Dans la région centrale, des bouches de l'Orénoque à celles du Rio de la Plata, s'étendent de grandes plaines basses.

Plus courte, bornée à la partie renflée de l'Est, vient la zone des plateaux : 1° des Guyanes ; 2° du Brésil.

I. — LES ANDES

Partie tropicale. — Dans la Colombie, les Andes sont formées par trois grandes chaînes, longues chacune d'un millier de kilomètres et très hautes que séparent des vallées suivies par des fleuves abondants qui se jettent dans l'Atlantique. La montagne la plus élevée est un volcan qui s'élève à près de 5.600 mètres. Les neiges éternelles abondent dans cette région et descendent jusqu'à 4.500 mètres. Les montagnes, en partie couvertes de forêts où l'on trouve le quinquina et le caoutchouc, sont d'un accès difficile ; les vallées sont brûlantes et malsaines.

La capitale, Bogota, se trouve sur un plateau à 2.500 mètres.

Au Sud, dans l'Équateur, les chaînes se soudent et font place à un seul plateau parallèle à la côte et encadré de montagnes dont les plus élevées sont deux volcans qui dépassent 6.000 mètres.

Quito, la capitale, est bâtie sur ce plateau, à 2.850 mètres. Plus encore que Mexico (p. 352), elle jouit d'une température à la fois ensoleillée et fraîche, toujours égale, que les habitants dénomment un « printemps perpétuel ». De nombreux sommets portent des neiges éternelles dues aux pluies équatoriales ; des fleuves abondants descendent rapidement du plateau vers l'océan Pacifique.

Hauts plateaux du Pérou et de la Bolivie. — A partir du Pérou, c'est-à-dire à peu près à la latitude de l'embouchure du Congo en Afrique, la côte Pacifique devient plus sèche encore que celle du Mexique et sur une longueur plus grande que celle de la côte du Sud-Ouest africain. Ce caractère est dû, comme en Afrique, aux courants froids venus du pôle sud. L'évaporation de la mer n'est pas assez forte pour fournir des nuages, elle ne donne que des brouillards.

Le littoral du Pérou et du nord du Chili, sur une longueur de 2.500 kilomètres, est un *désert* absolu ; de longues années se succèdent sans qu'il reçoive une seule averse.

Sur ces terres que ne lave pas la pluie se sont accumulés des dépôts de guano laissé par les oiseaux de mer, de salpêtre, de nitrate, de borax, d'origine minérale qui sont sans égaux dans le reste du monde.

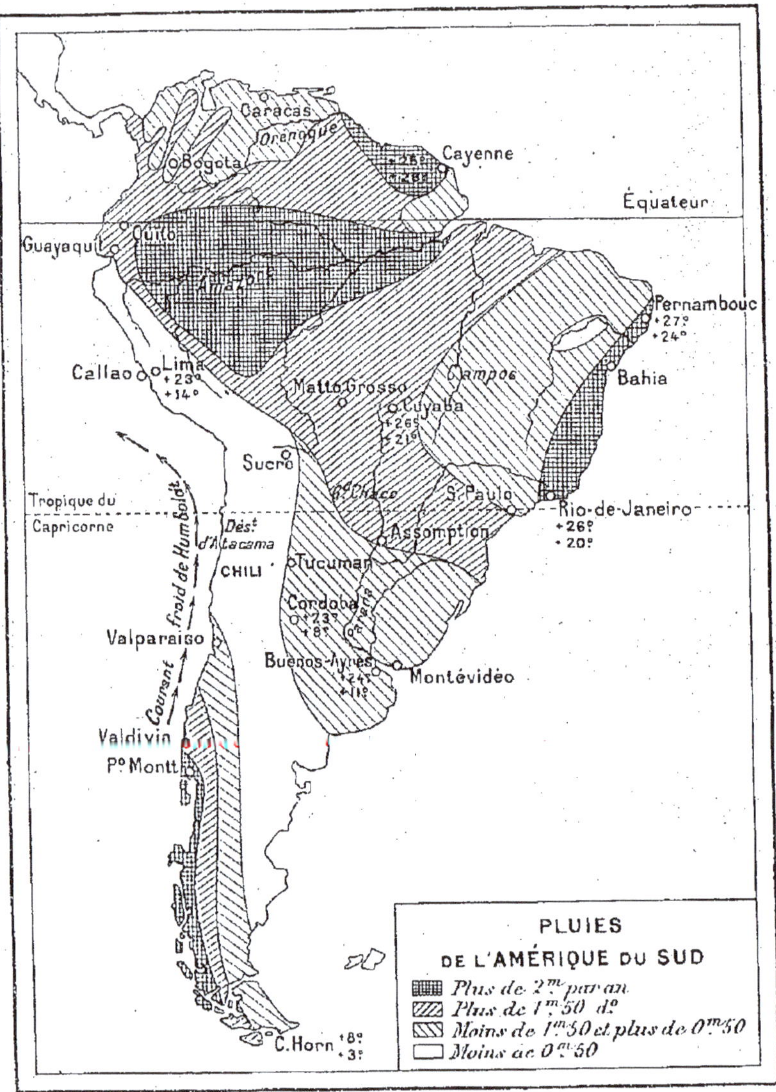

Pluies abondantes de la région équatoriale (Guyanes, Brésil), et de la bande côtière du Chili méridional comparable par les pluies, la latitude, le relief, les fiords au littoral Pacifique N.-O (p. 333). Large zone sèche entre les deux, du Pérou à la Patagonie.
Les chiffres désignent, en degrés centigrades, le premier la température moyenne de janvier, le second la température moyenne de juillet.

Dans toute cette région, la chaîne ou Cordillère volcanique se continue, parallèle à la côte avec une hauteur de 3.000 mètres environ, souvent plus.

Quand on l'a escaladée, on trouve de *grands plateaux*, froids, nus, battus par le vent, où la seule végétation se compose d'herbes et où la roche apparaît souvent sans vêtement. Ils sont hauts de 3.500 à 5.000 mètres ; ils prennent une largeur qu'ils n'avaient pas dans l'Équateur. Sur les confins du Pérou et de la Bolivie, un bassin du plateau est occupé par le lac Titicaca, le plus étendu de l'Amérique du Sud : il mesure près de neuf fois la superficie du lac de Genève. Le plateau de Bolivie possède le centre d'habitation le plus haut du monde, autour d'une mine exploitée à 5.000 mètres. Plusieurs villes, dont la capitale, sont au-dessus de 3.600 mètres.

A l'Est, le plateau est bordé par la grande *Cordillère*, la plus haute, portant des sommets qui dépassent 6.500 mètres. pour la plupart volcaniques. Elle tombe rapidement vers les plaines intérieures ; de ce côté ses versants sont arrosés, la forêt les couvre et l'on a ce spectacle curieux d'un rebord intérieur humide et boisé, tandis que le rebord océanique reste sec et nu.

Rien ne montre mieux la différence entre le climat Atlantique et le climat Pacifique dans l'Amérique tropicale.

Les Andes du Chili. — Au sud du plateau bolivien, les montagnes se resserrent et forment comme une grande barrière continue massive, mais qui ne s'élargit plus en plateaux intérieurs. Là se trouve, à l'est de Valparaiso, *le plus haut sommet des deux Amériques*, le volcan Aconcagua, haut de 6.970 mètres. A son pied, passe le col de la Cumbre, à 3.600 mètres de haut, qu'emprunte *la voie ferrée de Buenos-Aires à Valparaiso*.

La hauteur moyenne des montagnes est de 4.500 mètres ; aucun col ne descend au-dessous de 2.200.

Presque sans neige et sans forêt, à cause de la sécheresse, ces montagnes ressemblent à d'immenses vagues de rochers.

Entre elles et la côte se trouvent, à peu près à la même latitude que la *Californie américaine*, des vallées et des plaines qui ont un climat analogue, des productions semblables et qui renferment la partie peuplée du Chili.

L'analogie avec la côte Pacifique de l'Amérique du Nord se continue plus au Sud, où la côte est découpée en iles rocheuses et en fiords comme ceux de l'Alaska. Les montagnes s'y couvrent de forêts ; elles se couronnent de *neiges perpétuelles*, dont la limite inférieure tombe en Terre de Feu, sous la latitude de l'Écosse, à 1.500 mètres seulement. De grands glaciers descendent jusqu'à la mer à partir d'une latitude qui correspond à celle de Nantes.

Toute cette côte doit à son *humidité* et à sa hauteur une fraîcheur excessive ; le nom de *Terre de Feu* qui est donné à l'île sud, fait allusion aux volcans, et nullement à la température. Cette île en effet, n'a *pas un mois sans neige*.

La Terre de Feu est séparée du continent par le détroit de Magellan, long de 600 kilomètres, bordé de hautes falaises, étroit et difficile.

II. — LES PLAINES INTÉRIEURES

Les plaines intérieures couvrent une superficie vingt fois égale à celle de la France ; elles sont *étranglées* entre les Andes et les plateaux de l'Ouest, en deux endroits, au nord et au sud du bassin de l'Amazone, centre des grandes plaines. Mais nulle part le seuil ne forme barrière continue. Au Nord, un affluent de l'Orénoque *communique* par un chenal naturel avec un affluent de la rive nord de l'Amazone ; un affluent de la rive sud fut jadis par les Portugais *uni* par canal avec une des rivières du bassin du Rio de la Plata.

On pourrait aller par les plaines du Venezuela à l'Argentine *sans monter à 300 mètres* au-dessus de la mer.

Savanes de l'Orénoque. — La partie située entre les Andes et le plateau des Guyanes forme une région peu élevée que les Espagnols ont appelée *Llanos*, c'est-à-dire les plaines. Elle a un climat tropical à deux saisons bien tranchées, l'une sèche, l'autre humide. Sa végétation se compose d'herbe, de broussailles ; les arbres ne se montrent guère qu'en rideaux le long des rivières.

Elle est drainée par un des grands fleuves de l'Amérique du Sud, l'*Orénoque*, dont la longueur atteint 2 fois 1/2 celle de la Loire. Ce fleuve débite de 7 à 14.000 mètres cubes d'eau suivant la saison. Pendant les pluies, la crue la fait monter de 15 mètres ; une grande partie des plaines sont alors noyées. Le fleuve se termine sur la mer par un énorme delta, large de 280 kilomètres, qui s'agrandit rapidement.

Les forêts et l'Amazone. — La partie équatoriale de l'Atlantique jusqu'aux Andes a deux saisons des pluies (*Première Année*, p. 66). Les plaines y reçoivent en moyenne deux mètres de pluie, les montagnes davantage. L'air est si mouillé qu'on ne peut conserver ni sucre ni poudre en dehors de boîtes de métal soudées et fermées.

Cette humidité constante, jointe à la chaleur, entretient dans la région de l'Amazone *la plus grande forêt vierge* de l'univers entier. La région boisée s'étend sur une superficie dix fois plus grande que la France. C'est elle dont nous avons décrit l'aspect dans le *Cours de Première Année*, p. 71. Elle fournit : sur le littoral et au bord des fleuves, le *caoutchouc* et les bois précieux ; dans la partie haute des Andes, le *quinquina*, de l'écorce duquel on extrait la quinine, et la *coca*, que les Indiens mâchent comme excitant et de laquelle on tire la cocaïne.

Le *fleuve des Amazones* mesure 5.800 kilomètres, il descend des Andes, arrive rapidement en plaine et sur ses 4.000 derniers kilomètres n'a que 150 mètres de pente.

A cause de sa situation, allongé dans le sens de l'équateur et tout près de lui, il a été appelé un *équateur visible* ; il reçoit, à gauche, des affluents alimentés par les pluies tropicales nord, qui tombent pendant notre été, à droite des affluents alimentés par les pluies tropicales sud, qui tombent pendant notre hiver. Plusieurs ont la taille du Danube et du Rhin. Le *Madeira*, ou rivière du bois, le principal, a celle de la Volga, le plus grand fleuve d'Europe.

L'Amazone est le plus *abondant des fleuves du globe*. Il mesure, dans la dernière partie de son cours, 10 kilomètres de large ; dans les crues, il en atteint au moins 60, et par endroits il forme d'énormes lacs temporaires. Il débite en moyenne 120.000 mètres cubes. Il se jette dans la mer par un immense estuaire ; le volume d'eau qu'il verse à l'Océan est tel que la salure en est diminuée jusqu'à 400 kilomètres au large.

L'Amazone et ses affluents forment le *plus bel ensemble de voies navigables* du monde, 50.000 kilomètres, dont 10.000 parcourus par des services réguliers à vapeur.

La Pampa. — Au sud et à l'est du bassin de l'Amazone, le climat à deux saisons tranchées reparaît et les plaines reprennent le même aspect de savanes qu'au bord septentrional de l'immense forêt.

Telle est la région de l'État du Paraguay. On y trouve le *maté*, dont on emploie les feuilles en infusion comme celles du thé; on y cultive par endroits la canne à sucre.

Plus au Sud, entre cette région et l'embouchure du Rio de la Plata, s'étend la grande plaine plate de la *Pampa*, sans montagnes, sans arbres, battue par des vents violents, mais couverte d'un limon fertile, propre à l'élevage et à la culture. Elle occupe plus de trois fois la superficie de la France et appartient à la République Argentine.

Le Rio de la Plata. — Le Rio de la Plata est un grand estuaire, au fond duquel se réunissent deux fleuves, l'*Uruguay*, qui donne son nom à l'une des Républiques, et le *Parana*, long de 4.700 kilomètres.

Sur la partie large de l'estuaire, se trouvent, à 300 kilomètres vis à vis l'un de l'autre, deux grands ports, Buenos-Ayres, capitale de l'Argentine; Montevideo, capitale de l'Uruguay. Les alluvions rendaient difficile leur accès, qu'on améliore par des travaux et des dragages.

Le Parana et, en amont, son principal affluent, le *Paraguay*, qui donne son nom à une autre République, sont *navigables* du Sud au Nord sur une longueur de 3.200 kilomètres; ils sont desservis par des *bateaux à vapeur*; le point terminus se trouve en territoire brésilien. C'est le plus beau réseau fluvial navigable du monde, avec celui de l'Amazone.

Au fond de l'estuaire débouchent, en saison sèche, 19.000 mètres cubes, en saison de pluies, 43.000. Le Rio de la Plata est le troisième fleuve du monde, après les deux fleuves équatoriaux, Amazone et Congo.

La Patagonie. — Au Sud, la Patagonie est une région accidentée qui s'étend de la côte Atlantique aux Andes et s'al-

longe au Sud jusqu'à la *Terre de Feu :* elle a un climat frais
et un hiver rude; c'est surtout un pays d'élevage.

III. — LES PLATEAUX DE L'EST

Plateau des Guyanes. — Le Plateau des Guyanes s'étend
entre l'Orénoque et les bouches de l'Amazone; il occupe
donc l'est du Venezuela, les trois colonies guyanaises et le
Brésil nord-ouest, en tout *deux fois* la superficie de *la
France.* Il s'élève à plus de 2.000 mètres au Venezuela,
à 800 seulement dans les colonies. Il est en grande partie
couvert par la forêt vierge amazonienne (p. 370).

Plateaux brésiliens. — Les Plateaux brésiliens donnent
naissance aux affluents sud de l'Amazone et à la plupart des
rivières qui forment le Rio de la Plata. Ils couvrent un
espace *sept fois* grand comme *la France,* avec une altitude
moyenne de 300 à 1.000 mètres. Leurs versants s'abaissent
en pente douce vers l'intérieur et vers le littoral nord; sur
la côte sud-est, au contraire, ils se terminent par une
bordure à pic, les *Sierras,* dont le *point culminant* s'élève
à 2.712 mètres, près de Rio de Janeiro.

La baie de Rio de Janeiro, dans une échancrure de ces
montagnes, forme une magnifique rade fermée, à peu près
aussi étendue que le département de la Seine.

La côte est bordée de palmiers. Le versant océanique des
Sierras, qui reçoit 2 mètres de *pluies* par an, se pare de
forêts touffues. Les plateaux, à chaque saison sèche, offrent
de grandes étendues de *brousse* comparable à celle du Soudan et, par endroits, de forêts peu serrées.

CHAPITRE VII

ÉTATS DE L'AMÉRIQUE DU SUD

I. — LES GUYANES

La **Guyane française** occupe une superficie de 77.000 kilomètres carrés, égale aux quatre cinquièmes de la Tunisie.

Placée sous le climat *équatorial*, elle se trouve dans la grande forêt de l'Amazone (p. 370). Bien que les Français y soient venus dès 1604, ce qui fait d'elle une de nos plus anciennes colonies, elle reste encore à l'état primitif, à cause de son climat chaud et pluvieux de la *forêt vierge* qui la couvre et de la faiblesse de sa population.

On n'y rencontre guère que 30.000 habitants, dont près de la moitié dans la capitale, *Cayenne*, et dans ses environs.

1.500 à peine sont des Indiens Peaux-Rouges, descendant des premiers habitants.

Une grande partie de la population se compose de *noirs*.

La France envoie à la Guyane ses condamnés aux travaux forcés et ses relégués; on en compte en tout 7.000.

La seule industrie importante du pays est l'exploitation de l'*or*, qui fournit une exportation de 12 à 15 millions par an, sans compter ce qui sort en fraude.

Malheureusement, l'extraction est gênée parce que les champs d'or n'ont aucun moyen d'accès. La colonie ne possède pas les ressources qu'il faudrait pour exécuter les travaux publics les plus indispensables et les forçats sont loin d'exécuter la besogne qu'on attendait d'eux, à défaut d'autres ouvriers.

Presque tous les objets d'alimentation viennent de l'extérieur. Ainsi le bétail est importé du Venezuela.

La **Guyane hollandaise**, dont la superficie est supérieure des 2/3, renferme 70.000 habitants, en majorité noirs.

La **Guyane anglaise**, plus grande que les deux autres réunies, compte 280.000 habitants, dont 2.500 Européens ; 100.000 sont des noirs, plus de 100.000 des Indiens.

Les deux Guyanes étrangères, mieux mises en valeur que la nôtre, cultivent la canne et produisent du *sucre* et du rhum, leur principale exportation. L'*or* vient au 2ᵉ rang.

II. — LES PETITES RÉPUBLIQUES ESPAGNOLES

Les États de l'Amérique du Sud sont des Républiques, généralement *fédérales* sur le modèle des États-Unis, semblables à celles du Mexique et de l'Amérique centrale et comme elles formées d'anciennes colonies émancipées.

Leurs caractères communs sont la faiblesse de la population, l'importance des *Indiens* et, dans la zone tropicale, des *nègres*, l'absence de capitaux qui oblige à faire appel aux étrangers.

Leur développement est entravé par les troubles, l'insécurité, l'énormité de la *dette publique*, qui absorbe une partie des ressources des gouvernements et diminue leur crédit.

Néanmoins, l'Amérique latine est en progrès, moins rapides que dans le Nord, mais incontestables.

Le Venezuela mesure près de deux fois l'étendue de la France ; il ne compte que 2 millions 1/2 d'habitants, moins de 3 au kilomètre carré ; 98 p. 100 sont des Indiens ou des *noirs* et métis. La capitale, *Caracas*, à 700 mètres de haut, est unie par une voie ferrée à un port.

Les principales exportations sont le *café* et le *cacao*, les

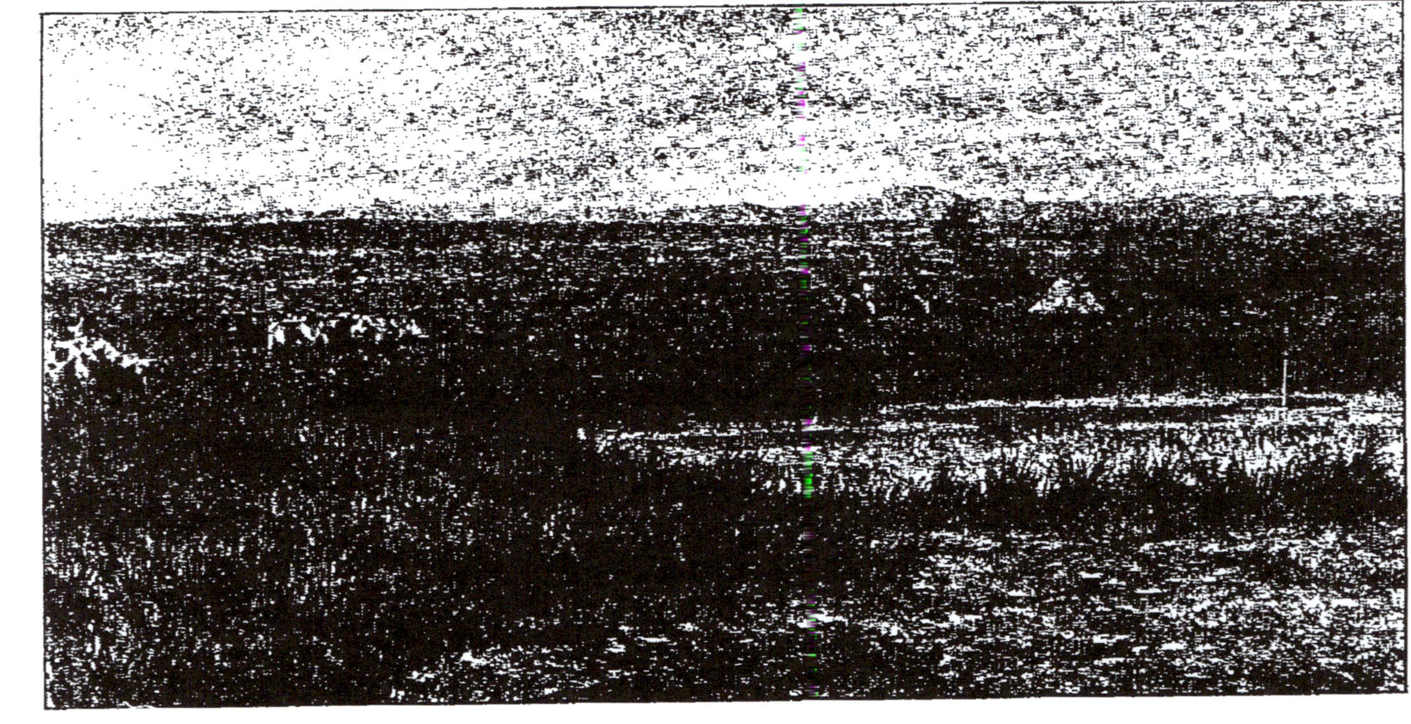

LES LLANOS AU VENEZUELA

Au pied des Andes s'étendent les immenses plaines connues sous le nom de Llanos. Occupant au moins 40 millions d'hectares, ces espaces sont des savanes pendant la saison sèche et se transforment, pendant la saison des pluies, en un véritable lac qui s'étend à perte de vue. L'inondation passée, la plaine se couvre d'herbes hautes et vertes que paissent des troupeaux de bêtes à cornes et de chevaux, gardés par des bergers à cheval.

peaux et le bétail vivant des Llanos, le caoutchouc et l'or des montagnes.

La Colombie a plus de deux fois la superficie de la France; elle ne renferme pas 4 millions d'habitants, moins de 4 au kilomètre carré; la population se compose en grande majorité d'Indiens et de métis; la proportion des noirs est forte. La capitale, *Santa-Fé de Bogota*, se trouve sur un plateau intérieur, à 2.500 mètres de haut.

La Colombie est à la fois *agricole et minière*. Elle exporte surtout du *café*, de l'or et de l'argent.

VÉGÉTATION DÉSERTIQUE DE LA CÔTE DU PÉROU

Sol aride et pierreux souffrant du manque d'eau et qui ne porte que des plantes grasses, comme les cactus cierges ou à raquettes représentés ici.

L'Équateur mesure un peu plus de la moitié de la superficie de la France. Il compte 1 million 1/2 d'habitants, *5 au kilomètre carré*. La grande majorité d'entre eux sont des *Indiens*. La capitale se trouve sur le plateau. C'est *Quito* (p. 366), qu'une voie ferrée relie à un port.

L'Équateur est, dans l'univers, le *premier producteur* du *cacao*, originaire de l'Amérique équatoriale.

Le Pérou mesure plus de trois fois la superficie de la France. Il compte 4 millions 1/2 d'habitants, *moins de 3 au kilomètre carré*: 83 p. 100 sont Indiens ou métis. On y

FORÊT VIERGE DANS LES ANDES DU PÉROU

Versant de l'Amazone. Type de la forêt tropicale humide, avec un sous bois épais et de grands arbres où s'accrochent les lianes. Contraste avec le versant Pacifique.

emploie 50.000 coolies *chinois*. *Lima*, la capitale, se trouve à 14 kilomètres de la mer et à 160 mètres de haut; elle a pour port *Callao*.

Près de la moitié des exportations vient des *mines* qui se trouvent sur le plateau et sont atteintes par deux *chemins de fer*, qui s'élèvent à *plus de* 4.470 mètres.

La Bolivie. — La République de Bolivie, coupée de la mer par le Chili, est réduite au plateau et aux montagnes. Elle a plus de deux fois l'étendue de la France avec 1.856.000 habitants, *3 par 2 kilomètres carrés*. Ils sont *Indiens*. Sa capitale, *La Paz*, se trouve à 3.650 mètres de *haut*.

La Bolivie vit de ses mines d'argent et surtout d'étain, desservies par des voies ferrées de montagnes aussi hardies que celles du Pérou et qui aboutissent à des ports *chiliens*.

L'Uruguay, grand comme la moitié de la France, est le plus petit État de l'Amérique du Sud, mais aussi le plus peuplé, avec 1 million d'habitants, *5 par kq*. Sa capitale, le port de *Montevideo*, en compte 316.000, près d'un tiers.

L'Uruguay reçoit autant d'*immigrants* que l'Argentine, mais beaucoup se dispersent dans toute l'Amérique du Sud ; il lui en reste 10 à 20.000 par an, *Espagnols* et Italiens. Par sa production comme par sa population, il *ressemble* aux parties de l'*Argentine* consacrées à l'élevage. C'est le *premier pays du monde* pour la proportion des *moutons* et du *bétail* par tête d'habitant.

Le Paraguay, éloigné des côtes, n'est relié au monde que par les *bateaux à vapeur* de Buenos-Ayres.

Sa capitale, *Assomption*, est un port fluvial.

Le Paraguay ne compte que 630.000 habitants, *2 par 3 kilomètres carrés*, en majorité Indiens et métis. Son *commerce* est le *plus faible* de l'Amérique du Sud.

III. — LE BRÉSIL

Régions naturelles. — Le Brésil mesure plus de 8 millions de kilomètres carrés, la moitié de l'Amérique du Sud ; il est presque aussi étendu que les États-Unis.

On y distingue, du Nord au Sud : 1° le bassin de l'Ama-

zone, région des forêts et du caoutchouc; 2° les plateaux
intérieurs, région d'élevage ou de mines dont l'exploration
n'est pas encore terminée; 3° le littoral, *la partie peuplée*,
où les habitants se pressent surtout dans la région *la plus
tempérée*, entre Rio de Janeiro et la frontière de l'Uruguay.

Population et immigration. — Le Brésil compte 20 millions d'habitants, soit 5 par 2 kq.; colonisé par les Portugais,
il a conquis l'indépendance en 1823, en même temps que les
anciennes colonies espagnoles, mais sous la forme d'un
empire. L'empereur a été renversé en 1889, et le Brésil
forme une *République fédérale;* sa langue officielle est
restée le portugais.

Le Brésil conserve 1 million 1/2 d'*Indiens* dont la plupart
vivent encore à l'état sauvage dans le bassin de l'Amazone
et sur les plateaux intérieurs.

Près de la moitié de sa population se compose de noirs
et de mulâtres descendant des anciens esclaves. L'esclavage
n'a été supprimé au Brésil qu'en 1888. Le Brésil se trouve
donc à l'extrémité de la *zone noire* que nous avons vu commencer dans le sud des États-Unis (p. 328).

Le Brésil fait les plus grands efforts pour attirer les immigrants européens; il en reçoit près de 100.000 par an.
Jusqu'en 1902, le principal groupe fut formé par des *Italiens*
pauvres que les grands propriétaires faisaient venir pour
travailler à leurs plantations de café; mais l'Italie a arrêté
cette immigration parce qu'elle jugeait que ses nationaux
n'étaient pas traités convenablement au Brésil. Auparavant,
la région des plantations de café avait reçu 1 million 1/2
d'Italiens, dont les 2/3 sont restés dans le pays.

Un autre groupe moins nombreux, mais plus riche,
comprend des *Allemands* qui sont venus de 1824 à 1859,
et se sont installés dans les deux États *les plus tempérés*, à
la frontière de l'Uruguay. Ils ne reçoivent presque plus de
recrues, mais ils dépassent le nombre de 300.000 et, bien
que devenus *citoyens brésiliens,* ils continuent à parler allemand et à entretenir des écoles allemandes.

Le café. — Le café, originaire du vieux monde, est
devenu la grande culture du Brésil depuis 1885. Il couvre
surtout les coteaux et plateaux de la province de Saint-Paul,

au sud de la capitale. Les plantations sont desservies par des chemins de fer aboutissant au port de *Santos*.

Le Brésil fournit les *deux tiers de la récolte* du monde *entier*, pour une valeur de 700 millions de francs environ. Le développement de la production au Brésil fait une con-

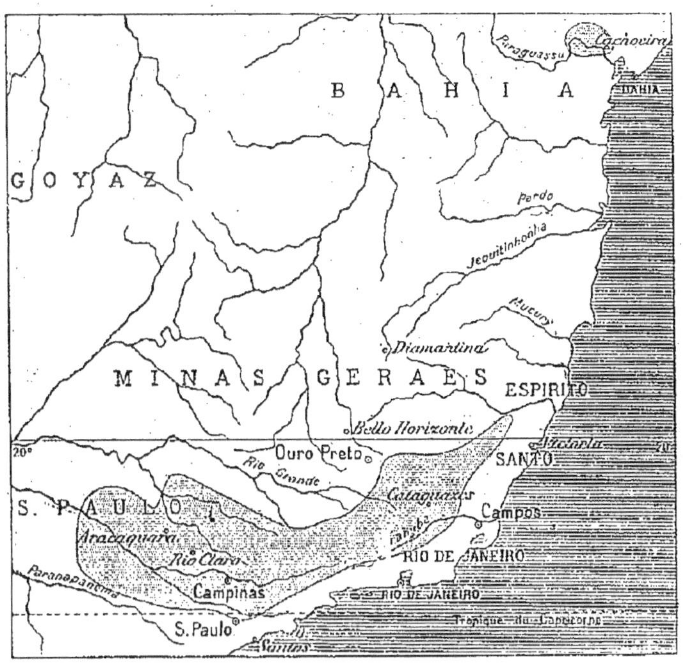

D'après Camona d'Almeida.

RÉGIONS DE CULTURE DU CAFÉ AU BRÉSIL.

Sur le plateau intérieur, entre 500 et 1.000 mètres d'altitude. Plantations dans les États du Nord-Est (Bahia); mais l'État producteur par excellence est Sao-Paulo. La voie ferrée de Santos, port du café, à Saint-Paul s'élève à 800 mètres, celle du littoral à l'État des « Mines générales » (Minas Geraes) à 1.362 mètres. Saint-Paul qui, en 1885, avait 35.000 habitants, en compte aujourd'hui 350.000.

currence terrible aux autres pays à café et a amené une telle *baisse des prix* de gros qu'au Brésil même la superficie en caféiers a diminué, parce que le rendement n'est plus assez rémunérateur.

Le caoutchouc. — La seconde production est le caoutchouc, latex de divers arbres, récolté surtout dans la *forêt de l'Amazone*. Le nom que nous lui donnons vient du mot brésilien *caucho*, qui désigne l'une de ses variétés. Long-temps le Brésil n'a exploité que le caoutchouc sauvage; il le fait toujours, mais il a commencé de recourir aux planta-tions. Pour ce produit encore, il est le *premier pays du monde*, fournissant plus de la moitié de la récolte du globe, pour une valeur de 350 millions de francs.

250.000 personnes sont employées au travail du caout-chouc qui fait vivre toute la population, peu abondante, de l'Amazonie; il ne reste personne pour d'autres travaux et, en pleine forêt, les planches viennent des États-Unis.

Autres produits agricoles. — Le Brésil tropical cultive le *coton* pour le marché intérieur; il exploite des champs de *canne à sucre* qui le mettent au cinquième rang parmi les pays producteurs; pour le *cacao*, il est le second en Amé-rique méridionale, après l'Équateur; il *exporte* une partie de ces deux derniers produits. Il récolte aussi plus de *maté* et de *tabac* qu'il n'en consomme et vend les excédents.

Les régions du plateau et du Sud, peuplées d'Allemands (p. 379), font l'élevage comme l'Uruguay et l'Argentine; elles fournissent de la viande séchée et surtout des peaux, qui constituent la troisième exportation du Brésil.

Les *cultures vivrières* pour la consommation intérieure sont, dans la partie tempérée, le maïs; dans la partie équa-toriale, le manioc, originaire d'Afrique et dont on tire le tapioca; le *riz* a été introduit et réussit sur les côtes.

Partout se cultivent les haricots, principal légume des pays espagnols et portugais. Comme dans ces pays, la classe pauvre ne consomme guère d'autre viande que le porc, le bœuf salé et le poisson séché, surtout la morue.

Sacrifiant tout aux cultures riches pour la vente, le Brésil ne suffit pas à nourrir ses habitants; il achète, surtout en Argentine, des farines et une partie des denrées alimentaires qu'on vient d'indiquer.

Mines et industries. — Sous la domination portugaise, le Brésil produisait principalement les *diamants* et l'*or*. Pour le diamant, le premier rang lui a été enlevé par l'Afrique du Sud; il continue à exploiter des mines d'or et d'autres métaux.

Il est un des grands producteurs de *manganèse* et presque

le seul de sables à *monazite*, utilisée dans les becs Auer pour
l'éclairage au gaz.

Le Brésil possède peu d'industries, sauf le *tissage et la
filature du coton*, pour lesquels il dispute au Canada et au
Mexique le second rang dans les deux Amériques; à l'abri
de tarifs douaniers élevés, il tend à produire toutes les cotonnades nécessaires à ses habitants.

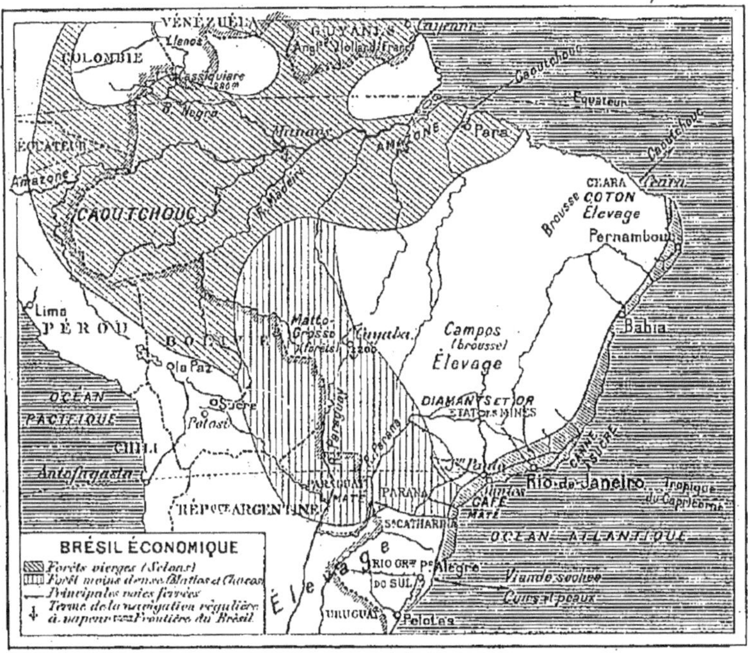

*Forêt tropicale côtière séparée par la brousse de la grande forêt équatoriale. Réseau
de voies ferrées inachevé en tronçons séparés.*
*La production brésilienne peut se répartir en 3 groupes principaux : 1° caoutchouc
et produits forestiers dans les pays amazoniens; 2° café dans la région littorale tropicale; 3° bétail au Sud.*

Commerce. — Le Brésil possède 20.000 kilomètres de
chemins de fer, surtout dans la région côtière de la capitale
et du café.

La plupart d'entre eux appartiennent à des entreprises
anglaises. On en construit des nouveaux pour atteindre les
gisements de l'intérieur.

Le commerce extérieur s'élève à 2 milliards 1/2 ; il vend à peu près deux fois plus qu'il n'achète. Les principaux clients et fournisseurs sont, par ordre, l'Angleterre, acheteuse de caoutchouc, l'Allemagne, acheteuse de café et de tabac, les États-Unis.

La *France* vient au quatrième rang, après l'Argentine. Elle achète surtout du café, elle vend au Brésil surtout des boissons et articles de luxe pour la classe riche ; ses exportations valent un peu plus que ses importations.

IV. — LA RÉPUBLIQUE ARGENTINE

Situation. — La République Argentine est grande 5 fois 1/2 comme la France. On a décrit ses régions naturelles p. 371. Les savanes brûlantes du Nord se trouvent à la latitude du Mexique méridional, les terres froides de la pointe sud à celle du Canada septentrional. La largeur au centre égale celle de New-York à Chicago. La majeure partie du pays occupe la même latitude que les États-Unis et possède un climat sec, avec variations brusques de température, mais sain et permettant la colonisation européenne.

Population et immigration. — L'Argentine renferme 6 millions d'habitants, soit 2 au kilomètre carré, un peu moins que le Brésil. Mais la *proportion des Européens y est infiniment plus forte* que dans les autres États sud-américains.

C'est l'Argentine qui présente les conditions les plus favorables au peuplement. Elle n'attire pourtant guère plus *d'immigrants* que le Brésil, en effet, toutes les bonnes terres appartiennent à de *grands propriétaires*, et le colon pauvre n'y trouve de place que comme ouvrier ou employé. L'Argentine reçoit 50 à 100.000 étrangers par an, dont beaucoup sont des Italiens saisonniers.

Cette nation est pourtant en Amérique du Sud celle qui *doit le plus à l'immigration*. L'Argentine avait très peu d'habitants à l'époque espagnole ; depuis 1850 sa population a *décuplé*. Comme dans l'Ouest américain, elle s'est formée de nouveaux venus. Prennent la tête par le nombre les *Italiens* et les *Espagnols*, tous deux en augmentation ; les Français viennent ensuite ; ce sont surtout des *Basques* dont une partie s'*espagnolise;* il leur arrive moins de recrues qu'autrefois.

La capitale, Buenos-Ayres, renferme plus de 1.100.000 habitants, un sixième environ de la population totale, proportion qui rappelle celle de l'Australie (p. 163). C'est la *plus grande ville de tout le monde espagnol,* Europe comprise.

Élevage. — L'Argentine est le *plus agricole* des grands États latins d'Amérique.

Ses principales ressources dérivèrent longtemps de l'élevage, introduit dans la Pampa par les Espagnols. Les troupeaux des grands propriétaires sont encore aujourd'hui gardés par des gardiens à cheval appelées *gauchos;* mais, repoussés par les progrès de la culture, ils reculent, les bœufs surtout vers les savanes du Nord, les moutons vers les solitudes de la Patagonie.

Enfin, dans la région sèche, au pied des Andes, on cultive la *luzerne* par irrigation et on engraisse des animaux pour les mineurs du Chili.

L'Argentine a disputé à l'Australie le premier rang pour le nombre des *moutons;* elle tient le second avec 67 millions de têtes. Elle est aussi la seconde exportatrice de laines.

L'Argentine possède 29 millions de têtes de *bétail,* ce qui la met pour le nombre après les États-Unis et la Russie, mais pour la proportion par tête d'habitant au premier rang (avec son voisin l'Uruguay).

Elle exporte des peaux, des cornes, de la viande gelée, du beurre réfrigéré; elle cherche à concurrencer pour ces deux derniers articles l'Australie et la Nouvelle-Zélande.

L'Argentine tient encore le premier rang pour le nombre de chevaux par tête d'habitant.

L'exportation des divers produits de l'élevage représente 450 millions de francs par an.

Le blé et les cultures. — L'exportation des produits de la culture vaut plus de 1 milliard. Le blé et la farine à eux seuls y figurent pour 400 millions. L'Argentine cultive en blé autant d'hectares que la France, *deux fois plus que le Canada;* elle pourrait en cultiver quarante fois davantage. Elle exporte la moitié de sa récolte, venant immédiatement après les grands pays fournisseurs de céréales.

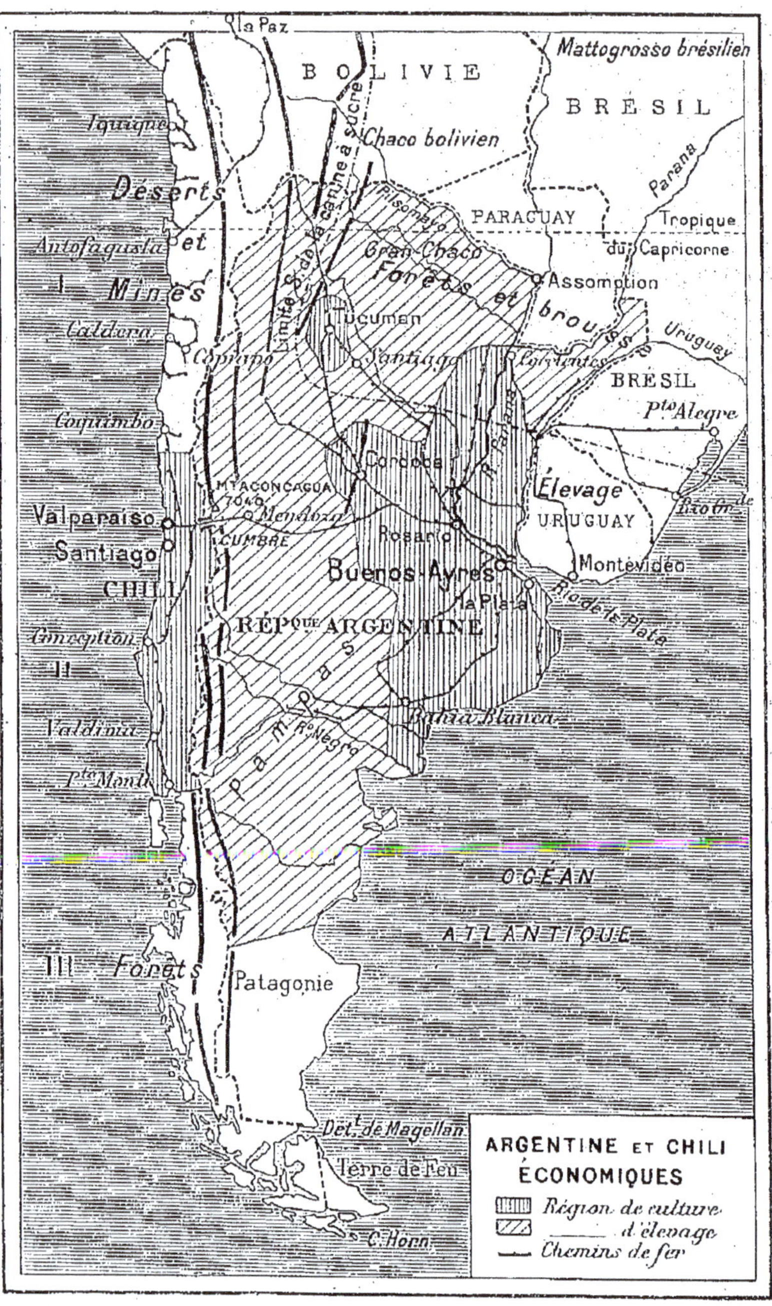

En Argentine, la limite Sud de la canne à sucre, qui est à peu près celle des palmiers, indique la fin des pluies tropicales. Élevage dans la zone sèche (p. 367).
Au Chili : I. Climats miniers; II. Californie chilienne; III. Forêts de la région pluvieuse et fraîche du Sud.

La seconde culture, par ordre d'importance, est le maïs, que l'Argentine récolte pour sa consommation et dont elle exporte une partie. Vient ensuite le *lin*, cultivé surtout pour la graine.

L'Argentine produit, dans la région tropicale du Nord, le *maté*, la *canne à sucre*, et elle commence à exporter du sucre.

La *vigne*, plantée sur les pentes des Andes, donne plus de 3 millions d'hectolitres de vin, ce qui met l'Argentine au premier rang des États viticoles hors d'Europe.

Elle exploite des *mines* sur le versant des Andes qui lui appartient; mais leur production n'a pas une importance comparable à celle des produits agricoles.

Commerce. — L'Argentine possède 25.000 kilomètres de voies ferrées construites par des étrangers, surtout des Anglais. Le *seul transcontinental* qui traverse l'Amérique du Sud relie Buenos-Ayres au Chili (p. 368).

Le commerce extérieur approche de 3 milliards. Par ordre de valeur, l'Angleterre occupe le premier rang; les États-Unis, l'Allemagne, la France se disputent le second. La *France*, acheteuse de laine, prend plus qu'elle ne vend. Viennent ensuite la Belgique et l'Italie, puis l'Espagne.

V. — LE CHILI

Régions. — Le Chili s'étend sur une superficie comparable à celle de l'Autriche-Hongrie.

Serré entre les Andes et la côte, il présente 250 kilomètres de largeur maximum. C'est, après le Japon, l'État *le plus allongé* du monde dans le sens du méridien. Ses latitudes extrêmes correspondent à peu près à celles du Japon; mais il est moins favorisé par la nature. On y trouve, du Nord au Sud :

1º Une zone de déserts miniers, suite du Pérou;

2º Une Californie (p. 368) à climat tempéré, sec et chaud;

3º Le Sud, à climat tempéré, mais très humide (p. 369).

Population. — La population est de 3.300.000 habitants, environ *4 au kilomètre carré.* Elle est presque entièrement concentrée dans la 2ᵉ zone, où se trouvent les deux grandes

EXPLOITATION DE NITRATES AU CHILI

Le désert chilien est le pays producteur par excellence des nitrates, qui sont exploités dans des champs immenses de plusieurs milliers d'hectares, traités dans des usines et expédiés en Europe comme produit chimique et comme engrais.

villes, Santiago, la capitale, dans l'intérieur (333.000 hab.)
et Valparaiso, le port principal (162.000 hab.).

Les Indiens et métis sont plus nombreux qu'en Argentine, mais les habitants sont en majorité blancs.

Le pays reçoit *peu* d'immigrants, 6 à 7.000 par an, en raison de son éloignement. Le Sud se prête pourtant à la culture et au peuplement. On y a installé des colons qui exploitent les forêts et cultivent le blé, seule denrée agricole que le Chili exporte en quantité notable. La région de Santiago, « la petite Californie », récolte les fruits et possède les seules *vignes* importantes de l'Amérique du Sud après celles de l'Argentine.

Mines. — Le Chili vit surtout de *ses mines*. Au Nord, dans la zone sèche, les nitrates et le borax sont exploités activement; des ports ont été construits, des chemins de fer sillonnent le désert; l'eau a été captée dans les montagnes et amenée aux mines et aux usines par des conduites longues de plusieurs centaines de kilomètres.

Cette région singulière reçoit pour sa nourriture les troupeaux amenés de l'Argentine par les sentiers des Andes; toutes les autres nécessités lui viennent par mer.

Les *nitrates* fournissent au Chili son *principal article d'exportation*, valant 400 millions par an. Il les doit à une guerre heureuse qui lui a permis d'enlever, à la Bolivie, toute sa côte, et au Pérou, le sud de la sienne.

Le *cuivre*, exploité en divers points des Andes, fournit le second article d'exportation; mais le Chili a perdu le premier rang qu'il tenait autrefois pour la production de ce métal.

Le Chili possède plus de 5.000 kilomètres de voies ferrées, construites par des étrangers. Son commerce dépasse le milliard.

Comme celui de l'Argentine, il se fait surtout avec l'Angleterre, acheteuse ici de blé et de minerais; viennent ensuite l'Allemagne, les États-Unis, la France.

CONCLUSION

LA SITUATION DE LA FRANCE DANS LE MONDE[1]

Le domaine français. — Par la *superficie*, la France et son empire colonial occupent dans le monde le *5e rang*. En tête vient l'Empire britannique avec 30 millions de kilomètres carrés, puis l'Empire russe avec 22, puis l'Empire chinois avec 11, enfin les États-Unis et l'ensemble des possessions françaises, chacun avec 10 millions de kilomètres carrés.

L'Empire russe, l'Empire chinois et, pour la plus grande partie, les États-Unis forment bloc, tandis que les possessions britanniques et françaises sont dispersées sur toute la surface du globe.

La population. — Pour la population, les rangs sont les suivants : 1° Empire britannique, 400 millions d'habitants ; 2° Empire chinois, 300 millions ; 3° Empire russe, 155 millions ; 4° États-Unis, 100 millions ; 5° France et possessions françaises, 85 millions.

Si l'on compare la population de la France métropolitaine à celle des États les plus peuplés, on voit que pour la *densité au kilomètre carré* (73 habitants), notre pays vient au *5e rang*, après la Belgique, la Hollande, le Royaume-Uni, l'Italie et l'Allemagne.

On constate enfin que si une diminution générale du nombre des naissances se fait sentir dans la plupart des pays civilisés, elle est plus marquée en France que partout ailleurs. La France est la *seule grande nation dont la population demeure stationnaire.*

Aussi l'émigration des Français au dehors est-elle très faible. Par contre, la France et surtout l'Algérie et la Tunisie reçoivent une population considérable d'immigrants étrangers.

Défense nationale. — L'une des conséquences de la faible natalité est que la France, même en appelant sous les drapeaux toutes les recrues dont elle peut disposer, n'arrive qu'avec peine à maintenir son armée permanente sur le même pied que celle de l'Allemagne.

---

1. On trouvera des explications détaillées sur les divers points de cette comparaison dans le *Cours de 1re année*, pages 303 à 343.

Nous avons 600.000 hommes sous les drapeaux, en France, Algérie, Tunisie et Maroc; l'Allemagne en a 620.000 sur son territoire européen. Ce sont les deux plus fortes armées permanentes du monde, après celle de l'Empire russe (1.200.000 h.).

La marine de guerre française vient au 4ᵉ rang, après celle de l'Angleterre, puis de l'Allemagne, puis des États-Unis. Celle du Japon égale presque celle de la France.

Richesse. — Le poids des impôts par tête de contribuable se fait plus lourdement sentir que dans les pays où la population augmente rapidement.

D'autre part, la France, en raison des dépenses résultant de la guerre de 1870-71 et des armements qui en sont la conséquence, supporte la dette la plus lourde, à proportion des habitants.

Il est vrai que la France est un des *pays les plus riches* du monde. Seule, la Grande-Bretagne la dépasse sous ce rapport, mais avec une répartition des fortunes infiniment plus inégale.

Grâce au travail et à la prévoyance des générations qui se sont succédé, notre pays est un de ceux qui possèdent le plus de réserves soit en terres, soit en valeurs et argent.

On évalue l'ensemble des biens immobiliers et des valeurs mobilières possédés par des Français à plus de 290 milliards en capital, donnant un revenu de 12 milliards par an au moins, soit 300 francs par an par tête d'habitant de tout âge et de tout sexe.

A ces rentes fournies par la propriété ou le capital, il faut ajouter les revenus provenant de l'agriculture, du commerce, de l'industrie, des professions libérales, de toutes les formes et de toutes les rémunérations du travail et qui sont certainement supérieures.

Au lieu de dépenser le total de ces dernières ressources, la plupart des Français font sur elles des économies qui s'ajoutent sans cesse au capital accumulé. *L'épargne française est la plus considérable du monde entier.* Elle contribue fortement à l'augmentation continue de la fortune de la France qui se chiffre par 2 milliards chaque année.

Placements à l'étranger. — Aussi les étrangers qui possèdent moins de capital accumulé et qui, il faut le reconnaître, sont plus entreprenants que nous, et ont besoin par conséquent de plus d'argent, cherchent-ils tous à se le procurer en France de deux manières :

1° Les États étrangers émettent, quand ils y sont autorisés par le gouvernement français, des emprunts en France. Ainsi non seulement les Français prêtent à leur gouvernement, mais aussi à d'autres qui ne trouvent pas à placer leurs titres de rente chez eux. C'est le genre de placement qui plaît le plus à la petite épargne française. Aussi a-t-on pu dire que les *Français* sont *les banquiers du monde.* Notre gouvernement peut se servir de son droit d'autoriser les emprunts étrangers chez lui pour demander en compensation des avantages.

2° Les entreprises étrangères cherchent à placer leurs titres en France ; elles y réussissent quand elles obtiennent qu'ils soient cotés à la Bourse de Paris, ce qui dépend du gouvernement français. Bien que le public aime moins ce genre de placements que les fonds d'État, il a beaucoup fourni aux entreprises comme les mines d'or qui, par une habile réclame, savaient parler à l'imagination.

On estime à 30 milliards les capitaux français placés à l'étranger. La Russie en a pour 7 milliards ; vient ensuite l'Espagne avec près de 3 ; puis l'Empire turc avec plus de 2, l'Afrique australe, pays des mines d'or, l'Italie et l'Égypte chacune avec 1 milliard 1/2 environ, la Grande-Bretagne avec 1 milliard.

Seule l'Angleterre nous dépasse pour les capitaux prêtés au dehors, et surtout pour leur revenu, car son argent est placé en entreprises de banque, de navigation, de mines, plus chanceuses, mais qui rendent, si elles réussissent, plus que les rentes ou les obligations.

Production. — La France est un pays plus agricole qu'industriel.

Elle est la première productrice *de vin* pour la quantité et la qualité. Après elle viennent l'Italie et l'Espagne. Les vins et liqueurs sont, avec les soieries, sa principale exportation.

Elle est la troisième productrice de *blé* après les États-Unis et l'Empire russe. Elle en est aussi la plus grande consommatrice. L'usage du pain blanc y est plus répandu que partout ailleurs.

La France occupe le 5ᵉ rang pour la production de la *houille*, après les États-Unis, la Grande-Bretagne, l'Allemagne et l'Autriche-Hongrie. Elle est obligée d'en importer de l'étranger.

Elle occupe, avec l'Espagne, le 4ᵉ rang pour le *minerai de fer* (10 millions de tonnes par an). Avant elle viennent les États-Unis, puis l'Allemagne, puis l'Angleterre. Mais tandis que ces pays très industriels ne suffisent pas à leur consommation, la France exporte une partie de son extraction. Elle ne fournit pas d'autres minerais en quantité importante.

La France vient au 4ᵉ rang avec la Russie pour la production de la *fonte et de l'acier*, après les États-Unis, puis l'Allemagne, puis l'Angleterre.

Son rang est le 5ᵉ pour la filature et le tissage du *coton*, après l'Angleterre, les États-Unis, l'Allemagne, et enfin la Russie.

Dans l'industrie *lainière*, notre situation est plus avantageuse ; la France vient après l'Allemagne, les États-Unis et l'Angleterre qu'elle suit de très près.

Pour la filature et le tissage de la *soie*, la France demeure la première pour la qualité : elle lutte contre les États-Unis, l'Italie, la Suisse et l'Allemagne. Elle est une des grandes exportatrices.

Le caractère de l'industrie française est la bonne qualité ; par contre, elle est obligée de vendre plus cher que ses concurrentes.

Les Français triomphent dans les *industries de luxe*. Paris est le grand centre pour l'orfèvrerie, l'art du meuble, la mode féminine.

Paris est aussi la capitale des arts, de la littérature, du théâtre.

Nos vins et liqueurs, notre cuisine française sont les plus estimés.

Commerce. — La France a les *meilleures routes du monde* ; c'est le pays où est né l'automobilisme et où il se pratique le plus.

Ses *voies navigables*, sauf dans le bassin de la Seine et dans le Nord, ont besoin de sérieuses améliorations.

Pour l'importance du *réseau ferré* par rapport à la superficie, la France vient au 5e rang, avec la Hollande. Avant elle se classent : 1° la Belgique ; 2° les Iles Britanniques ; 3° la Suisse ; 4° l'Allemagne.

La *marine marchande* française est en décroissance pour diverses raisons dont les principales sont le coût de la construction supérieur à celui des pays où abondent houille et fer, et le manque de fret lourd fourni par le charbon, les minerais, le bois, dont la France ne produit pas assez pour en exporter. Avant elle viennent pour le tonnage des bâtiments marchands : 1° l'Angleterre ; 2° les États-Unis ; 3° l'Allemagne ; 4° la Norvège. Le Japon égale la France et menace de la dépasser.

Le premier *port* français, Marseille, ne vient qu'au 8e rang dans le monde après les grands ports anglais, allemands, après New-York, après Anvers et Rotterdam.

Le commerce extérieur de la France vient au 4e rang, après ceux de l'Angleterre, de l'Allemagne, des États-Unis. Il s'élève en moyenne à 12 milliards, dont un peu moins de la moitié pour les exportations. Nos recettes, d'ailleurs, ne consistent pas seulement dans les sommes payées pour les marchandises vendues au dehors, mais dans les revenus des capitaux placés à l'étranger et dans les dépenses des étrangers à Paris et en France.

La France continue à s'enrichir. Ses deux points faibles sont l'insuffisance des richesses minérales et la faiblesse de la natalité.

Ses deux grandes sources de revenus sont l'épargne et les qualités artistiques, au sens le plus large du mot, du peuple français.

FIN

6172. — Paris. — Imp. Hemmerlé et Cie. — 3-1912.

LABEUR
POINT
LABEUR
SANS
SE RIEN.
A C